개정판

정보화 사회와 수학

이민섭 지음

敎友社

머리말

이 책이 첫 출간된 지 겨우 몇 해가 지났지만 그간 인터넷, 휴대전화 및 정보기술은 많은 새로운 서비스를 개발하면서 '유비쿼터스(ubiquitus) 시대'라는 말이 자연스럽게 나오고 있다. 그러나 얼마나 많은 사람이 유비쿼터스 사회에서 수학의 역할을 알고 있을까?

저자는 이 책의 집필을 시작했을 때, 수학에 관한 전문지식이 없는 독자가 읽기에 부담이 적도록 수식을 덜 사용하고 연습문제가 없는 책을 만들어 정보화 사회에 수학이 얼마나 중요하게, 그리고 다양하게 이용되고 있다는 것을 독자에게 알리고 싶었다.

이러한 취지 아래 수학적 대상을 포함하여 수학의 다양한 측면, 전반적인 내용을 이해하기 위한 기본 사항으로 집합과 대수적 구조, 정보화 사회에 밀접하게 응용되는 그래프이론, 조합론, 관심 있는 주제들, 부호이론, 암호이론 등, 패러독스와 관심 있는 문제들과 플랙탈을 포함하여 수학과 다른 학문과의 관계를 설명하기 위하여 모두 10장으로 구성하였다. 가능하면 각 장을 독립적으로 구성하여 어느 부분이 이해되지 않아도 다른 내용을 이해할 수 있도록 내용을 정리하려고 노력하였다. 또한, 일부 분야 특히, 2.5절, 3.4절, 7.5절, 7.7절, 7.8절, 8.4절, 8.5절 등은 이 책의 목적보다 약간 높은 수준이거나 또는 이해하기 난해한 부분이 있겠지만, 그런 부분은 굳이 이해하지 않아도 전체를 읽는 데는 무리가 없도록 하였다. 또한, 부록에서는 본문에서 이해하기 어려운 문제에 대한 보충설명을 하고 있으므로 이해되지 않을 때는 부록을 참조하기 바란다.

그러나 책을 완성하고 머리말을 쓰면서 이 책을 집필하는데 투자한 시간과 비교하여 표현력이 부족함을 다시 한 번 느꼈다. 이 점에 대해서는 독자 여러분의 많은 질타와 격려를 기대하며 이 책을 읽은 독자가 수학에 관한 사고, 정보화사회와 수학의 관계를 이해하는데 다소라도 도움이 되길 기대한다.

이 저술은 2003년도 단국대학교 대학연구비지원에 의하여 수행되었음을 밝히고, 이 책을 태어나도록 도와주신 교우사 사장님과 단국대학교 암호교실 최춘수 박사를 비롯한 연구원들께 감사드린다.

저 자

차 례

제 4 장 조합론 / 65

제 5 장 유한기하 / 83

제 6 장 재미있는 수학 이야기 / 105

제 7 장 부호이론 / 131

1 수학적 개념과 구조

이 장에서는 일반적으로 다루지는 않지만 모든 사람들이 관심을 가지는 중요한 문제인 '수학이란 무엇인가'를 생각해 보고자 한다. 이러한 측면에서 수학적 대상 및 수학적 관점에 관하여 이해하고 이를 바탕으로 수학의 특성과 수학의 구조에 관하여 간단하게 살펴봄으로서 정보사회에서 필수적인 수학에 관심을 가지도록 하는 것이 본 장의 목적이다. 또한, 이에 수학의 특성과 구조에 따른 수학의 목적과 수학 교육의 목적을 알아보고 정보화 사회에서 필요한 흥미 있는 수학을 포함한 일부 응용 분야에 관하여 설명한다.

피타고라스와 제자들

피타고라스 사후 800년쯤 기록되었다고 생각되는 피타고라스와 그의 학파에 관한 이야기는 고대 시대부터 잘 알려져 있으며 그의 생애와 떼어놓을 수 없다. 피타고라스는 시리아 지방이었던 페니키아에서 다양한 종교적 신비주의에 빠져들었으며 동시에 천문학과 수학을 배웠다고 추정된다. 이후 클로톤(Croton)에 정착하여 사교단체를 만들고 영혼불멸설을 설교하였고, 천문학, 수학, 음악, 철학 등을 가르치며 커다란 영향력을 행사하였다고 한다.

여러 가지 업적이 있겠지만 몇 가지 수학적인 측면을 살펴본다.

1. 잘 알려진 피타고라스 정리는 그 이전에 이미 알려져 있었는데 정확하게 언제 만들어졌는지 알 수 없었으며, 이 학파에서 정리를 응용하여 모든 홀수인 자연수 n에 대하여 $\frac{n^2-1}{2}$, n, $\frac{n^2+1}{2}$이 직각삼각형의 세 변의 길이를 만족한다는 것을 밝힌 표를 만들었다고 한다.
2. 1보다 큰 자연수를 홀수와 짝수로 나누는 한편, 숫자들에게 삼각형수, 정사각형수, 직사각형수, 정오각형수 등의 형상을 부여하였다.
3. 대수, 기하 및 조화평균을 자신의 음악이론에 응용하였다.

이외에도 여러 가지 수학적 업적이 있지만 안타까운 것은 이와 같은 이론들은 이상주의적인 이데올로기와 합쳐져서 종교적 도그마를 세우는데 쓰여졌다는 사실이다. 우주의 모든 현상이 유리수의 관계 속에서 이해하고 표현할 수 있다고 믿었는데 무리수가 나타나면서 일어난 행동은 이와 같은 상황을 설명해주었다. 즉, 무리수를 발견했다고 추정되는 그의 학파인 히파소스(Hippasos)를 조직에 해를 끼쳤다는 이유로 배에서 바다로 빠뜨려 살해하고 하늘이 내린 당연한 벌이라고 믿었다고 하는 사실로 알 수 있다.

1.1 수학적 대상

분수의 곱셈에 관한 개념을 막 배워 신기하게 생각하는 학생들이 자유롭게 토론하는 초등학교 수학 시간에 일어난 학생과 교사의 아래와 같은 대화를 생각하자.

학 생 : 반쯤 죽은 사람과 반쯤 산 사람은 같지 않나요?
선생님 : ???(다소 의아해 하며 고개를 끄덕인다.)
학 생 : 그것은 즉, '반 생 = 반 사'라는 식으로 나타낸다면

$$\frac{1}{2}\text{생} = \frac{1}{2}\text{사}$$

라는 말이 됩니다. 이 식의 양변에 2를 곱하면

$$\text{생} = \text{사}$$

가 성립됩니다.
선생님 : ???

어디서 이런 식을 만들어 왔는지는 모르겠지만, 그 학생은 선생님이 어떻게 설명하실런지 자못 궁굼해 한다. 이 때, 또 다른 학생이

"선생님, 불교에서는 모든 것이 공이라 하지 않습니까? 살아 있는 것도 죽은 것도 모두 공이니 같은 것 아닌가요?"

하며 종교적인 이야기까지 비약하는 경우를 상상해 보자. 이런 방법으로 논리를 전개하면

남자 = 여자(남자는 여자와 같다.),
부유한 사람 = 가난한 사람
공부 잘 하는 학생 = 공부 못 하는 학생

등, 요컨대 "무엇이나 같다."라는 말이 나오게 된다. 다음은 어느 중학교 교실에서 1=2 임을 증명한 과정이다.

$$a=b\Rightarrow a^2=ab$$
$$\Rightarrow a^2-b^2=ab-b^2$$
$$\Rightarrow (a+b)(a-b)=(a-b)b$$
$$\Rightarrow a+b=b$$

위 식에 $a=b=1$을 대입하면, $2=1$이다.

지금까지 곱셈과 나눗셈을 이용하여 보통 상식을 가진 사람이 이해하기 어려운 결론을 만들었다. 이러한 결론을 얻은 이유는 곱셈과 나눗셈이 잘못된 때문일까? 곱셈과 나눗셈은 어느 곳에 적용하여야 하는 것인가? 등의 의문이 생기게 된다. 이러한 것이 수학이 다른 학문과 비교하여 크게 차이가 있는 점이다. 이와 같은 잘못된 결론은 수학에서의 약속이라든지, 법칙을 증명하고자 하는 대상이 무엇인지 생각하지 않고, 그 겉모양만 따서 제멋대로 결론을 유도한 것 때문에 얻어진다. 수학의 특성을 알고 있는 사람이라면 누구나 이와 같은 질문이나 논리에 여유 있게 대응하여 대답할 수 있을 것이다.

이런 결론이 나오는 이유는 다른 학문과 달리 수학에서 다루는 대상, 즉 **수학의 대상**과 수학에서 가정한 원리의 **객관성**을 무시한 때문이다. 즉, 마지막 예 2=1을 제외한 나머지 예에서 다룬 죽음, 삶 등의 애매한 개념은 수학의 대상이 될 수 없기 때문에 잘못된 결론을 얻게 된 것이다. 이 사실은 수학에서 이야기하는 어떠한 법칙도 반드시 수학적 대상 위에서 만들어지는 것을 의미한다. 마지막 예는 수학의 원리를 잘못 적용함으로써 일어났다. 즉, $a=b$이면, $a-b=0$이므로 $(a-b)(a+b)=(a-b)b$로부터 양변의 식을 $a-b=0$으로 나눌 수 없다는 사실을 착각하여 일어난 모순이다.

이를테면, 학교의 학칙을 가지고 군인을 다스리거나 군율을 가지고 학생을 지도한다면, 어떤 일이 일어날까 생각하여 보면 앞 예는 이해할 수 있다. 단지 수학은 다른 어떤 학문분야보다도 그의 대상이 객관적으로 명백한 것만이 선택된다는 것임을 수학을 경험한 사람은 알고 있다.

계산에서 사용하는 네 연산 즉 "덧셈, 뺄셈, 곱셈, 나눗셈"은 수를 대상으로 만들어진 법칙인데, 첫 예는 그것을 종교나 철학 또는 생리학 등에서 다루어져야 할 문제인 죽음이나 삶에 적용시킴으로써 일어난 예이다. 따라서 수학의 대상이 무엇인가를 정하는 것이 중요하다.

위에서 설명한 상황과 유사하지만 수학적 대상과 객관적 관점을 인식하지 못하고 있는 많은 예들이 있다. 이들 특성을 잘 설명해주는 다음과 같은 문제를 생각하여 보자.

문제 1.1.1 (1) 고교평준화에 관한 국민들의 여론조사를 하고 여론에 따라 고교평준화를 폐지 또는 시행하는 일은 올바르게 결정하는 것인가?

(2) '2와 3'은 어느 것이 큰가?

이와 같은 두 문제에서 정답은 실제로 없다. 첫 문제에서는 먼저 올바른 결정이 무엇인가 하는 정의가 필요하다. 또한, 올바르다는 말을 일반인이 인식하는 수준이라고 할 때에도 많은 사람이 그렇게 생각한다고 해서 그 결정이 옳다고 할 수 없으며, 현실적으로 비록 소수가 주장하더라도 충분히 전문성을 가진 사람들이 주장하는 쪽이 옳은 결정을 할 가능성이 크다. 즉, 이 문제는 수학적 대상이 아니므로 어떠한 결정도 실제로 100% 옳다고 할 수 없다. 이와 같은 상황에서 현실적으로 어떤 문제를 비교적 객관성을 유지하고 결정하기 위하여 해결해야 할 문제에서 수학적 대상에 속하는 요소들을 추출하고 수학이론을 이용하여 이를 결정하는 것이 수학을 이용한 현실문제의 해결방법이다. 이와 같이 현실적으로 합리적인 결정을 위하여 수학의 대상에 속하는 요소들을 찾고 수학이론을 이용하여 결론을 얻는 방법이 수학적 사고를 응용한 결정방법이다. 두 번째 문제에서는 거의 모든 학생이 의심 없이 3이 크다고 답할 것이지만, 사전에 전제된 약속이 무엇이냐에 따라 다른 답을 얻을 수 있다. 일반적인 대답으로 3이 크다고 답을 하는 배경에는 문제의 요구가 수의 크기일 것이라는 선입견 때문이다. 그러나 어떠한 가정도 전제되지 않고 수를 모르는 어린 아이에게 물어본다면 다른 답이 나올 것이라는 사실은 자명하다. 즉, 어떤 전제가 없다면, 관점에 따라서 나오는 답이 달라야 한다. 즉, 글자의 크기라는 관점에서는 2가 크지만, 나타내는 수의 크기의 관점에서는 3이 크다.

첫 문제에서와 같이 어떤 일을 결정할 때 결정과정에서 수학적 대상을 찾아내어 수학이론을 이용하는 과정이나, 두 번째 예에서처럼 많은 전제조건들 가운데 어떤 전제 조건 아래서 결정해야 하는가를 일반인이 생각하는 것은 어려운 일이다. 이와 같은 어려움은 일반인들이 수학과 친숙해지기 어렵고 수학을 싫어하는 중요한 이유 중의 하나이다.

그러면 이와 같은 전제 조건들을 이해하기는 어려운 것인가? 적어도 수학 전문인이 연구하는 고급수학이 아니라면, 그와 같은 전제 조건들이 나오게 된 배경은 거의 모두가 현실적인 문제로부터 얻어지기 때문에 이들 전제조건이 나오게 된 배경을 이해하는 것은 실제로 생각하는 만큼 어렵지 않다. 실제로 고등학교 또는 대학의 교양수학에 나오는 개념들은 실생활에서 거의 이루어지고 있는 사실들로부터 얻어진다. 단지, 입시 등 경쟁이 치열한 우리의 교육현실로 인하여 그와 같은 전제 조건 및 배경에 관하여 충분히 교육 및 이해되지 않은 상황에서 많은 전제 조건들을 이해한 상태에서 생각할 수 있는 문제들을 풀어야 하기 때문에, 수학을 공부하는 것이 대개의 학생들에게 따분하고 어렵게 느끼게 되는 것이다.

실제로 거의 모든 학교에서 대부분 학생들은 수학을 좋아하지 않는다. 하지만 많은 학생들은 아니지만 수학을 좋아하는 학생들 중에는 미칠 정도로 수학을 좋아하는 학생들이 많다. 이런 부류의 학생들은 수학의 어떤 개념을 정의하는데 필요한 전제 조건들을 충분히 이해한 나머지 전제 조건들에 관한 배경을 일반화하는데까지 흥미를 가지고 있어서 평범한 학생들이 생각할 수 없는 높은 정도의 수학에 관하여 관심을 가지기 때문에, 일반학생들은 그들에게 소위 수학적 재능을 가진 학생이라고 말하곤 한다. 이들 수학을 좋아하는 학생들은 일반적으로 다른 과목을 좋아하는 학생들과 비교하면, 좋아하는 정도가 아주 심하다. 이것은 수학의 매력 때문이며 이러한 매력은 수학을 좋아하는 학생들에게 수학 연구에 몰두하게 만든다. 실제로, 시험에서 또는 조급하게 경쟁하지 않는 상황에서 전제 조건 또는 개념이 나오게 된 배경들을 충분히 이해시켜 흥미를 유도하는 교육을 실시한다면, 보다 많은 학생들이 수학은 재미있고 쉬운 과목이라 생각하거나 적어도 쉽지는 않지만 재미있고 유익한 과목이라고 수학을 이해하도록 할 수 있다. 실제로 이러한 교육실험이 다양하게 시도되어 성공적인 결과들이 발표되고 있다. 한 예로 보통의 초등학교 학생들에게까지도 고등학교에서 배우는 미분 및 적분을 가르쳐서 이해시킬 수 있음이 여러 곳에서 나타나고 있다.

1.2 수학의 특성

오늘날 학교 교육의 문제점으로 지적되고 있는 상황 중의 하나는 교육이 성적과 상급학교 진학 위주로 이루어지고 있다는 것이다. 즉, 이러한 상황에서 수학 수업시간에 수학에 흥미를 갖게 하는 전제조건에 관한 교육은 소홀하게 되고 눈에 보이는 가시적인 점수를 위한 문제풀이에 집중되고 있다. 이러한 교육현실 때문에 대부분 학생들이 수학을 어렵다고 느끼도록 교육되고 있으며, 수학에 관심을 가지지 않고 수학은 입시를 위한 중요한 과목의 하나로 생각하고 있는 실정이다. 이와 같은 교육을 받은 일반인들이 수학을 어렵게 느낄 수밖에 없는 것은 자연스러운 일이며, 이와 같이 수학을 어렵게 느끼는 이유들은 수학의 특성에서 나온다고 생각할 수 있다.

이 절에서는 이와 같은 수학의 특성에 관하여 살펴봄으로써, 수학적 개념 및 수학적 구조를 이해하는데 도움이 되도록 설명한다.

(1) 실 용 성

실용성이란 인간의 필요성에서 출발되어 실제 생활에 유용하게 사용되는 특성으로 자연과학의 발달에 크게 기여하는 성질을 말한다. 이 특성은 일반적으로 어린 시절에 수학에 흥미를 일으키게 하는 성질로 수학이 이용되어 만들어지는 여러 현상들로 설명된다. 이를테면, 물건값을 쉽게 계산하는 사칙연산의 원리, 경작지의 넓이를 구하는 적분원리, 지구를 들어 올릴 수 있다는 지렛대의 원리, 아르키메데스의 부력

[그림 1.1] 아르키메데스가 목욕탕에서 부력의 원리를 발견하고 기뻐하는 모습

의 원리를 이용한 순금판정 방법, 통신과 보안에 응용되는 암호학 원리, 프랙탈의 응용 등은 흥미 있는 이야기로 수학의 실용성을 설명하는 예들이다.

(2) 추 상 성

구체적 대상물이 가지는 속성 중에 이질적 속성을 제거하고 동질적 특성을 추출하여, 이 특성에 관한 수학이론을 이용하여 여러 구체적 대상물에 응용하는 방법이 있다. 이때 구체적 대상물은 누구나 쉽게 알 수 있는 예들이고 동질적 특성을 구체적 대상물의 **추상화**라 할 수 있다. 즉, 구체적 대상물들 개개의 성질을 연구하는 대신에 공통되는 성질들을 선택하여 연구함으로써 여러 구체적 대상물을 동시에 연구할 수 있다. 이들 공통적인 성질을 가지는 대상을 구체적 대상과 비교하여 추상적인 대상이라 한다. 이를테면, 냉장고, 마이크로웨이브, 벽돌, 상자 등은 구체적 대상물이고 모양이라는 관점에서 이들의 공통인 직육면체는 추상적 대상물이다. 따라서 직육면체의 성질을 이용함으로서 같은 부피를 가지며 집의 구조에 알맞은 모양의 냉장고나 세탁기 등을 설계하는데 이용할 수 있다. 또한 수에서의 사칙연산을 보다 일반적인 집합으로 확장하여 추상적인 대상 위에서 연산을 정의하고 연구하는 대수학 이론도 수의 집합들에서 성립하는 공통의 성질을 뽑아내어 추상화한 분야이다.

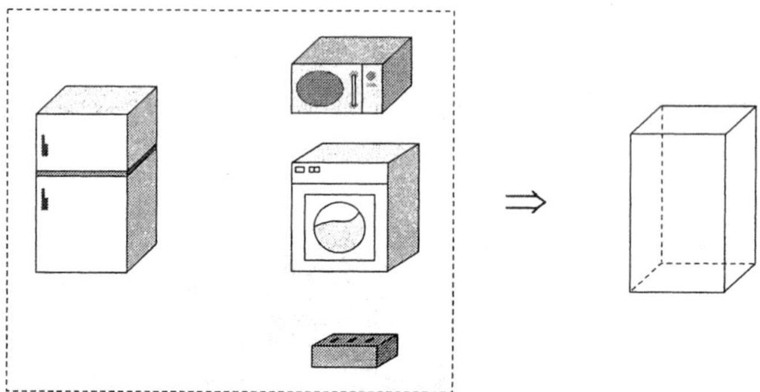

[그림 1.2] 추상화의 예

(3) 형 식 성

수학 이론을 보다 엄밀하게 전개하기 위하여 공리 또는 공준 등을 이용한 형식적인 추론 규칙에 의해 전개하는 특성을 의미한다. 이 성질은 수학적 증명의 엄밀성을 보장하고 이를 통하여 수학의 영역을 확장하게 한다. 현대 수학의 전개를 집합이라는 도구를 이용하여 설명하는 것은 형식성의 대표적인 예라 할 수 있다. 또한, 평행선의 공리를 부정하면서 비 유클리드 기하학을 태동시켜서 오늘날 많은 기하학적 이론을 발전시키고 응용성을 증대시킨 것은 공리론을 통하여 발전시킨 형식성의 힘이라 할 수 있다. 이와 같은 형식성은 19C 말 힐베르트, 칸토 등에 의하여 완성되었다고 할 수 있다. 형식성에 관하여는 뒤에 다시 설명할 것이다.

⑷ 계 통 성

수학의 내용은 일반적으로 기초적인 내용을 기반으로 새로운 내용이 일관성 있게 이루어졌다. 이 특성은 일반인들도 잘 알고 있는 성질로, 고학년의 내용을 이해하는데 저학년의 지식이 절대적으로 필요하다고 인식하고 있는 성질이다. 다른 학문도 기본 개념의 이해 속에 고급 개념이 이해되는 것은 유사하지만, 수학은 필요한 기본 개념을 이해시키면서 고급개념을 동시에 이해시키는 것이 다른 학문 분야와 비교하여 어렵다는 것을 의미한다. 흔히, 기초실력이 중요하다는 것은 계통성을 강조하는 것을 의미한다. 이를테면, 덧셈을 이해하여야 곱셈을 이해할 수 있다는 것도 계통성의 하나이다. 요즈음 그런 사람이 거의 없지만 1900년대 후반까지도 학교교육의 혜택을 받지 못하여 글을 모르며 곱하기 즉 구구단을 모르는 사람이 상당수 있었다. 이러한 사람들 중에 한 개에 150원 하는 연필 15개를 팔 때에 물건값을 어떻게 계산하였을까 상상해보면 알 수 있다. 여러분은 150×15를 계산하여 2250원으로 얻지만, 일반적으로 당시의 대부분 사람은 150원을 15회 덧셈을 함으로써 2250원을 얻었으며, 그들 중에 뛰어난 사람은 100원짜리 동전이 10개 있으면 1000원이 되는 원리를 적용하여 150이 10개 있으면 1500원이고, 5개이면 10개의 반이므로 1500원의 반인 750원을 얻은 뒤에 1500+750을 계산하여 2250원을 얻었다고 한다.

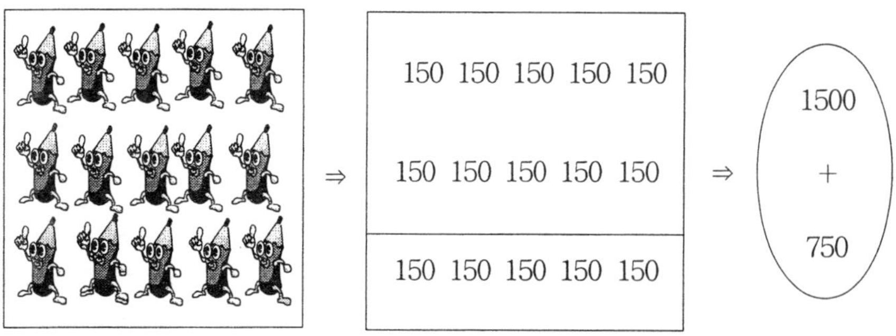

[그림 1.3] 연필 15개의 값 계산방법

⑸ 직관성과 논리성

직관성과 논리성은 실제로 양면적인 특성이다. 일반적으로 수학은 논리성에 비중을 크게 두고 있다. 다시 말하면, 문제의 답보다는 풀이 과정을 중시하고 만들어진 법칙에 정당성을 부여하고 새로운 이론을 발전시켜 가는 논리적 과정이 수학이다. 그러나 어떤 이론이 성립한다는 사실에 정당성을 부여하기에 앞서 사실을 얻는데는 논리성 못지 않게 직관성이 필요하다. 이를테면, 원주율을 계산하는 방법이나, 평행선의 공리는 직관성으로부터 얻어지며, 비 유클리드 기하의 탄생은 논리성을 추구하면서 얻어진 산물이라 할 수 있다. 에디슨과 전구의 부피에 관한 일화는 직관성의 중요성을 의미하는 유명한 예이다. 즉, 미적분을 이용하여 전구의 부피를 구하는 일은 계산도 복잡할 뿐만 아니라 근사값을 구하는데 만족할 뿐이지만, 눈금 있는 용기에 전구를 집어넣고 눈금의 변화를 통한 전구부피의 계산은 직관적인 아이디어를 통하여 간단히 부피를 구할 수 있음을 의미한다.

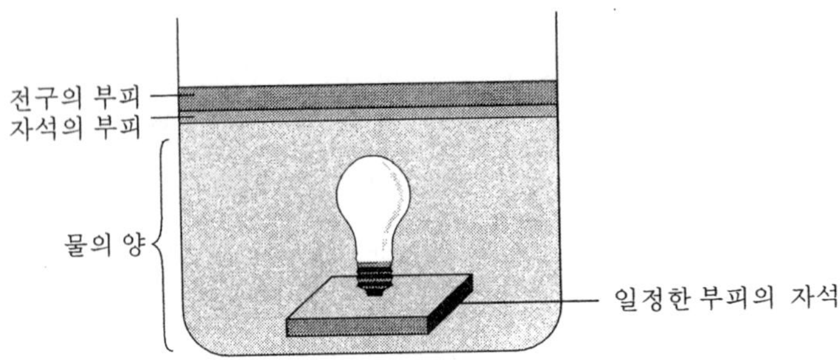

[그림 1.4] 용기에 전구를 넣는 그림

⑹ 일반화와 특수화

직관성과 논리성이 수학의 양면적인 특성인 것과 같이 일반화와 특수화도 수학의 양면적 특성이다. 일반화란 하나의 대상을 고찰하여 얻은 성질을 그 대상이 포함되는 확장된 집합에 적용해 가는 성질이다. 이를테면, 삼각형에서 성립하는 성질을 다각형에 응용하거나, 자연수에서 성립하는 성질이 정수 또는 유리수에서 성립하는가 알아보는 특성이다. 이와 비교하여 특수화는 주어진 대상의 성질로부터 더 특수한 대상의 성질을 고찰하는 특성이다. 이를테면, 사각형이나 직사각형에서 만족하는 성질과 정사각형의 정의로부터 정사각형의 새로운 성질을 얻는 과정이 특수화 과정이다.

1.3 수학 교육의 목적

앞 절에서 수학의 대상과 수학의 특성에 관하여 알아보았다. 이 절에서는 수학 교육의 목적에 관하여 살펴본다. 수학 교육의 목적은 일부 비판적인 견해와 주관에 따라 달리 해석하지만, 일반적으로 비교적 구체적이고 객관적으로 이해될 수 있는 객관적 목적과 비교적 추상적이고 주관적으로 이해될 수 있는 목적으로 나눌 수 있다. 이들 목적은 일반적으로 수학의 특성과 관계되어 설명될 수 있다.

(1) 객관적 목적

객관적 목적은 구체적이고 객관적으로 이해될 수 있는 목적으로 이해해야할 대상에 따라 정도의 차이는 있지만 수학을 교육함으로써 얻을 수 있는 효과가 객관적으로 이해될 수 있는 목적을 의미한다. 수학 교육의 목적이 객관적으로 이해되려면 가시적인 효과가 있어야 한다.

이를테면, 수에서의 사칙연산, 간단한 방정식의 풀이 등을 이해함으로써 사회생활을 편리하게 하는 일은 거의 모든 사람들에게 필요한 것으로 이해하고 있는 예들이다. 그러나 오늘날 많이 이용되고 있는 수학으로서 부호이론, 암호학, 퍼지이론, 미분방정식, 게임이론 등의 이론은 모든 사람에게 필요하지는 않지만 이들을 응용한 많은 구체적인 결과들은 모든 인류 및 국가 발전에 기여하고 있음은 잘 알려진 사실이다. 이와 같이 실용성 차원에서의 수학 교육의 객관적 목적은 사회생활 또는 과학 등 다른 학문의 연구에 기여함으로써 국가 발전에 기여하는 것이다.

그러나 이와 같은 교육목적에 대하여는 많은 비판이 따르고 있다. 중요한 몇 가지 비판은 다음과 같다.

첫째로 사회 생활에서 필요한 수학의 범위는 무엇인가? 즉, 고등학교를 졸업한 학생은 사칙연산은 꼭 할 줄 알아야 하는가 또는 모두가 미분과 적분을 이해하고 있어야 하는가 하는 문제는 객관적으로 모든 사람이 동의할 수 있는 일이 아니며, 수학을 교육하는 사람조차도 통일된 안을 가질 수 없는 어려운 문제이다.

둘째로 현재 가르치고 있는 모든 수학이 실용적이냐? 즉, 아마도 사칙연산을 가르치는데 부정적이거나 이들이 사회생활에 직접적으로 필요하다고 인정하지 않는 사람은 거의 없겠지만, 현재 교육하고 있는 모든 내용이 실용적인가 또는 어느 부분을 생략하면 어떨까하는 문제는 객관적이기 어렵다.

셋째로 현재 유용하게 응용되고 있는 수학적 지식이 미래에도 유용할까? 학문은 발전하고 사회는 급하게 변화하고 있다. 이러한 변화 속에 미래에 어떤 분야의 수학이 가장 필요할까 하는 것은 누구도 대답하기 어려운 문제이다. 이를테면, 오늘날에 많이 이용되고 있는 퍼지이론, 통신이론 및 암호이론 등은 불과 몇 십년 전에는 이용되지 않던 내용임을 생각하면, 미래에 유용한 수학의 내용을 예측하기 어렵다.

위와 같은 비판에도 불구하고 수학교육이 인간의 사회생활 또는 과학 등 다른 학문의 연구에 기여함으로서 국가 발전에 기여한다는 사실을 부정할 수 없다. 따라서 어떤 내용을 교육하여야 할 것인가 하는 선택은 시대의 흐름에 따라 계속 연구되어야 하며 수학 교육은 한 측면에서 이와 같은 목적을 추구하며 이루어져야 할 것이다.

(2) 주관적 목적

객관적으로 증명할 수 없으므로 모두가 동의하는 것은 아니지만 수학을 교육하는 과정이나 교육한 결과에서 나타난다고 생각하는 목적은 정신능력 신장, 아름다움에 대한 이해, 문화적 가치의 이해 등이다.

첫째로 합리적이고 논리적인 사고, 창의적 사고, 추상적 사고, 기호화 및 형식화하는 능력 및 단순화하고 종합화하는 능력을 키우므로 정신능력을 신장할 수 있다. 이를테면, 사회생활에서 복잡한 문제 또는 어떤 정책결정 등을 할 때 사전에 판단자료로 사용될 여러 요소를 수학적 요소로 변환하여 수학이론을 적용하여 판단하는 것이다. 이들에 대한 비판론은 판단하여야 할 일의 성질에 따라 수학의 응용성이 차이가 나며 수학을 모르지만 감각적으로 의사 결정을 잘 하는 사람이 많다는 것이다.

둘째로 황금분할 등 수학적 대상, 정리, 공식의 아름다움을 통하여 미적 능력을 신장할 수 있다. 이를테면, 15를 25번 더하는 것보다는 15×25는 곱셈의 아름다움을 설명해주며 첨성대와 같은 건축물은 수학의 아름다움을 나타내준다. 수학과 예술과의 관계는 미적 능력과 밀접한 관련을 가진다. 그러나 수학을 잘 모르면서 미적 감각을 가진 예술가와 건축가의 존재나 수학은 잘하지만 미적능력이 부족한 사람을 보면, 미적능력의 신장이 꼭 수학 교육을 통하여 이루어진다고는 할 수 없다.

셋째로 수학의 역사와 수학이 많이 응용된 역사적 유물 등을 통하여 문화적 가치를 이해하는 능력을 신장할 수 있다. 그러나 이들 능력이 꼭 수학을 통하여 이루어지는가 하는 문제는 설명하기 어렵다. 또한 수학을 통하여 이루어진다고 하여도 어떠한 수학을 통하여 이러한 목적을 달성할 수 있는지 설명하기 어렵다.

1.4 수학적 개념

수학은 객관적으로 완전한 이론을 추구하는 것이 특징으로 그의 연구방향을 두 가지 관점으로 볼 수 있다. 즉, 실생활에 접하는 모델을 추상화하여 수학적 대상으로 설정하여 연구하는 것과 연구된 이론을 실생활에 적용하는 연구가 한 가지이며, 이와는 무관하게 학문 자체를 연구하는 두 가지로 생각할 수 있다. 다른 학문과 비교하여 수학적 이론을 전개하는데 객관성을 가진 기본적인 개념들이 더 필요하지만, 수학이 객관성을 가진 완전한 학문은 아니다.

이를테면, 2와 3의 크기는 어느 것이 큰가? 하는 문제는 앞에서 설명하였다. 다음과 같은 예들을 생각하여 보자.

문제 1.4.1 A4 용지를 절반으로 접고 그 결과를 다시 절반으로 접는 일을 연속하여 시행할 때, 몇 번 계속하여 접을 수 있을까?

이 문제의 경우에 이론적으로는 계속 접을 수 있겠지만 실제로는 10회를 넘기기 어려울 것이다.

예제 1.4.1 자취를 하는 어느 학생이 [그림 1.5]에서와 같이 집에서 학교에 가는 도중 세 곳에 식당이 있다고 할 때, 아침에 집을 출발하여 학교에 도착하기 전에 식당에서 아침식사를 하고 학교에 간다고 한다. 여러분이 그 학생이라고 할 때 어느 식당에서 식사를 하고 가겠는가?

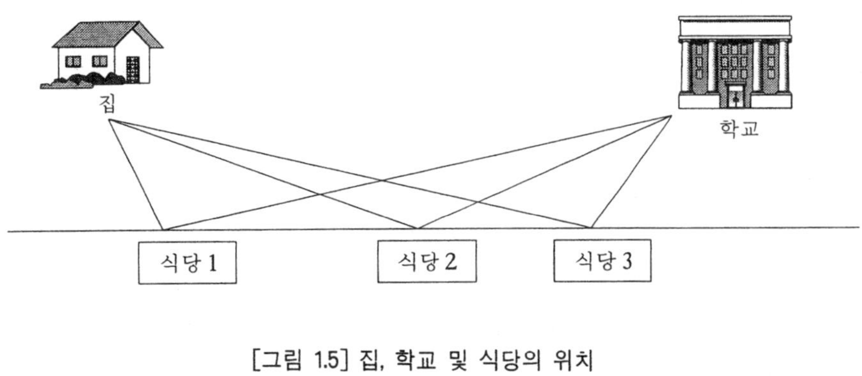

[그림 1.5] 집, 학교 및 식당의 위치

여기서 선분은 길이라는 조건 외에 어떤 설명도 없다면 생각하여야 할 여러 관점과 여러 가지 이유에 따라 학생은 어떤 식당을 선택하게 될 것이다. 몇 가지 관점을 생각하면, 다음과 같다.

- 각 식당을 선택할 때에 집을 출발 각 식당을 거쳐 학교까지의 거리 조건은?
- 각 도로의 도로 폭과 거리에 관한 조건은?
- 식당의 메뉴와 가격에 관한 조건은?
- 학생의 성격 및 습관에 따른 조건은?

이를테면, 모두가 동일한 조건 속에 거리만을 이용한 최적의 선택은 과거의 중학교 교과서에서 나왔던 [그림 1.6]을 참조하면 식당 2를 들려서 학교에 가는 방법을 선택할 수 있음을 알 수 있다.

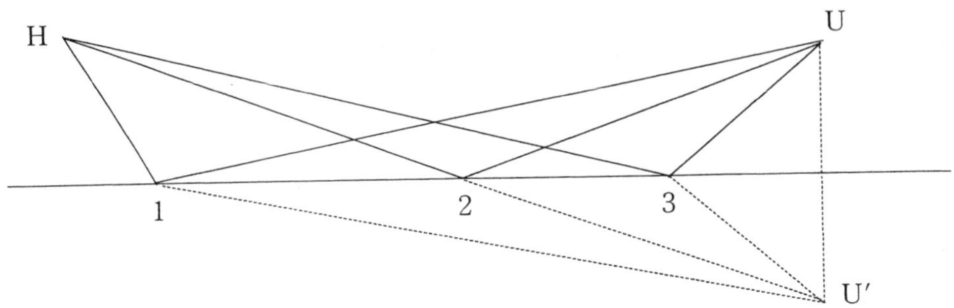

[그림 1.6] 삼각형의 변의 길이를 이용한 최적의 선택

또한, 식당의 메뉴와 가격에 관한 조건은 학생의 음식에 대한 기호와 학생의 주머니 사정에 따라 다르게 선택하게 된다. 이와 같이 어떤 조건의 관점에서 선택하느냐에 따라 다르게 나타난다. 그러므로, 이 또한 모두가 인정하는 선택 방법은 존재하지 않음을 알게 된다.

예제 1.4.2 "홀수는 소수이다"라는 말이 맞는가? 물론 이 문제에 대한 답은 9는 홀수이지만 소수가 아니므로 수학적으로는 분명하게 틀린다. 그러나 이 문제를 약간 변형하여 "대통령 ○○○는 훌륭한 사람이다"라는 말이 맞는가 라는 문제에서 "그는 고집이 세므로 훌륭한 사람이 아니다"라고 말하면 국민이 이해하겠는가? 여기에서 앞의 문제는 수학적 문제이고 변형된 문제는 수학적 문제가 아니다. 즉, 앞의 문제에서 소수의 개념은 객관적으로 명백하지만 훌륭한 사람의 개념은 객관적으로 명백한 기준이 없는 주관적 개념임을 알 수 있다.

위의 두 예제는 정답이 없다. 즉, 수학적인 문제 또는 대상이 아니다. 예제 1.4.1은 각 조건에 따라 다른 답을 얻게 될 것이다. 이 예제를 해결하기 위하여 위에서 열거한 구체적인 조건을 점검함으로써 답을 얻을 수 있다. 즉 적당한 조건을 줌으로써 수학적 대상으로 생각할 수 있다. 예제 1.4.2는 우리가 흔히 쓰는 여론 조사 등에서 제시하는 것과 같은 훌륭한 대통령에 대한 적당한 기준을 줌으로써 수학적 대상으로 가져올 수 있다. 그러나 문제 1.4.1의 경우는 두 예제와 달리 현실적이지 않다. 또한 자주 생각하는 현실적인 문제는 아니다. 그러나 이 문제 또한 적당한 제한을 주면, 수학적으로는 풀 수 있는 문제이다. 수학의 형식적인 측면을 생각하면, 위의 문제는 모두 같은 유형으로서 적당한 제약을 줌으로써 수학적 대상으로 이해할 수 있다.

수학적 대상을 형식적인 측면에서 생각하는 공리론적 수학에 관하여 설명하면 다음과 같다.

(1) 무정의 용어

형식적 수학의 특성으로 수학에서 다루는 모든 용어를 상식적인 의미를 배제하고 근본적으로 다루면서 나오는 개념이 무정의 용어이다. 이를테면, 나의 조상은 누구인가를 근본적으로 생각하면 해결되지 않는 문제이다. 이를 해결하는 방편으로 종교적인 방법과 생물학적인 방법이 있으나 모든 사람이 명확하게 공감하기 어려운 문제로 논의 밖으로 생각한다. 수학에서도, 수란 무엇인가에서 시작하여 집합은 무엇인가 원소는 무엇인가 등을 근본적으로 규명하려면 끝이 없다. 이러한 용어 중에 인류의 조상이 누구인가 하는 문제를 해결할 수 없어 논의 밖으로 생각하는 것과 같이 엄밀하게 정의할 수 없는 원론적인 용어로 집합, 원소, 점, 직선, 평면 등을 우리가 지금까지 교육받아 가지고 있는 개념으로 이해하기로 약속한다. 이와 같이 정의를 할 수 없는 용어를 **무정의 용어**(undefined terminology)라 한다.

(2) 무정의 관계

집합과 원소 사이의 관계는 어떠한 관계인가? 이를테면, 수들의 집합에서 수와 집합과의 관계, 대학생의 집합에서 집합과 원소의 관계, 수들의 집합의 부분집합을 원소로 가지는 집합에서 집합과 원소의 관계 등은 기호 $\in$ 또는 $\notin$을 사용하여 나타나지만 똑같은 개념은 아니다. 즉, 어떤 집합이냐에 따라 집합과 원소의 관계는 속한다는 말 외에 의미를 부여하여 설명할 때는 다른 말로 설명될 것이다. 마찬가지로 직선과 점 사이의 관계를 점이 직선 위에 어떻게 존재하는가를 객관적으로 이해할 수 있도록 설명할 수 없다. 이와 같이 설명할 수 없으나 $\in$ 또는 $\notin$을 사용하여 나타내는 관계를 **무정의 관계**(undefined relation)라고 한다.

(3) 정의

무정의 용어와 무정의 관계를 인정할 때, 뒤에 나오는 공리, 성질 및 다른 정의를 이용하여 객관적으로 엄밀하게 정의할 수 있는 수학적 개념을 용어의 **정의**(definition)라고 한다. 이를테면, 유리수 및 정사각형 등은 개관적인 정의를 가진다.

(4) 공리

무정의 용어, 무정의 관계 및 정의들 사이에 증명할 수는 없지만 모순을 찾을 수 없는 인정하는 성질이다. 예를 들면,

- 두 자연수의 덧셈은 자연수인가?
- 자연수의 집합은 덧셈에 관하여 교환법칙이 성립하는가?
- 한 선 위에 있는 않은 점을 지나며 그 선과 평행한 선은 하나 뿐인가?

자연수에 관한 두 질문은 어리석은 질문 같다. 그러나 이 두 질문이 성립한다는 것을 어떻게 증명할 수 있을까 하는 문제는 쉽지 않다. 물론 자세히 설명하려면 페아노(Peano) 공리를 이용하여야 하나 이 또한 같은 문제에 부딪힌다. 즉, 증명을 못하는 최소단위가 존재한다. 즉, 이제까지 이들 사실이 성립하지 않는 예를 찾지 못한, 즉 모순을 발견하지 못하고 인정하는 사실을 **공리**(axiom)라고 한다. 또한, '한 선 위에 있지 않은 점을 지나며 그 선과 평행한 선은 하나이다'라는 성질은 유클리드 기하에서 증명하지 못하고 인정하는 공리이다.

(5) 성질

위에서 설명한 무정의 용어, 무정의 관계, 정의, 공리를 이용하여 수학적으로 엄밀하게 증명할 수 있는 규칙을 정리 또는 공식 등으로 설명할 수 있을 것이다.

실제로 이러한 바탕 위에서 완전하게 전개되는 이론이 수학이다. 수학은 이러한 완전한 이론의 연구는 물론 이러한 무정의 용어 및 무정의 관계 등을 이용하여 공리계를 구축하므로 새로운 분야를 구축하는 연구를 포함한다.

1.5 수학적 구조와 분류

수학은 연구하는 관점과 내용 등에 따라 여러 가지 방법으로 분류될 수 있다. 이와 같은 관점 중의 하나로 간단히 수들의 집합에서 설명한다.

집합에 속하는 원소들 사이에 적당한 관계 즉, 연산(덧셈, 곱셈 등)을 정의함으로써 일어나는 연산에 관한 여러 가지 관계를 **대수적 구조**(algebraic structure)라 하고 이를 연구하는 분야를 **대수학**(algebra)이라 한다. 흔히, '연산에 관하여 닫혀있는가'하는 질문이 대수적 구조의 기본 질문이다. 이들 연산에서 일어나는 여러 가지 구조로, 뒤에 설명될 군, 환, 체 및 벡터공간 등의 기본적인 용어가 정의된다. 집합에 속하는 원소들 사이에 적당한 관계 즉, 거리(극한, 근방, 연속 등)를 정의함으로써 일어나는 여러 가지 관계를 **거리 구조**(distance structure)라 하고 이를 연구하는 분야를 **해석학**(analysis)이라 한다. 이를테면, 미분, 적분 등이 해석학 분야에 속한다. 집합에 속하는 원소들 사아에 적당한 관계 즉, 순서(수의 크기, 집합의 크기 등)를 정의함으로써 일어나는 여러 가지 구조를 **순서 구조**(ordered structure)라 하고 이를 연구하는 분야를 **기하학**(geometry)이라 한다.

현대수학은 이들 구조가 종합적으로 연구되고 있음에도 일반적으로 이들 구조 중에 특히 강조되는 구조에 따라 위에서 설명된 것과 같이 분류된다.

한편, 19세기 이후 이론 체계의 증명을 주로 하는 순수 수학과 자연 현상을 대상으로 하는 응용 수학으로 점차 분리되기 시작하였으며, 1950년 이후 생물학, 사회학, 경제학 등 다방면에 이용되는 응용 수학이 급속히 발달하게 되었다. 즉, 실생활에의 어떤 응용보다는 학문 자체의 이론체계를 주 연구대상으로 하는 분야를 흔히 **순수수학**(pure mathematics)이라 하며, 크게 나누면 대수적 구조를 연구하는 대수학, 거리구조를 연구하는 해석학, 순서구조를 연구하는 기하학 등이 있다. 반면에, 순수수학의 연구결과들을 실생활에 응용하는 연구분야로 넓은 뜻으로는 수치 계산 등에 응용되는 수학, 좁은 뜻으로는 연속체에 관한 물리학이나 역학, 통계학, 공학 등에 응용되는 수학을 **응용수학**(applied mathematics)이라 한다.

일반적으로 순수수학은 여러 분야에 다양한 응용수학 및 응용학문의 바탕이 되지만, 이들 분야에 관한 소개는 직관적으로 이해하기 어렵기 때문에 생략하고 현대사회에서 관심을 끌고 있는 응용수학의 일부 분야를 소개함으로써 수학이 어떻게 응용되고 있는가를 설명한다.

(1) 그래프 이론

그래프는 도형 자체의 본질을 연구하는 분야로 그 개념은 한 붓 그리기, 전기 회로, 화합물의 구조식 등에서 유래하였다. 지도에서 경계선 대신에 영역의 색을 다르게 하여 구분하는 것이 보통이다. 이때, 몇 가지 색깔을 쓰면 지도에서 경계영역을 색깔로 구분하여 다 표현할 수 있을까하는 문제는 오래 전부터 관심을 가지던 문제로 뒤에 4색이면 충분하다는 결론을 얻었다. 이 문제의 해결은 그래프 이론의 중요한 과제였다(뒤에 설명). 현재의 그래프 이론은 이산 수학(離散數學) 중의 중요한 한 분야로서 이에 대한 연구가 활발하다. 다음 그림은 한 붓 그리기 문제로 유명한 오일러의 **쾨니히스베르그**(Königsberg)의 다리문제이다. 오일러는 아침에 산책을 하면서 '한번 건넌 다리는 다시 지나지 않고 모든 다리를 거쳐서 산책할 수 있을까'라는 문제를 제기하였다. 이 문제는 뒤에 그래프 이론을 이용하여 쉽게 해결되었다.

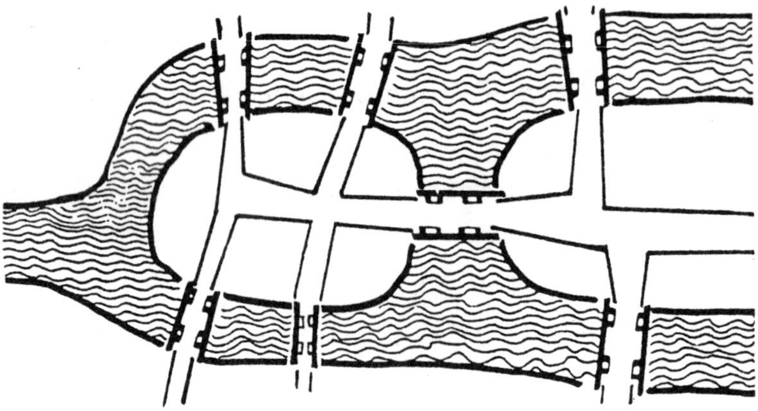

[그림 1.7] 쾨니히스베르그의 다리

(2) 수치해석

해석학, 정수론, 미적분학, 선형대수학 등의 지식을 활용하여, 컴퓨터의 이진법 연산, 컴퓨터의 오차이론, 선형방정식의 수치해법, 경계치 문제의 해석, 편미분 방정식의 수치 해법 등을 주 내용으로 하는 컴퓨터 알고리즘의 증명과 작성을 주로 다루어 자연 과학 분야에서 다루는 수치자료와 정보를 컴퓨터에 의해 수치적으로 해석하고 그 결과를 컴퓨터 그래픽으로 처리하는 분야이다. 다음은 컴퓨터를 이용하여 구한 원주율의 소수점이하 166자리이다.

[그림 1.8] 원주율의 소수점이하 166자리

(3) 조 합 론

역사적으로 수학적 레크레이션과 게임 이론 등으로부터 유래하였으며, 이후 많은 분야에서 응용되고 있다. 일반적으로 연구되고 있는 조합론 문제의 유형은 어떤 사건이 일어날 수 있는지의 유무를 확인하는 문제인 **나열**(또는 **경우의 수**)**의 존재**, 이와 같은 나열이 존재할 때, 몇 가지 경우가 존재하는지 아는 즉, 일어나는 경우를 분류하는 **나열들의 분류 및 개수**, 알려진 경우들에 대한 규칙이나 기타 분류를 위한 **알려진 나열의 연구** 등이다.

(4) 부호이론

다양한 조건 아래 필요한 정보를 정확하게 효율적으로 전달해야 할 필요성 때문에 연구되기 시작된 학문으로 1948년 쉐논(C. Shannon)에 의하여 통신에 수학 이론을 응용하기 시작하여 오늘날 정보시대를 가져오게 한 이론들 중에 한 분야이다. 무인 우주선을 이용한 위성에서의 사진전송에 이용된 리드-뮐러 부호, 컴퓨터에서 이용하는 ASCⅡ 부호, 국제적으로 서적을 분류하는 ISBN 부호, 백화점이나 도서관 등에서 볼 수 있는 막대부호, 여권번호, 주민등록번호 등은 일반인에게도 잘 알려진 예들이며, 실제로 언어 또한 좋은 부호 중의 하나이다.

8 801121 101575

[그림 1.9] 막대부호

(5) 암 호 학

인류의 전쟁과 역사를 같이하고 있는 암호는 아군끼리 정보를 교환할 때에 정보를 의미하는 자료가 적군에게 노출되어도 정보는 노출되지 않고 아군의 특수한 사람만이 이해할 수 있도록 정보를 변환시키는 원리를 연구하는 분야이다. 기록을 통해 확인할 수 있는 가장 오래된 시기는 고대 이집트 · 그리스 시대이다. 이러한 암호학의 연구 분야는 약속된 사람 이외에는 누구도 해독할 수 없는 안전한 암호를 설계하는 방법인 암호작성법과, 이와는 반대로 이미 만들어진 암호문의 체계를 알아내 그 뜻을 해독하는 방법인 암호해독법으로 분류된다. 암호는 처음에 군사 외교적인 목적으로 군대를 포함한 특수한 곳에서만 사용되었던 1960년대 이전까지와 달리, 통신과

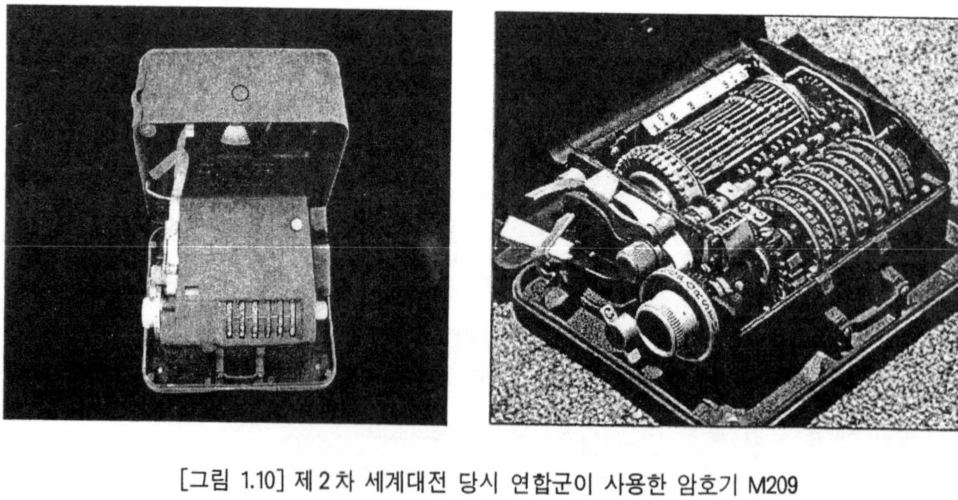

[그림 1.10] 제 2 차 세계대전 당시 연합군이 사용한 암호기 M209

컴퓨터의 발달과 더불어 발전된 정보시대에는 국가 및 기업은 물론 개인의 프라이버시 보호를 위해서 필요하게 되었다. 2003년 1월에 일어났던 인터넷 대란과 같은 사건을 대비하는데는 물론 이라크와 연합군의 전쟁에서 연합군의 승리에도 암호의 응용이 절대적으로 필요하였다. 뒤에 설명되겠지만, 암호는 비밀통신은 물론 전자상거래, 스마트카드, 전자투표 등의 많은 분야에 응용되고 있다.

(6) 퍼지이론

수학에서 다루는 대상을 일반화시킨 퍼지(fuzzy)는 사실인 정도(degree of truth)를 다루는 '정도의 학문'이다. 즉, 전통적인 컴퓨터가 다루는 '참'이냐 '거짓'이냐 하는 이진(0 또는 1)의 논리인 Boole 논리의 한계를 극복하려는 학문분야이다. 이와 같은 퍼지 논리의 아이디어는 1960년대에 UC 버클리 대학의 자데(L. Zadeh)에 의해 처음 진전을 보았다. 그는 컴퓨터가 자연어를 이해하는 문제에 대해 연구하고 있었는데, 0과 1의 절대적 표현으로는 풍부한 어휘를 제대로 표현할 수가 없었다는 사실을 깨닫게 되었다. 이를테면, '과연 나의 아내는 어느 정도 예쁜 것인가?'에서 출발한 그의 연구는 인간의 자연스런 표현을 컴퓨터화 하는 것이어서 'computation with word' 라고도 한다. 즉, '예쁘지 않다'와 '예쁘다'를 0과 1로 표현할 때 '조금, 적당히, 많이… 예쁘다' 등을 0.2정도, 0.5정도, 0.8정도라고 표현할 수 있다. 여기서의 0.2, 0.5 등을 membership grade라고 한다. 0과 1의 절대적인 표현과는 구분되는 것이어서 soft computing이라고도 한다. 이 분야는 자동화 시스템에 응용되고 있다. 이를테면, 퍼지 세탁기, 퍼지 냉장고, 퍼지 밥통 등은 퍼지 이론을 통하여 반자동 또는 전자동으로 수행된다.

(7) 카오스 이론

장래의 예측이 불가능한 현상, 즉 언뜻 보아 무질서하게 보이는 복잡한 현상의 배후에는 정연한 질서가 감추어져 있다는 이론으로 그 질서를 밝히는 것이 카오스('혼돈'이란 뜻) 연구의 목적이다. 카오스 이론은 퍼지 이론, 뉴로 이론에 이은 제3의 이론으로 일컬어진다. 청소기를 예로 든다면 퍼지 이론에서는 청소를 하라는 명령에 따라 판단 기준이 주어진 프로그램에 의해 모호한 것을 수행하지만, 카오스 이론에서는 청소를 할 것인지 말 것인지, 한다면 어디까지 할 것인지를 스스로 판단할 수 있게 된다. 1920년에 로버트 메이라는 미국 수리 생물학자로부터 시작되어, 일본의 민간 연구소를 중심으로 활발하게 연구가 진행되고 있다.

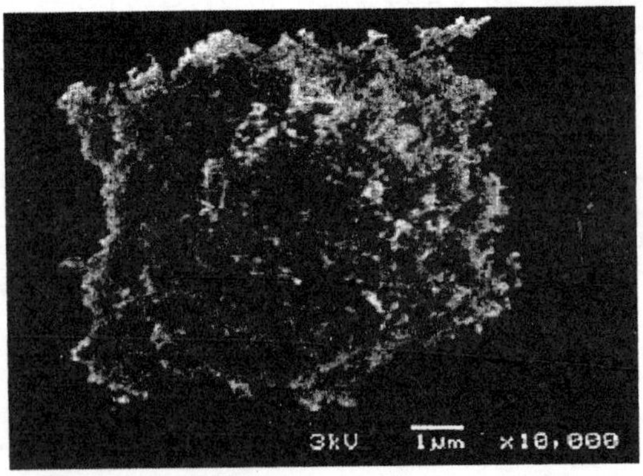

[그림 1.11] 수소원자의 카오스적 운동형태

(8) 프 랙 탈

멘델브로트(Mandelbrot)는 1967년 영국에서 발행되는 잡지 Science에서 '영국을 둘러싸고 있는 해안선의 길이는?'이라는 글에서 해안선의 길이를 잴 때 사용하는 자의 종류에 따라 길이가 달라진다는 이론을 발표하였다. 이 내용은 당시에 시선을 끌지 못하였으나 뒤에 관심을 갖고 연구하게 되었다. 멘델브로트는 자신의 연구결과를 발표하면서 프랙탈이라는 용어를 사용하였다. 이 학문의 특징은 산맥, 해안선, 구름, 나무, 신경조직 등과 같이 전체와 부분이 유사하게 닮은 모양에서 같은 시도를 지속하면서 만들어지는 집합에 관하여 연구하는 학문으로 오늘날 디자인 이론에 자주 응용된다. 뒤에 자세하게 설명되겠지만 칸토 집합, 멘델브로트 집합, 줄리아(Julia) 집합 등이 있다.

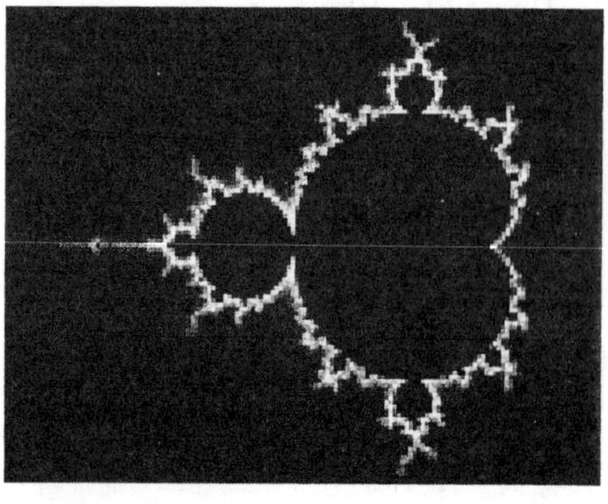

[그림 1.12] 줄리아 집합과 멘델브로트 집합

2 집 합

이 장에서는 수학을 표현하는데 기본적으로 사용되는 도구인 집합에 관하여 설명한다. 또한 집합들의 카티션 곱과 이의 일반화, 집합 위에서 정의된 관계와 실생활의 응용에 관하여 소개한다. 마지막으로 관계 중에 특수한 경우로 함수를 정의하고, 함수에 대한 여러 가지 예를 설명하고 함수를 이용하여 무한집합의 개념을 확장한다.

카티션 곱, 동치관계와 분할 등은 실생활에 많은 응용을 가지는 수학의 기본 개념이며, 함수는 모든 분야에서 많은 응용을 가지는 분야로 오늘날 통신분야 및 알고리즘에 직접적으로 사용되는 기본 개념이다.

집합론의 창시자 칸토

"수학에서는 주어진 문제를 푸는 것보다 문제를 제기하는 예술이 훨씬 더 중요하다."고 말한 칸토(G. Cantor)는 23세인 1867년 수론으로 박사학위를 취득하였다. 집합론에 관한 연구는 이전에도 부분적으로 연구되어왔으나 칸토에 의하여 본격적인 체계를 갖추게 되었으나 당시에 그의 연구 '집합론에 관하여'는 소수의 수학자만이 인정하는 미미한 정도라서 1878년에 그의 스승 바이어스트라스(Weierstrass)의 도움으로 겨우 발표되었다.

대다수의 수학자가 그의 업적을 인정하지 않던 당시에 가장 부정적인 반응을 보였던 사람이 크로네커(Kronecker)였다. 그는 칸토를 '젊은이를 망치는 사람'으로 비난하고, 칸토가 할레대학교에서 베를린대학으로 옮기려 하는 것을 방해하였다고 한다. 결국 칸토는 죽을 때까지 할레대학교에서 근무하였다. 그의 업적이 인정받지 못함과 크로네커의 비난은 결국 1884년 심한 정신적 스트레스를 앓게 되는 중요한 계기가 되었으며 이후 잦은 재발은 끝까지 그를 괴롭혔다.

그의 주요 업적으로는 '집합론의 정립'과 데데킨트(Dedekind)와 함께 연구한 '실수의 체계를 확립'한 것을 들 수 있으며, 독일수학회 창립(1890) 및 국제수학자협회(1897)를 창립하여 수학자들 사이에 수학이론의 뜨거운 토론을 유도한 것을 들 수 있다. 1897년 전후 집합론은 뜨거운 논쟁 속에 확립되어 갔으며 당시에 집합론의 모순이 발견되었다고 한다. 이와 같은 학문적 모순과 그의 건강은 1897년 이후 어떠한 연구발표도 하지 않게 하였다. 학문적 모순은 러셀(B. Russel), 제멜로(E. Zemelo) 프랭켈(A. Fraengel), 브라우어(L. Brouwer) 등에 의하여 해결되었으며, 그의 업적은 그의 사후에 오히려 크게 인정을 받게 되었다.

2.1 집 합

제 1 장에서 설명한 대로 집합과 원소는 무정의 용어로서 수학의 여러 대상을 표현하는 도구로 사용되고 있다. 이와 같이 집합이 모든 수학의 기초가 되어 있지만, 집합이 수학의 이론으로서 독립적인 대상이 된 것은 19세기 말 **칸토**(Cantor)에 의해서 시작되었다. 집합에서 일어나는 의미론적인 역설과 논리적인 역설에 관한 설명을 포함하여 집합에 관하여 엄밀하게 이해하기는 쉽지 않다. 이 절에서는 집합을 직관적으로 설명하고 집합들에 관한 몇 가지 연산에 관하여 설명한다.

일반적으로 어떤 대상이 그 모임에 속하는지 또는 속하지 않는지가 객관적으로 분명한 모임을 **집합**(set)이라 하고 그 모임에 속하는 대상을 **원소**(element)라고 한다. 이를테면, 키가 큰 사람의 모임은 키가 큰 사람에 대한 객관적인 기준이 없으므로 집합이 될 수 없으며, 키가 170cm 이상인 사람의 모임은 모임에 속하는 기준이 객관적으로 분명하므로 집합이다.

문제 2.1.1 다음 모임은 집합인가?

(1) 공부를 잘하는 사람의 모임

(2) 고등학교를 졸업한 사람의 모임

키가 300cm 이상인 초등학생의 모임을 생각하여 보면, 임의로 선택된 초등학생의 키를 알아보면 그 모임에 속하지 않음을 알 수 있으므로 집합임을 알 수 있다. 그러나, 이 집합에 속하는 원소가 존재할까 하는 물음에는 현재까지의 기록에 따르면 존재하지 않는다. 이와 같이 집합들 중에는 원소를 갖지 않는 특수한 집합이 있다. 이를 **공집합**(empty set)이라 하며 기호 ϕ로 나타낸다.

일반적으로, 원소는 알파벳 소문자로 나타내고 집합은 알파벳 대문자로 나타낸다. 또한 집합이 원소들의 모임임을 나타낼 때 { }을 사용한다. 이를테면, 원소 a, b, c를 가지는 집합 A를 $A=\{a, b, c\}$로 나타낸다. 한편, 집합을 나타내는 방법으로 그 집합에 속하는 원소를 모두 나열하는 방법인 **원소나열법**과 그 집합에 속하는 원소가 될 조건을 나열하는 방법인 **조건제시법**이 있다. 이를테면, 집합 $A=\{1, 3, 5, 7, 9\}$는 원소나열법으로 표현된 것이고 이를 조건제시법으로 표현하면,

$$A=\{x|x\text{는 10보다 작은 양의 홀수이다}\}.$$

두 집합 A와 B가 주어져 있을 때, A와 B중에 어느 한 쪽에 속하는 원소들의 집합을 A와 B의 **합집합**(union)이라 하고, 이를 기호

$$A\cup B=\{x|x\in A \text{ 또는 } x\in B\}$$

로 나타낸다. 한편, 두 집합 A와 B가 주어져 있을 때, A와 B의 양쪽 모두에 속하는 원소들의 집합을 A와 B의 **공통집합**(intersection)이라 하고, 이를 기호

$$A\cap B=\{x|x\in A \text{ 이고 } x\in B\}$$

로 나타낸다. 특히, $A\cap B=\phi$일 때 두 집합 A와 B는 **서로 소**라 한다. 실제로, 두 집합 A와 B의 관계를 벤 다이아그램으로 그리면 [그림 2-1]과 같은 경우를 생각할 수 있다.

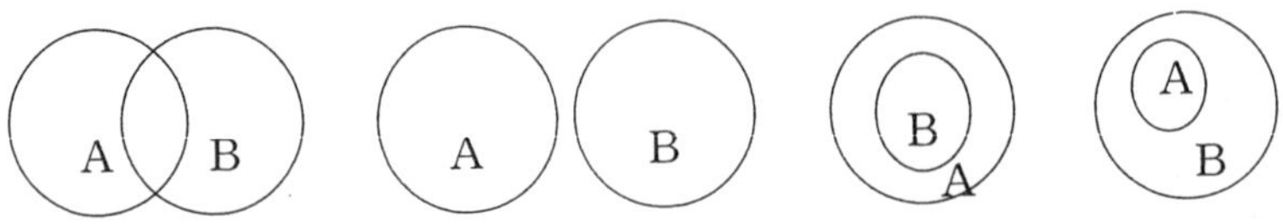

[그림 2.1] 두 집합 A와 B의 관계

두 집합 A와 B가 주어져 있을 때, A에는 속하고 B에는 속하지 않는 원소들의 집합을 A의 B에 대한 **차집합**이라 하고, 기호

$$A-B=\{x|x\in A\text{이고 } x\notin B\}$$

나타낸다. 이를테면, 집합 $A=\{1, 2, 3, 4\}$과 $B=\{3, 4, 6, 7, 9\}$일 때,

$$A-B=\{1, 2\},\ B-A=\{6, 7, 9\}$$

이다.

문제 2.1.2 집합 A, B와 C가

$$A=\{1, 3, 5, 7, 9\},\quad B=\{2, 4, 6, 8, 10\},\quad C=\{1, 2, 3, 4, 5\}$$

일 때 다음 집합을 구하시오.

(1) $A\cup B$　　(2) $A\cup C$　　(3) $A\cap B$

(4) $A\cap C$　　(5) $A-B$　　(6) $A-C$

두 집합 A와 B에 대하여 A의 모든 원소가 B의 원소가 될 때, 집합 A가 집합 B의 **부분집합**(subset)이라 하고, 기호 $A \subset B$으로 나타낸다. 특히, 임의의 집합 A에 대하여 공집합 ϕ와 집합 A는 분명히 A의 부분집합이다. 이와 같은 부분집합을 **자명한 부분집합**이라 하고, 그 외의 부분집합을 **자명하지 않은 부분집합** 또는 **진부분집합**이라 한다.

공집합 ϕ는 책에 따라서 진부분집합에 포함시키는 경우가 많다. 집합 X가 주어졌을 때, X의 부분집합들을 원소로 가지는 집합을 X의 **멱집합**(power set)이라 하고, 이를 다음과 같이 나타낸다.

$$P(X) = \{A \mid A \subset X\}$$

예제 2.1.1 집합 $A = \{1, 2, 3\}$에 대하여

(1) $\{1\}$, $\{1, 2\}$, $\{1, 3\}$은 A의 부분집합이다.

(2) $\{4\}$는 A의 부분집합이 아니다.

(3) $P(A) = \{\phi, \{1\}, \{2\}, \{3\}, \{1, 2\}, \{1, 3\}, \{2, 3\}, \{1, 2, 3\}\}$

집합 A, B가 주어지고 A가 B의 부분집합일 때, 차집합 $B-A$를 집합 B에 대한 집합 A의 **여집합**(complement)이라 한다.

집합 A의 여집합은 A보다 큰 집합에 대하여 정의된다. 따라서, 경우에 따라 제한적으로 가장 큰 집합 즉, **전체집합**을 생각한다. 이를테면, 수의 집합에서, 복소수의 집합이나 실수의 집합 등이 전체집합으로 자주 이용된다. 실제로 전체집합은 제한적으로 이용될 때마다 정의되어야 하며, 이때 기호 U로 나타내며, 이러한 관점에서 집합 $U-A$를 A^C으로 나타내고 U에 대한 A의 **상대적 여집합**을 간단히 **여집합**이라 하고 기호로 다음과 같이 나타낸다.

$$A^C = \{x \mid x \notin A\}$$

문제 2.1.3 10 이하의 자연수의 집합을 전체 집합 U로 나타내고, 10 이하의 홀수인 자연수의 집합과 10 이하의 짝수인 자연수의 집합을 각각 A와 B로 나타낼 때 다음을 구하시오.

(1) A^C　　(2) B^C

(3) $(A \cup B)^C$　　(4) $(A \cap B)^C$

(5) $A^C \cap B^C$　　(6) $A^C \cup B^C$

지금까지 설명된 집합에 대하여 이미 중고등학교에서 배웠던 성질을 나열하면 다음과 같다. 이 성질들은 벤 다이어그램에 의하여 쉽게 증명된다.

《정리 2.1.1》

임의의 집합 A, B, C에 대하여

(1) $A \cup B = B \cup A$ $\qquad$ $A \cap B = B \cap A$

(2) $(A \cup B) \cup C = A \cup (B \cup C)$ $\qquad$ $(A \cap B) \cap C = A \cap (B \cap C)$

(3) $A \cup \phi = A$ $\qquad$ $A \cap \phi = \phi$

(4) $A \cup U = U$ $\qquad$ $A \cap U = A$

《정리 2.1.2》

임의의 집합 A, B, C에 대하여

(1) $(A \cup B) \cap C = (A \cap C) \cup (B \cap C)$ $\qquad$ $(A \cap B) \cup C = (A \cup C) \cap (B \cup C)$

(2) $(A \cup B)^C = A^C \cap B^C$ $\qquad$ $(A \cap B)^C = A^C \cup B^C$

정리 2.1.2의 (2)는 **드모르간 정리**로 잘 알려진 성질이다.

집합의 원소의 개수를 음이 아닌 정수로 나타낼 수 있을 때, 그 집합을 **유한집합**이라 하고, A의 원소의 개수를 $\#(A)$로 나타내기로 한다. 집합 A가 유한집합이 아닐 때, **무한집합**이라고 한다.

예제 2.1.2 (1) 100 이하의 자연수의 집합은 유한집합이고 원소의 개수는 100이다.

(2) 100 이하의 자연수 중에 7의 배수의 집합은 유한집합이고 원소의 개수는 14이다.

(3) 집합 $A = \{1, 2, 3\}$에 대하여, 멱집합 $P(A)$는 8개의 원소를 가진다.

(4) 자연수의 집합은 무한집합이다.

문제 2.1.4 집합 $X = \{1, 2, \cdots, n\}$의 멱집합의 원소의 개수가 2^n임을 증명하시오.

2.2 카티션 곱과 관계

어떤 대상을 판단할 때, 그 대상을 여러 측면에서 살펴보고 판정하는 경우가 많다. 즉, 두 가지 이상의 요소를 생각할 때가 자주 있다. 이를테면, “어떤 반 학생들의 영어성적과 수학성적” 또는 “학생과 그의 소속학과” 등과 같이 두 가지 이상의 개념을 묶어서 생각할 때 편리한 경우가 많다. 이와 같이 두 가지 이상의 요소를 묶어서 처리하는 수학적 개념으로 카티션(Cartesian) 곱이 있다.

《정의 2.2.1》

공집합이 아닌 집합 A와 B에 대하여 A의 모든 원소 a와 B의 모든 원소 b를 짝지은 원소(a, b)의 집합을 A와 B의 **카티션 곱**이라 하고 기호 $A \times B$로 나타낸다. 즉, $A \times B = \{(a, b) \mid a \in A,\ b \in B\}$이다.

이때, $A \times B$의 원소를 **순서쌍**이라 하고 두 순서쌍 (a, b)와 (c, d)에 대하여,

$$(a, b) = (c, d)\text{는 오직 } a = c\text{이고 } b = d$$

일 때만 성립하는 것으로 약속한다. 특히 $A = B$일 때, $A \times B$를 A^2으로 나타낸다.

카티션 곱에 관한 예를 들면 다음과 같다.

예제 2.2.1 (1) 집합 $A = \{1, 2, 3\}$과 $B = \{ㄱ, ㄴ\}$에 대하여

$$A \times B = \{(1, ㄱ), (2, ㄱ), (3, ㄱ), (1, ㄴ), (2, ㄴ), (3, ㄴ)\}$$

(2) 집합 $A = \{1, 2, 3\}$에 대하여

$$A \times A = \{(1, 1), (1, 2), (1, 3), (2, 1), (2, 2), (2, 3), (3, 1), (3, 2), (3, 3)\}$$

(3) 실수들의 집합을 R이라 할 때, $R \times R = R^2$은 2차원 평면공간을 나타낸다. 즉, $R^2 = \{(x, y) \mid x, y \in R\}$이다.

일반적으로 두 집합의 카티션 곱은 확장이 가능하다. 이를테면, 집합 $A_i(i = 1, 2, \cdots, n)$에 대하여 $A_1 \times A_2 \times A_3, \cdots, A_1 \times A_2 \times \cdots \times A_n$을 정의할 수 있다. 또한 3차원 공

간 $R\times R\times R=R^3$을 정의할 수 있으며 귀납적으로 n차원 공간 R^n을 정의할 수 있다.

두 집합 A와 B의 카티션 곱 $A\times B$가 유한집합이기 위한 필요충분조건은 A와 B가 유한집합이다. 이때, $\#(A\times B)=\#(A)\times\#(B)$이다.

《정의 2.2.2》

공집합이 아닌 집합 A에 대하여 A^2의 부분집합 T를 A 위에서의 **관계**(relation)라 한다. 즉,

$$T=\{(a, b)\in A^2 | a\text{와 } b\text{는 적당한 조건을 만족한다}\}$$

순서쌍 $(x, y)\in T$을 기호로 xTy 또는 $x\sim y$로 나타낸다.

관계에 관한 몇 가지 예를 들면 다음과 같다.

예제 2.2.2 집합 $A=\{1, 2, 3\}$에 대하여

$$A^2=\{(1, 1), (1, 2), (1, 3), (2, 1), (2, 2), (2, 3), (3, 1), (3, 2), (3, 3)\}$$

이고 A^2의 부분집합은 2^9개이므로 A 위에서의 관계는 모두 2^9가지가 존재한다. 몇 가지 관계의 예를 들면,

$$T_1=\{(1, 1), (2, 2), (3, 3)\}$$
$$T_2=\{(1, 1), (1, 2), (1, 3), (2, 2), (3, 3)\}$$
$$T_3=\{(1, 1), (1, 2), (1, 3), (2, 2), (2, 3), (3, 3)\}$$
$$T_4=\{(1, 2), (2, 1), (2, 3), (3, 2), (1, 3), (3, 1)\}$$

예제 2.2.2에 있는 관계들을 그래프로 표현하면, [그림 2.2]와 같다. 또한, 이를 조건제시법으로 표현해 보면,

$$T_1=\{(x, y)\in A^2 | y=x\}$$
$$T_2=\{(x, y)\in A^2 | x\text{는 } y\text{의 약수이다}\}$$
$$T_3=\{(x, y)\in A^2 | x\leq y\}$$
$$T_4=\{(x, y)\in A^2 | y\neq x\}$$

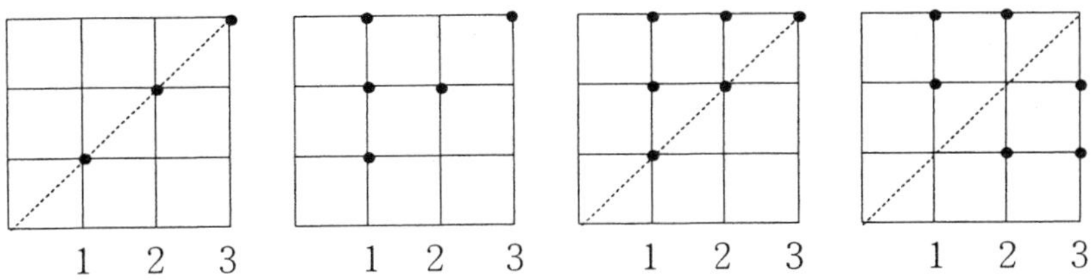

[그림 2.2] 집합 T_1-T_4의 그래프

이다. 집합 T_1은 정의역이 A인 함수 $y=x$를 나타내고, T_2는 약수 관계가 성립하는 원소의 집합이고 T_3은 정의역이 A인 부등식 $y \geq x$의 영역, T_4는 T_1의 여집합을 나타낸다. 즉, 예제 2.2.2에서 선택한 A^2의 부분집합은 여러 가지 수학적인 의미를 가지는 집합으로 생각할 수 있다. 실제로 A^2에는 $2^9(=512)$가지 관계가 존재하지만, 이들 중에 의미를 가지는 관계는 예제 2.2.2에서 설명된 관계를 포함하여 몇 가지 되지 않는다.

이제 관계 T에 관한 구체적인 의미를 주는 몇 가지 추상적인 정의를 살펴보자.

(1) T : **반사**(reflexive) $\Leftrightarrow$ A의 임의의 원소 x에 대하여 $(x, x) \in T$
(2) T : **대칭**(symmetric) $\Leftrightarrow$ $(x, y) \in T$인 모든 (x, y)에 대하여 $(y, x) \in T$
(3) T : **추이**(transitive) $\Leftrightarrow$ $(x, y) \in T$이고 $(y, z) \in T$이면 $(x, z) \in T$
(4) T : **반대칭**(antisymmetric) $\Leftrightarrow$ $(x, y) \in T$이고 $(y, x) \in T$이면 $x=y$

예제 2.2.3 예제 2.2.2에서 주어진 네 관계를 가지고 설명하면,

(1) T_1이 반사관계를 만족하는 것은 분명하다. 또한 T_1에 속하는 순서쌍의 두 성분이 같으므로 T_1은 대칭, 추이 및 반대칭 관계를 만족한다.

(2) T_2는 반사, 추이 및 반대칭을 만족한다. 그러나 $(1, 2) \in T_2$이지만 $(2, 1) \notin T_2$이므로 대칭이 아니다.

(3) T_3은 반사, 추이 및 반대칭을 만족한다. 그러나 $(1, 2) \in T_3$이지만 $(2, 1) \notin T_3$이므로 대칭이 아니다.

(4) T_4는 대칭만을 만족한다. 이를테면, $(1, 1) \notin T_4$이므로 반사를 만족하지 않는다. 또한 $(1, 2) \in T_4$이고 $(2, 1) \in T_4$이지만 $1 \neq 2$이므로 반대칭을 만족하지 않으며, $(1, 2) \in T_4$이고 $(2, 1) \in T_4$이지만 $(1, 1) \notin T_4$이므로 추이를 만족하지 않는다.

실제로 위에서 정의한 관계는 일반적으로 사회에서 적용되는 여러 가지 관계들을 엄밀하게 분류하기 위하여 만들어진 정의로 생각할 수 있다.

반사관계는 일반적으로 명백한 상황에서 발생하는 관계이다. 이를테면, 수학적인 예로는 약수 또는 배수를 논할 때 어떤 수와 어떤 수 자신과의 약수 또는 배수인가 하는 경우, 부분집합에서 어떤 집합은 자신의 부분집합인가 하는 특수한 경우들이 해당된다. 생일이 같은 사람들의 관계 또는 성이 같은 사람들의 관계 등에서 자기 자신은 생일이나 성이 유일하며 이때에 반사관계를 만족하는 것으로 한다.

대칭관계는 주로 순서가 없는 일상 관계에서 나타난다. 이를테면, 갑과 을은 같은 고등학교를 졸업한 관계라면 순서와 관계가 없이 성립한다. 즉, 갑과 을이 관계가 있으면 을과 갑은 관계가 있다. 흔히 일반 사회에서 대칭관계라고 생각하기 쉬운 예는 친구관계이다. 즉, 갑은 을을 친구라고 생각할 때, 을도 갑을 친구라고 생각할 것을 기대하지만 을은 갑을 친구라 생각하지 않는 경우도 있으므로 엄밀하게 말하면 이는 대칭관계가 아니다.

추이관계는 삼단논법으로부터 이해될 수 있다. 이를테면, 'A는 B보다 크고 B는 C보다 크므로 A는 C보다 크다' 또는 'A는 B보다 공부를 잘하고 B는 C보다 공부를 잘하므로 A는 C보다 공부를 잘한다'는 관계는 추이관계임을 쉽게 알 수 있다. 그러나 대화 중에 흔히 '내 친구의 친구가'라는 말을 쓸 때의 의미는 나의 친구는 아니라는 뜻이다. 즉, 친구관계는 추이가 성립하지 않는 예이다. 이러한 사실로부터, 갑과 을은 친구관계이고 을과 병도 친구관계이지만, 갑과 병이 친구관계가 되지 않는 경우는 많음을 알 수 있다.

관계에 관한 구체적인 예들을 살펴보자.

예제 2.2.4 어느 대학교 1학년생들의 집합을 A라고 할 때,

(1) 관계 $T_1=\{(x, y)|x$는 y보다 키가 크다$\}$은 추이만 성립한다.

(2) 관계 $T_2=\{(x, y)|x$는 y보다 키가 작지 않다$\}$에서 '작지 않다'는 의미는 '크거나 같다'이므로 반사, 반대칭 및 추이가 성립한다.

(3) 관계 $T_3=\{(x, y)|x$와 y는 같은 달에 생일이다$\}$은 반사, 대칭 및 추이가 성립한다.

[주의] 어느 대학교 학생들의 집합을 C라고 하고, 이 대학교 학생 x와 y가 같은 동아리에 있을 때 관계가 있다고 정의하여 보자. 이때 모든 학생이 동아리에

가입하지는 않으므로 반사관계가 성립하지 않음에 유의하여야 한다. 동아리에 가입하지 않은 학생을 특정한 약속된 하나의 동아리에 가입한 학생으로 취급할 때에만 반사관계가 성립한다. 이와 같은 엄밀한 가정 아래에서 이 관계는 반사, 대칭, 추이를 만족한다.

다음에 정의하는 관계는 자주 응용되는 개념이다.

《정의 2.2.3》

집합 A위에서의 관계 T가 반사, 대칭 및 추이 관계를 만족할 때, T를 A위에서의 **동치관계**(equivalence relation)라 한다. 또한, 집합 A위에서의 관계 T가 반사, 반대칭 및 추이관계를 만족할 때, T를 A위에서의 **순서관계**(ordered relation)라 한다.

예제 2.2.3에서 T_1은 동치관계이고 동시에 순서관계이며, T_2와 T_3는 순서관계이다. 또, 예제 2.2.4에서 T_3는 동치관계이고 T_2는 순서관계이다.

동치관계에 관한 내용은 다음 절에서 자세히 설명하기로 하고, 순서관계에 관해 구체적으로 알아보자. 실제로 일상생활속에서 나타나는 모든 순서 구조에 상등 조건을 넣어주면, 순서관계가 된다. 즉, 예제 2.2.5에서와 같이 일반적인 순서만 정해지면 순서관계가 되는 것을 알 수 있다. 이와 같은 순서관계는 서열이 주어진 군의 계급 구조, 직장의 직급 구조 또는 항렬이 주어진 종친회의 구조 등에서 나타난다.

예제 2.2.5 실수들의 집합 R위에서 순서 $\leq$에 의하여 정의된 관계 $T=\{(x, y) | x\leq y\}$는 순서관계이다. 즉, 임의의 실수 x, y, z에 대하여 다음 성질이 성립한다.

(i) $x\leq x$

(ii) $x\leq y$이고 $y\leq x$이면 $x=y$

(iii) $x\leq y$이고 $y\leq z$이면 $x\leq z$

또한, 공집합이 아닌 집합 A의 멱집합 $P(A)$에서 기호 $\subseteq$에 의하여 정의된 관계 $S=\{(X, Y) | X\subseteq Y\}$도 순서관계이다. 즉, A의 임의의 부분집합 X, Y, Z에 대하여 다음 성질이 성립한다.

(i) $X\subseteq X$

(ii) $X\subseteq Y$이고 $Y\subseteq X$이면 $X=Y$

(iii) $X\subseteq Y$이고 $Y\subseteq Z$이면 $X\subseteq Z$

2.3 동치관계와 분할

앞 절에서 관계를 정의하고 동치관계와 순서관계에 관한 의미를 살펴보았다. 이 절에서는 동치관계에 대하여 구체적으로 살펴본다.

이제부터 기호 $(x, y)\in T$를 기호 $x\sim y$로 나타내기로 한다. 이를테면, 어느 대학교 1학년 학생들의 집합을 A라고 할 때, 관계

$$T=\{(x, y)\in A^2 | x\text{와 } y\text{는 같은 달에 생일이다}\}$$

는 관계

$$\sim=\{(x, y)\in A^2 | x\text{와 } y\text{는 같은 달에 생일이다}\}$$

으로 나타내고, 간단히 조건만을 나타낼 때에 관계를

$$x\sim y \Leftrightarrow x\text{와 } y\text{는 같은 달에 생일이다}$$

로 나타낸다. 이때, 관계 T 또는 $\sim$가 동치관계임은 쉽게 알 수 있다. 이때, (A, T) 또는 $(A, \sim)$이 동치관계라고 나타낸다.

한편, 이 예에서 주어진 관계 '생일이 같은 달'이란 조건에는 1년이 12달이라는 숨은 뜻이 있고, 이와 같은 관계 위에 집합 A는 기껏해야 12개의 부분집합으로 나뉠 수 있음을 알 수 있다.

예제 2.3.1 양의 정수 m에 대하여 임의의 정수 x, y에 대한 관계 $\sim$을

$$x\sim y \Leftrightarrow x\text{와 } y\text{의 차는 } m\text{의 배수이다}$$

로 정의하면, 관계 $\sim$는 정수의 집합에서 동치관계를 만족한다. 즉,

(i) 임의의 정수 x에 대하여 $0=x-x$는 m의 배수이므로 $x\sim x$이다.

(ii) $x\sim y$이면 x와 y의 차는 m의 배수이므로 y와 x의 차도 m의 배수이다. 따라서 $y\sim x$이다.

(iii) $x\sim y$이고 $y\sim z$이면, $x-y$와 $y-z$는 m의 배수이다. 한편, m의 배수의 합은 m의 배수이므로 $x-z$는 m의 배수이고 따라서 $x\sim z$이다.

두 정수 x와 y의 차가 m의 배수일 때, x와 y는 m을 법으로 **합동**(congruent)이라 하고 기호 $x\equiv y \bmod m$으로 나타낸다.

예제 2.3.1에서 주어진 관계 '두 정수의 차가 m의 배수'란 조건에는 어떤 정수와의 차가 m의 배수인 정수의 집합은 집합 Z의 부분집합이 되고 이와 같은 부분집합은 양의 정수 m으로 나눈 나머지와 대응하여 m개의 부분집합이 존재함을 알 수 있다. 이를테면, 자연수의 집합에서 $m=2$인 경우에 2와의 차가 2의 배수인 집합은 짝수의 집합이고 1과의 차가 2의 배수인 집합은 홀수의 집합이다.

이제 동치관계에 의하여 만들어지는 부분집합에 관하여 살펴보자.

《정의 2.3.1》

$(A, \sim)$이 동치관계이고 $x \in A$일 때, x와 관계가 있는 모든 원소들의 집합을 x를 품는 **동치류**(equivalence class)라 하고 기호 $\bar{x}$로 나타낸다. 이때 x를 이 동치류의 **대표원**이라 한다.

정의 2.3.1에 의하여 x를 품는 동치류를 다시 표현하면

$$\bar{x} = \{a \in A \mid x \sim a\}$$

이고 동치류 $\bar{x}$는 집합 A의 부분집합이다.

예제 2.3.2 임의의 정수 x, y에 대한 관계 $\sim$을

$$x \sim y \Leftrightarrow x\text{와 } y\text{의 차는 5의 배수이다}$$

로 정의하면, 관계 $\sim$는 정수의 집합에서 동치관계이다. 임의의 정수를 5로 나누면 나머지는 0, 1, 2, 3, 4 중에 꼭 하나이므로, 이 관계에서 만들어지는 동치류는

$$\bar{0} = \{a \in Z \mid a-0\text{은 5의 배수이다}\} = \{0,\ \pm 5,\ \pm 10,\ \cdots\}$$
$$\bar{1} = \{a \in Z \mid a-1\text{은 5의 배수이다}\} = \{1,\ 6,\ \cdots,\ -4, -9,\ \cdots\}$$

등과 같이 되어 $\bar{0}$은 5의 5배수들의 집합이 되고 $\bar{1}$는 5로 나눈 나머지가 1이 되는 정수들의 집합이 된다. 또한,

$$\bar{0} = \bar{5} = \overline{10} = \overline{-5} = \cdots,\ \bar{1} = \bar{6} = \overline{-4} = \overline{-9} = \cdots,\ \bar{2} = \bar{7} = \overline{-3} = \overline{-8} = \cdots$$

이다. 즉, 집합 Z에서 $\sim$에 의하여 5개의 부분집합 $\bar{0}, \bar{1}, \bar{2}, \bar{3}, \bar{4}$이 만들어진다.

예제 2.3.2에서 얻은 5개의 동치류에 관하여 자세하게 관찰하면, 임의의 정수는 5개의 동치류들 중에 꼭 한 동치류에 속하며 임의의 두 동치류는 서로소임을 알 수 있다. 즉, 임의의 정수를 5로 나누면 나머지는 0, 1, 2, 3, 4중에 유일하게 한 값을 가진다. 이와 같은 관계를 기호

$$Z=\bar{0}\uplus\bar{1}\uplus\bar{2}\uplus\bar{3}\uplus\bar{4}$$

으로 나타낸다. 여기서 기호 $A\uplus B$는 $A\cap B=\phi$ 즉, 서로소인 두 집합 A와 B의 합집합을 의미한다. 즉, 동치류들에 관한 다음 정리가 성립한다.

《정리 2.3.2》

관계 $R\subseteq A^2$이 $\sim$에 관하여 동치관계를 이룬다고 하자. 이때 동치류들의 집합 $P=\{\bar{x}|x\in A\}$는 다음 성질을 만족한다.

(1) 임의의 원소 $x\in A$에 대하여 $x\in\bar{x}$이다.

(2) 임의의 원소 x, $y\in A$에 대하여 $\bar{x}\cap\bar{y}=\phi$ 또는 $\bar{x}=\bar{y}$이다.

(3) $\bigcup_{x\in A}\bar{x}=A$이다.

즉, $P=\{\bar{x}|x\in A\}$는 집합 A를 **분할**(partition)한다고 한다.

예제 2.3.3 모든 전공이 학부제로 이루어진 어느 대학교에서 두 학생 x, y에 대한 관계 $\sim$을

$$x\sim y \Leftrightarrow x\text{와 } y\text{는 같은 학부 학생이다}$$

로 정의하면, 관계 $\sim$는 그 대학교 학생들의 집합 위에서 동치관계이다. 이때, 그 대학교에 있는 각 학부의 학생들의 집합이 동치류가 되며, 따라서 동치류의 수는 학부의 수와 같다.

동치류에 의한 분할은 여러 곳에서 자주 응용된다. 이를테면, 선거 때마다 나오는 바람직하지 않은 선거전략 가운데 지역정서에 편승하는 전략, 출신학교 또는 종친회 등을 이용하는 전략은 동치관계를 이용하는 전략이라 할 수 있다. 다시 말하면, 유권자들의 집합에서 정의될 수 있는 동향관계, 동창관계 및 종친관계 등은 동치관계이며 이들 관계에 의하여 유권자들은 지역별, 출신학교별 및 성씨별로 분할된다고 할 수 있다. 이들 관계는 배움의 현장에서 그룹단위로 과제를 부과할 때, 적당한 소모임

을 만드는 기준에 자주 이용된다. 이를테면, 학번의 끝자리가 같은 관계, 학번의 합이 7의 배수인 관계 및 태어난 달이 같은 관계 등을 이용하여 각각 10개, 7개 및 12개의 소모임을 만들 수 있다. 이와 같은 개념은 뒤에 소개될 정보통신이론 및 정보보호이론에서도 중요한 역할을 한다.

적당한 집합의 분할이 주어지면, 그 집합에서 주어진 분할이 이루어지도록 동치관계를 정의할 수 있다. 즉 다음 정리가 성립한다.

《정리 2.3.3》

집합 A의 부분집합들의 집합 $\{A_1, A_2, \cdots, A_n\}$이 분할을 이룬다면, 집합 A에 적당한 동치관계 $\sim$이 존재하여 관계 $\sim$에 의하여 만들어지는 동치류들의 집합은 $\{A_1, A_2, \cdots, A_n\}$이다.

증명 집합 A의 임의의 원소들 x, y에 대한 관계 $\sim$을

$$x \sim y \Leftrightarrow x\text{와 } y\text{는 같은 부분집합 } A_i\text{의 원소}$$

로 정의하면, 관계 $\sim$은 동치관계이다. 따라서 동치류들의 집합

$$\{A_1, A_2, \cdots, A_n\}$$

임을 증명할 수 있다.

예제 2.3.4 2003년 12월의 31일이 다음과 같은 7개의 부분집합으로 나누어져있다고 하자.

1, 8, 15, 22, 29	2, 9, 16, 23, 30	5, 12, 19, 26	6, 13, 20, 27	4, 11, 18, 25	7, 14, 21, 28	3, 10, 17, 24, 31

이 예에서 각 부분집합에 속하는 정수들의 차는 7의 배수임을 알 수 있다. 따라서 집합 $\{1, 2, \cdots, 31\}$의 임의의 두 원소 x, y에 대한 관계 $\sim$을

$$x \sim y \Leftrightarrow x\text{와 } y\text{는 같은 요일이다}$$

로 정의하면 주어진 분할을 얻을 수 있다.

2.4 함 수

함수의 정의는 중학교에서부터 설명되고 있으며 함수에 관한 예는 누구나 자주 접하고 있다. 엄밀한 정의에 앞서서 응용되고 있는 예들을 살펴보면, 사람과 생일, 사람과 주민등록번호, 5의 배수와 정수, 정수에서의 덧셈 등이 있다. 우리나라 사람은 모두 생일과 주민등록번호를 가지고 있다. 즉, 대한 민국 사람들의 집합과 1년 365일의 집합 사이의 관계에서 사람을 생일로 대응시키는 규칙 또는 대한 민국 사람들의 집합과 주민등록번호의 집합 사이의 관계에서 사람을 주민등록번호로 대응시키는 규칙 등이 함수의 예이다. 이와 같은 개념으로 모든 정수를 그 정수의 5배에 해당하는 정수로 대응시키는 규칙이 함수인 것은 쉽게 이해되지만 정수에서의 덧셈이 함수라는 개념은 함수의 엄밀한 정의가 설명되어야 이해될 것이다.

《정의 2.4.1》

공집합이 아닌 집합 A와 B에 대하여 A에서 B로의 **함수**(function) f를 **A의 모든 원소 a에 대하여 B의 원소 b가 유일하게 대응되는 규칙**으로 정의하고, 기호

$$f: A \to B,\ b=f(a)$$

으로 나타낸다. 이때, 집합 A를 **정의역**이라 하고 집합 B를 **공역**이라 한다. 또한, b를 a에 대한 **상**(image)이라 하고 a를 b에 대한 **원상**(preimage)이라 한다.

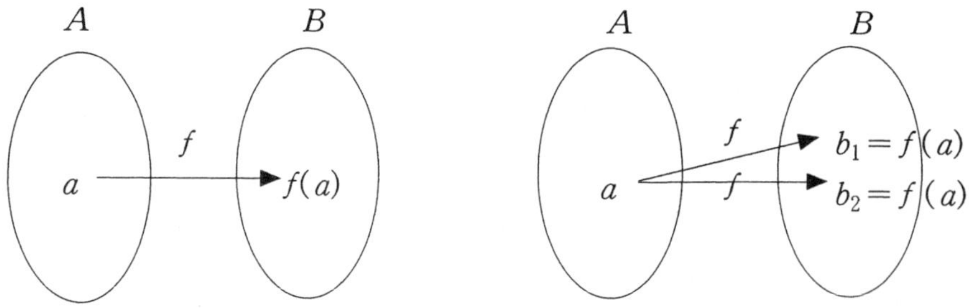

[그림 2.3] 임의의 원소 $a\in A$에 대하여 $f(a)\in B$이고 $b_1=b_2$

함수를 엄밀하게 설명할 때에는 정의역과 공역이 되는 공집합이 아닌 두 집합이 있어야 하고 대응규칙이 있어야 한다. 그러나, 일반적으로 함수를 말할 때에는 정의역과 공역에 관하여 엄밀하게 이야기하지 않는 경우가 자주 있다. 정의역에 관한 특

별한 언급이 없이 함수를 이야기하면, 정의역으로 가능한 최대의 집합을 정의역으로 생각한다. 이를테면, 초중고의 수학교과서에 나오는 수식으로 나타나는 함수의 예로는 1차 함수, 다항함수, 초월함수 등 다양하며, 보통은 정의역과 공역에 관하여 언급하지 않고 쓰고 있다. 이들에 관하여 엄밀하게 살펴보면, 다음과 같다.

예제 2.4.1 중학교 2학년 교과서에서 일차함수 $y=x+3$이 나오면, 이때에 정의역과 공역은 유리수의 집합 Q이지만, 고등학교 교과서에서 일차함수 $y=x+3$이 나오면, 이때에 정의역과 공역은 실수의 집합 R이다. 따라서, 중학교 2학년에서의 $y=x+3$의 그래프는 엄밀한 의미에서 [그림 2.4]와 같이 점선으로 나타난다. 한편, 함수 $y=\log x$는 고등학교과정에서 처음 나오므로 정의역은 양의 실수의 집합이고 공역은 실수의 집합이다.

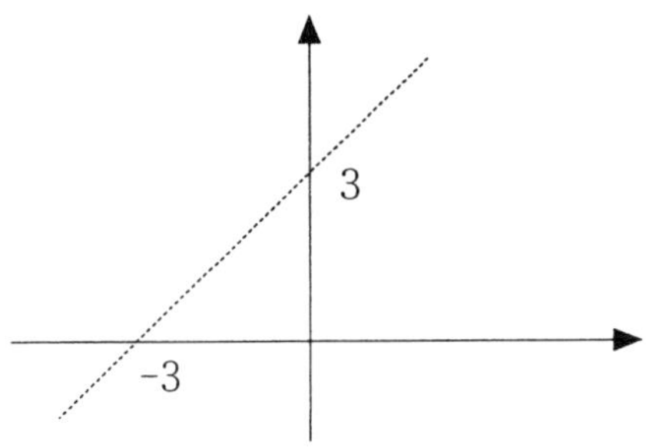

[그림 2.4] 중학교 2학년 단계에서 $y=x+3$의 그래프

이제, 컴퓨터에서 입력값의 집합과 출력값의 집합 관계를 나타내는 [그림 2.5]에서 이들 대응 규칙은 함수일까 하는 질문은 정의의 엄밀성을 다시 한번 생각하도록 한다. 이때에 대답은 프로그램의 성격에 의존된다. 모든 입력값에 대하여 출력값이 정해져 출력되는 프로그램이라면 함수일 것이다. 그러나 일반적으로 거의 모든 프로그램은 적당한 조건을 만족시키지 않는 입력값에 대하여는 오류를 발생하거나 작동하지 않기 때문에 함수라고 하기 어렵다. 따라서 이 물음에 대한 정답은 함수가 아니다라고 할 수 있다. 그러나 **다음 그림과 같은 함수**라고 말하면, 이미 입력값의 집합은 출력값을 가지는 입력값으로 제한된다는 사실에 유의해야 한다.

이제 또 다른 함수에 대한 엄밀성을 설명하기 위하여 다음과 같은 예를 들어보자. 어느 대학의 수학 강의를 듣고 있는 학생들의 집합과 학생들 이름의 집합에서 학생

[그림 2.5] 함수의 예

과 대응하는 이름의 규칙에 관하여 알아보면, 위에서 설명한 컴퓨터 프로그램에 관한 예와 달리 학생에 대응하는 이름은 반드시 있게 된다. 그러나 경우에 따라서 이름을 두 개 가진 학생이 있을 수 있으며, 이 경우는 정의 2.4.1에 의하여 함수가 되지 않는다. 이때 주민등록증에 있는 이름으로 제한하면 물론 함수가 된다.

지금까지 함수의 두 가지 특성 즉, 하나는 컴퓨터 프로그램과 같이 정의역의 **모든** 원소에 대하여 공역에 속한 원소가 대응하여야 한다는 사실과 학생들의 집합과 이름들의 집합에서처럼 정의역의 각 원소에 대하여 공역에 **유일한** 원소가 대응하여야 한다는 사실에 관하여 설명하였다.

이제 특수한 조건을 만족하는 함수에 관하여 살펴보자.

앞에서 들었던 예들 가운데 대한민국 사람들의 집합과 사람의 생일에 대응하는 함수를 생각하면, 사람들 가운데에는 같은 날 생일인 사람이 있음을 알 수 있다. 즉, 서로 다른 두 원소에 대한 함수값이 같은 경우가 일어난다. 이와 같은 상황이 일어나지 않는 함수를 일대일 함수 또는 단사 함수라고 한다. 즉,

《정의 2.4.2》

함수 $f : A \rightarrow B$에 대하여, 정의역 A의 임의의 서로 다른 두 원소 a, b에 대하여 $f(a) \neq f(b)$인 함수를 **일대일 함수** 또는 **단사 함수**라고 한다.

정의 2.4.2의 명제 '임의의 서로 다른 두 원소 a, b에 대하여 $f(a) \neq f(b)$'의 대우를 생각하면, '$f(a)=f(b)$일 때 $a=b$'이면 함수 $f : A \rightarrow B$는 단사 함수이다. 한편, 함수 f가 단사일 때, 집합 A와 B가 유한집합이면 $\#(A) \leq \#(B)$이다.

예제 2.4.2 함수 $f(x)=x+1$ 에서

$$f(a)=f(b) \Rightarrow a+1=b+1 \Rightarrow a=b$$

이므로 f는 단사함수이지만 함수 $g(x)=x^2$ 에서

$$g(-3)=g(3)$$

이므로 g는 단사함수가 아니다.

한편, 집합 A의 모든 원소에 대한 함수값들의 집합

$$\{f(a) \mid a \in A\}$$

을 함수 f의 **치역**(range)이라 하고 $f(A)$ 또는 Imf로 나타낸다. 일반적으로 $f(A) \subseteq B$ 이다.

《정의 2.4.3》

> 함수 $f: A \to B$에 대하여, $f(A)=B$인 함수를 **전사 함수**라고 한다.

함수 $f(x)=x^2$에서 정의역이 실수들의 집합이면, 치역은 음이 아닌 실수들의 집합이다. 따라서, 공역 B가 실수의 집합으로 주어지면 이 함수는 전사함수가 아니며, B가 음이 아닌 실수의 집합으로 주어지면 이 함수는 전사함수이다. 함수 $f: A \to B$가 전사 함수이고 집합 A가 유한집합이면, $\#(A) \geq \#(B)$이다.

《정의 2.4.4》

> 함수 $f: A \to B$가 단사함수인 동시에 전사함수일 때, 이 함수를 **전단사 함수**라고 한다.

다음 그림은 정의역과 공역이 유한 집합인 경우에 단사함수, 전사함수 및 전단사 함수의 관계를 설명한다.

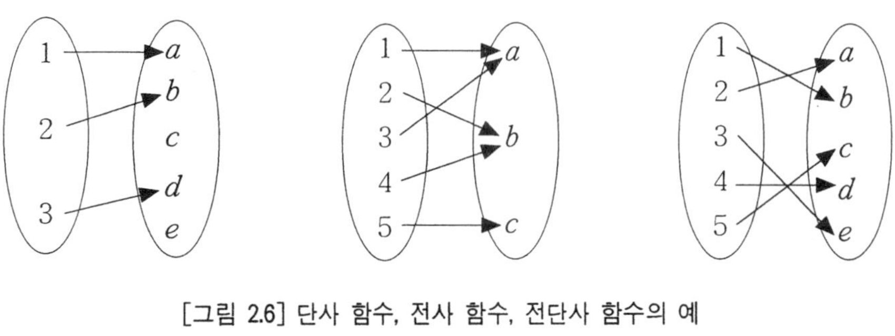

[그림 2.6] 단사 함수, 전사 함수, 전단사 함수의 예

전단사 함수는 다시 설명하면 공역의 임의의 원소에 대응하는 정의역의 원소가 꼭 하나인 함수이다. 한편, $f: A \to B$가 전단사 함수이고 정의역 A가 유한집합이면, $\#(A) = \#(B)$이다. 전단사 함수의 개념은 무한집합을 분류하는데 이용된다.

지금까지 몇 가지 특수한 조건을 만족하는 함수에 관하여 알아보았다. 이제 몇 가지 함수의 예들에 관하여 살펴본다.

예제 2.4.3 실수의 집합 R에 대하여 다음과 같이 정의된 함수

$$+: R^2 \to R,\ +((a,\ b)) = \text{실수 } a\text{와 실수 } b\text{의 합}$$

를 생각하면, $+((3,\ 6)) = 9$, $+((2,\ -5)) = -3$이다. 이제 $(a,\ b)$의 함수값을 $a+b$로 표현하면, 현재 우리가 사용하는 덧셈 연산이다.

예제 2.4.3과 같이 사칙연산은 물론 모든 이항연산은 특수한 함수로 생각할 수 있다.

예제 2.4.4 실수의 집합 R에 대하여 다음과 같이 정의된 함수

$$*: R^2 \to R,\ *((a,\ b)) = \frac{a+b}{2}$$

를 생각하면, 이 함수의 함수값은 정의역의 원소에 대한 산술평균이다.

치역이 $\{0,\ 1\}$인 함수를 **특성함수**라고 한다. 이를테면, 특성함수 중에 자주 나오는 예를 들면 다음과 같다.

예제 2.4.5 정의역이 실수의 집합인 특성함수

$$f(x) = \begin{cases} 1 : x\text{가 유리수} \\ 0 : x\text{가 무리수} \end{cases}$$

를 디리클레(Dirchlet)함수라 한다. 정의역이 정수인 함수

$$g(x) = \frac{1+(-1)^x}{2}$$

도 자주 나오는 특성함수이다.

2.5 무한집합

집합에 속하는 원소의 개수가 유한 개일 때 유한집합이고, 유한집합이 아닐 때 무한집합이라고 하는 것은 이미 설명되었으며, 집합 A가 유한집합일 때에 A에 속하는 원소의 개수를 $\#(A)$로 나타내기로 하였다. 유한집합에서 진부분집합의 원소의 개수는 원래의 집합의 원소의 개수보다 적으며 진부분집합과 원래의 집합 사이에는 전단사 함수가 존재하지 않는다. 이 책에서 공집합은 진부분집합에서 제외한 것에 유의하면, A가 n개의 원소를 가질 때, A의 진부분집합은 모두 2^n-2개이며 각각의 원소의 개수는 $n-1$개 이하이다. 한편, 두 유한집합 A와 B의 원소의 개수가 같으면, 두 집합 사이에는 전단사 함수가 존재하며, 역으로 유한집합 A에서 유한집합 B로의 함수 f가 전단사 함수이면 두 유한집합 A와 B의 원소의 개수가 같다.

[그림 2.7] 유한집합에서의 원소의 개수와 전단사 함수

이제 집합 A의 원소의 개수가 무한일 때 즉, 무한집합에 관하여 알아보자. 먼저 다음과 같은 예를 살펴보자.

예제 2.5.1 2의 배수의 집합을 $2Z$로 나타낼 때 대응규칙 $f: Z \to 2Z$이 $f(n)=2n$으로 정의된 함수를 생각해 보면,

$$f(a)=f(b) \Rightarrow 2a=2b \Rightarrow a=b$$

이므로 단사함수이고 치역이 $2Z$이므로 f는 전단사함수이다.

유한집합에서와는 달리 이 예제에서 $2Z$는 Z의 진부분집합이지만 두 집합사이에 전단사함수가 존재함을 알 수 있다. 같은 방법으로 홀수들의 집합 $2Z+1=\{2k+1 | k \in Z\}$과 Z사이에 전단사 함수가 존재한다.

어려서 수를 배우게 되면서 궁금해 하는 것이 가장 큰 자연수는 무엇일까 하는 문제를 생각하며 나이나 수준에 따라 '백, 천, 만, 억, 조, 경 …'이라고 하다가 '어느 날 갑자기 네가 생각한 수보다 1 큰 수'라고 하면서 무한이란 개념이 자연스럽게 나온다. 따라서, 자연수의 집합 N을 무한집합의 기본이 되는 집합으로 생각할 수 있으며 이 집합에 속하는 원소의 개수를 논하는 것은 무의미하다는 사실을 알 수 있다. 한편, 자연수의 집합은 무한집합이지만 크기 순서대로 1, 2, 3, …, 10000000, 10000001, …과 같이 나열하며 세어갈 수 있다. 이와 같은 의미에서 이 집합을 **셀 수 있는 집합**(countable set)이라고 한다. 이제 두 집합 $N-\{1\}$과 $N\cup\{0\}$을 생각하면, 원소의 개수가 자연수의 집합의 원소의 개수보다 1개 적고 1개 많은 것으로 생각할 수 있으나 무한집합을 논할 때, 원소의 개수를 끝까지 셀 수 없으므로 1개 적거나 많은 것은 의미가 없게 된다. 이들 두 집합은 다음과 같은 그림에 의하여 자연수의 집합과의 사이에 전단사 함수가 존재한다.

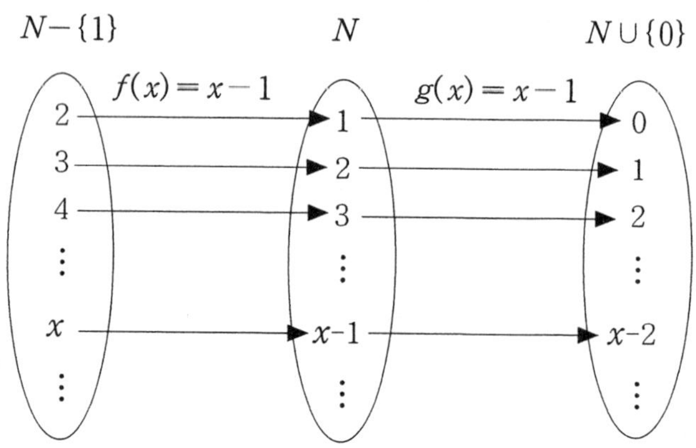

[그림 2.8] 진부분집합과의 대응관계

이와 같은 개념은 계속 확장될 수 있다. 무한집합에서는 원소의 개수는 무의미하게 되므로 유한집합에서 '개수'의 개념을 무한집합에서는 '농도'라는 말로 확장한다. 즉, '두 집합 사이에 전단사함수가 존재할 때에 두 집합은 같은 **농도**(cardinality)를 가진다'라고 정의하면, 유한집합에서 농도는 그 집합에 속하는 원소의 개수를 의미한다. 이와 같은 정의 아래 세 집합 $N-\{1\}$, N, $N\cup\{0\}$은 같은 농도를 가진다. 이제, 무한집합 중에 자연수의 집합과의 사이에 전단사함수가 존재하는 집합을 **셀 수 있는 무한집합**(countable infinite set)이라고 한다.

다음 예제는 정수의 집합 Z가 셀 수 있는 집합인 것을 보여준다.

예제 2.5.2 정수의 집합은 [그림 2.9]와 같이 생각하면 셀 수 있는 집합이다.

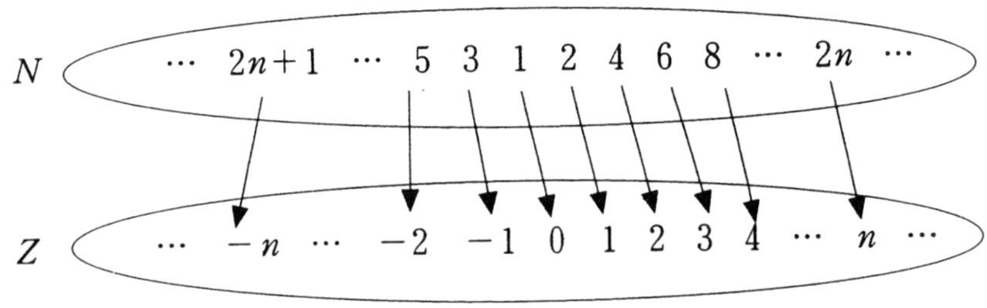

[그림 2.9] 정수의 집합과 자연수의 집합

이를 함수 g로 표현하면,

$$g : N \to Z,\ g(n) = \begin{cases} \dfrac{n}{2} & : n\text{이 짝수} \\ -\dfrac{n-1}{2} & : n\text{이 홀수} \end{cases}$$

이고 g는 전단사 함수이다.

다음 [그림 2.10]은 양의 유리수의 집합이 셀 수 있는 집합임을 보여준다. 여기에서 (2, 2), (2, 4)등과 같이 두 수의 최대공약수가 1이 아닌 수는 버리는 것으로 약속한다. 모든 양의 유리수는 기약 분수 $\frac{q}{p}$로 표현되면 [그림 2.10]의 (p, q)로 대응시키고, 화살표의 순서로 1, 2, 3, … 등으로 세어가면, 자연수의 집합과 양의 유리수의 집합은 일대일 대응되는 것을 알 수 있다. 같은 논리로 유리수의 집합 또한 셀 수 있는 집합이다.

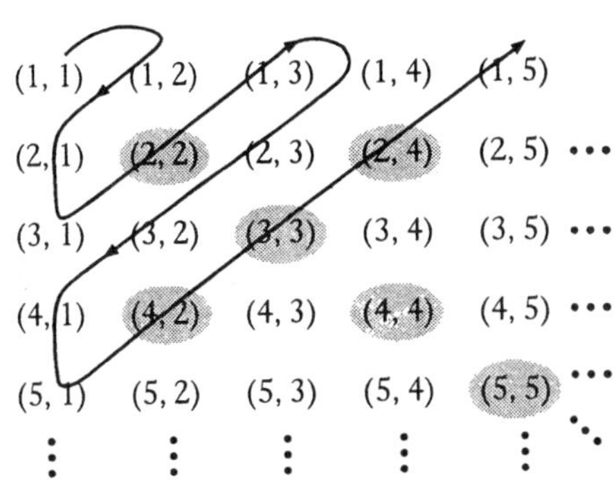

[그림 2.10] 유리수 $\frac{q}{p} \leftrightarrow (p, q)$

이제 다음과 같은 집합 $C=\{a_1a_2\cdots a_n\cdots \mid a_i=0$ 또는 $1\}$을 생각하여 보자. 자연수 n이 유한이면 C는 길이가 n인 비트들의 열 2^n개를 가지는 집합으로 이해할 수 있다. 이제 n이 무한인 경우에 집합 C에 관하여 알아보자.

예제 2.5.3 집합 C가 셀 수 있는 집합이라고 하면, 자연수의 집합 N으로부터 C로 가는 전단사 함수가 존재한다. 자연수 $1, 2, \cdots, n, \cdots$에 대응하는 무한 수열이 다음

$$\begin{array}{ll} 1 & a_{11}\ a_{12}\ a_{13}\ \cdots\ a_{1n}\ \cdots \\ 2 & a_{21}\ a_{22}\ a_{23}\ \cdots\ a_{2n}\ \cdots \\ 3 & a_{31}\ a_{32}\ a_{33}\ \cdots\ a_{3n}\ \cdots \\ \vdots & \qquad\quad \vdots \\ n & a_{n1}\ a_{n2}\ a_{n3}\ \cdots\ a_{nn}\ \cdots \\ \vdots & \qquad\quad \vdots \end{array}$$

과 같이 적당히 고정된다고 가정하자. 이제 집합 C의 하나의 원소 $x=x_1x_2x_3\cdots x_n\cdots$를 임의의 k에 대하여 $x_k \neq a_{kk}$가 되도록 x_k를 선택하면, x에 대응되는 자연수는 존재하지 않는다. 따라서 집합 C는 셀 수 있는 무한 집합이 아니다.

실제로, 예제 2.5.3에서 자연수에 무한수열을 대응시킬 수 있는 방법은 무수히 많지만 각 대응 방법에 대하여 원소 x가 존재한다. 이와 같은 집합 C를 **셀 수 없는 집합**(uncountable set)이라 한다. 집합 C를 $C^*=\{0.a_1a_2a_3\cdots a_n\cdots \mid a_i$는 0 또는 $1\}$로 변형하면, C와 C^*는 같은 농도를 가지는 것을 쉽게 알 수 있다. 한편, 주어진 C^*의 원소를 10진수로 고치면 실수 구간 $[0, 1]$에 속하는 원소가 되며, 구간 $[0, 1]$에 속하는 임의의 실수를 이진수로 고치면 C^*의 원소가 된다. 즉, C^*와 집합 $[0, 1]$은 같은 집합이다. 이때, 모든 실수를 무한소수로 표현하는 방법을 생각하자. 이를테면, $0.5=0.500\cdots=0.499\cdots$으로 생각하면, 구간 $[0, 1]$의 모든 실수의 집합은

$$D^*=\{0.a_1a_2a_3\cdots a_n\cdots \mid a_i\in\{0, 1, \cdots, 9\}\}$$

이다. 이와 같은 관점에서 $[0,1]$의 모든 실수의 집합을 2진 소수의 꼴로 나타내면 C^*이다. 따라서, C^*, C 및 D^* 등은 같은 농도를 가지는 무한집합임을 알 수 있다.

3 대수적 구조

이 장에서는 실수의 집합에서 지금까지 계산하여온 사칙연산에 관한 개념을 일반적인 집합으로 확장하여 적용한다. 즉, 수들의 집합에서 덧셈과 곱셈 같은 개념이 일반적인 집합에서 이항연산의 특수한 예임을 설명한다. 또한 실수의 집합에서 덧셈과 곱셈에 관하여 성립하는 여러 가지 성질들과 유사한 성질이 일반화된 집합에서 정의된 이항연산에 관하여 성립하는 모델들을 소개함으로서 현대수학에서 가장 추상적이고 아름답다는 대수학 이론의 기초를 이해하도록 한다. 주요내용으로 군론, 환과 체, 정수와 잉여환, 행렬이론을 다룬다.

대수학 이론은 20세기 후반에 들어서 정보화 사회에 많은 기여를 하고 있다. 실제로 1948년 쉐논(Shannon)에 의한 정보전달이론에서 수학이론을 적용한 이후 대수학 이론은 인공위성에서의 사진 전송문제, 디지털 TV는 물론 휴대전화 등에 많은 이론적 배경을 제공하였을 뿐만 아니라 1976년 이후 정보보안, 해킹, 바이러스 등의 연구에 크게 기여하고 있다.

뜨거운 수

수에는 뜨거운 수와 차가운 수가 있다고 한다. 수에 대한 이와 같은 분류는 지극히 수학적이 아닌 현실에서 나온 분류이다. 즉, 어느 시대 상황에서 논쟁의 중심에 서 있으면 뜨거운 수이고 그렇지 않은 수를 차가운 수라고 한다. 뜨거운 수는 시대에 따라 대상에 따라 달라지는 특정한 수이고 대부분은 차가운 수인 셈이다.

1962년 샌프란시스코의 지하철을 건설하는데 지하철 건설계획을 통과시키려는 측은 '지하철이 완성되는 1975년에 매일 258,496명이 지하철을 이용하여 모든 경비를 충당하고 승객 1인당 13센트의 이익'을 남길 수 있다고 발표하였다. 이 발표로 인하여 찬반논쟁이 심각했던 지하철 건설계획안이 통과되었다고 한다.

그러면, '258,496명은 어떤 근거에서 나온 수일까?' 또는 '이 수는 정확한 계산에서 나왔을까?'에는 많은 의문점이 남는다. 지하철 건설계획안을 마련하는 시점에서 13년 뒤의 일을 예상하는 이와 같은 수치가 꼭 맞을 거라고 생각하는 전문인은 없다. 그렇다면, 반올림하여 260,000명이 지하철을 이용할 것이라고 발표하면 어떤 영향을 미쳤을까? 전문인이 볼 때는 차라리 반올림한 근사값이 오히려 현실적이라 생각하지 않을까? 그러나 일반인은 일반적으로 근사값 보다는 258,496을 더 믿게 된다고 한다. 마치 258,496이란 값이 260,000보다 예상되는 모든 조건을 복잡하고 엄밀한 공식에 의하여 얻은 것일 거라는 막연한 느낌을 받도록 한다고 한다.

물론 이와 같은 말은 100% 옳다고 할 수는 없으나, 아무튼 당시에 258,496이란 숫자는 찬반논란으로 심각했던 샌프란시스코의 주민을 진정시키는 힘이 있었다고 한다. 이와 같이 사회적으로 이목을 집중시킨 수가 바로 뜨거운 수인 것이다. 뜨거운 수는 경우에 따라 필요하겠지만 수학적으로 얼마나 중요한 수일까?

3.1 군

제2.4절에서 연산은 함수의 특수한 경우임을 이미 설명하였다. 이를 엄밀하게 정의하면 다음과 같다.

《정의 3.1.1》

공집합이 아닌 집합 A에 대하여 함수 $f : A\times A\rightarrow A$를 집합 A위에서 **이항연산**(binary operation) 또는 **연산**이라 한다. 이때 A의 원소 a, b에 대하여 $f(a, b)$를 afb로 나타낸다. 편의상 함수의 기호를 $*$로 나타내면 $a*b$로 나타낸다. 이때, 집합 A는 연산 $*$아래서 **닫혀있다**고 한다.

이항연산에 관하여는 초등학교시절에서부터 이미 다루었다. 이를테면, 자연수 위에서의 덧셈과 곱셈은 초등학교 저학년에서 다루었고 유리수 위에서의 덧셈과 곱셈은 초등학교 고학년에서 다루었다. 또한 중등학교에서부터 식의 전개와 같은 다항식의 집합에서 이항연산에 관한 일반적인 예들을 다루고 있다. 이제 다음과 같은 예를 생각해보자.

예제 3.1.1 (1) 실수의 집합 위에서, 임의의 실수 a와 b에 대하여

$$a*b=\frac{a+b}{2},\ a*b=\sqrt{ab},\ a*b=\frac{2ab}{a+b}$$

과 같이 정의된 연산은 각각 두 수의 산술평균, 기하평균 및 조화평균을 나타내고 있다.

(2) 공집합이 아닌 집합 X의 부분집합들의 집합

$$P(X)=\{A\,|\,A\subset X\}$$

의 원소 A, B에 대하여

$$A\cap B,\ A\cup B$$

과 같이 정의된 연산은 공통집합과 합집합을 의미한다.

(3) 실수의 집합 R은 곱셈에 관하여 닫혀있다.

(4) 0을 제외한 실수의 집합 $R^*=R-\{0\}$은 곱셈에 관하여 닫혀있다.

집합 위에서 정의된 이항연산에 관하여 다양한 성질이 만족한다. 이를테면, 실수의 집합 R위에서 덧셈에 관하여 교환법칙, 결합법칙 등이 성립한다. 그러나 일반적인 집합위에서 정의된 이항연산이 실수에서 정의된 이항연산이 만족하는 성질을 모두 만족하지는 않는다. 예제 3.1.1의 (2)에서 정의된 $\cap$과 $\cup$에 관하여 교환법칙과 결합법칙이 성립한다. 그러나 예제 3.1.1의 (1)에서 정의된 연산 $*$에 관하여 교환법칙은 성립하지만 결합법칙은 성립하지 않는다. 즉,

$$a*b=\frac{a+b}{2}=\frac{b+a}{2}=b*a$$

$$(a*b)*c=\frac{a+b+2c}{4},\ a*(b*c)=\frac{2a+b+c}{4}$$

이제 이들 법칙에 관하여 알아보자.

《정의 3.1.2》

집합 G가 연산 $*$에 관하여 다음 성질을 만족할 때, G는 연산 $*$ 아래 군(group)을 이룬다고 한다. 즉, 집합 G의 임의의 원소 a, b, c에 대하여

G.0 : $a*b\in G$

G.1 : $(a*b)*c=a*(b*c)$

G.2 : 원소 e가 존재하여

$$a*e=a=e*a$$

이다. 이때, 원소 e를 **항등원**이라 한다.

G.3 : 임의의 원소 a에 대하여 원소 a^{-1}가 존재하여

$$a*a^{-1}=e=a^{-1}*a$$

이다. 이때, a^{-1}을 원소 a의 **역원**이라고 한다.

또한, 군 G가 G.4를 만족할 때 **가환군**(abelian group)이라 한다.

G.4 : $a*b=b*a$

위의 정의로부터 군 G에서 항등원과 역원이 유일함을 어렵지 않게 증명할 수 있다. 집합이 연산에 관하여 만족하는 성질들에 관한 몇 가지 예를 들면 다음과 같다.

예제 3.1.2 (1) 정수의 집합 Z는 덧셈 아래 가환군이다. 이때, 덧셈에 관한 항등원은 0이고 정수 a의 덧셈에 관한 역원은 $-a$이다.

(2) 실수의 집합 R은 곱셈에 관하여 교환법칙과 결합법칙을 만족한다. 또한 곱셈에 관한 항등원은 1로 존재하나 0의 역원이 존재하지 않으므로 군이 아니다.

(3) 0을 제외한 실수의 집합 $R^*=R-\{0\}$은 곱셈에 관한 가환군이다.

(4) 집합 $S(\neq\phi)$에 대하여 집합 $P(S)=\{B|B\subset S\}$에 연산 $\triangledown$을

$$A\triangledown B=(A-B)\cup(B-A)$$

으로 정의하면, 항등원은 ϕ이고 B의 역원은 B인 가환군이다.

정수의 집합이 덧셈에 관하여 군을 이루는 사실을 이용하면, 정수의 집합 위에서의 뺄셈 $-$을

$$a-b=a+(-b)$$

와 같이 정의할 수 있다. 즉, a에서 b를 뺀다는 것은 a에 b의 역원을 더한다는 의미로 뺄셈은 덧셈에서 유도된다는 것을 알 수 있다. 같은 방법으로 나눗셈은 곱셈으로부터 얻음을 알 수 있다. 보통 실수에서의 사칙 연산은 실제로 실수에서의 덧셈과 곱셈으로부터 유도된다.

제 2 장에서 5를 법으로 한 동치류의 집합 $P=\{\bar{0}, \bar{1}, \bar{2}, \bar{3}, \bar{4}\}$에 관하여 설명하였다. 이 장에서부터 이 집합을 $\overline{Z_5}$로 나타내기로 하고 집합 $\overline{Z_5}$에서 연산 $+$을

$$\bar{a}+\bar{b}=\overline{a+b}$$

즉, $a+b$를 5로 나눈 나머지로 정의하자. 이를테면, $\bar{2}+\bar{1}=\bar{3}$이고 $\bar{3}+\bar{4}=\overline{3+4}=\bar{7}=\bar{2}$이다.

집합 $\overline{Z_5}$위에서의 덧셈은 표 3.1과 같고 $\overline{Z_5}$는 $\bar{0}$을 항등원으로 가지는 덧셈에 관한 가환군이다. 이와 같은 군을 5를 법으로 한 **잉여군**이라 한다.

이와 같이 일반화된 잉여군 $\overline{Z_n}$에서 덧셈이 같은 방법으로 정의될 수 있다. 이를테면, 잉여군 $\overline{Z_{13}}$에서 $\bar{5}+\bar{6}=\overline{11}$, $\bar{9}+\overline{11}=\bar{7}$이다. 이제 다음과 같은 예제를 생각하여 보자.

표 3.1 $\overline{Z_5}$위에서의 덧셈표

$+$	$\bar{0}$	$\bar{1}$	$\bar{2}$	$\bar{3}$	$\bar{4}$
$\bar{0}$	$\bar{0}$	$\bar{1}$	$\bar{2}$	$\bar{3}$	$\bar{4}$
$\bar{1}$	$\bar{1}$	$\bar{2}$	$\bar{3}$	$\bar{4}$	$\bar{0}$
$\bar{2}$	$\bar{2}$	$\bar{3}$	$\bar{4}$	$\bar{0}$	$\bar{1}$
$\bar{3}$	$\bar{3}$	$\bar{4}$	$\bar{0}$	$\bar{1}$	$\bar{2}$
$\bar{4}$	$\bar{4}$	$\bar{0}$	$\bar{1}$	$\bar{2}$	$\bar{3}$

예제 3.1.3 7을 법으로 한 동치류의 집합 $\overline{Z_7}=\{\bar{0}, \bar{1}, \bar{2}, \bar{3}, \bar{4}, \bar{5}, \bar{6}\}$의 원소들을 요일과 다음과 같이 대응시켰다고 하자.

$\bar{0}$: 일요일, $\bar{1}$: 월요일, $\bar{2}$: 화요일, $\bar{3}$: 수요일
$\bar{4}$: 목요일, $\bar{5}$: 금요일, $\bar{6}$: 토요일

이때, 요일들의 덧셈을 $\overline{Z_7}$위에서의 덧셈으로 대응시키면, 다음과 같은 계산을 할 수 있다.

화요일+수요일=금요일, 금요일+토요일=목요일

집합 G가 연산 $*$에 관하여 군일 때 다음과 같은 성질이 성립한다.

《정리 3.1.3》

집합 G가 연산 $*$에 관하여 군일 때,

(1) 항등원 e는 하나뿐이다.
(2) 각 원소 a의 역원 a^{-1}는 하나뿐이다.
(3) $a*x=b$이면 $x=a^{-1}*b$이다.
(4) $a*x=e$이면 $x=a^{-1}$이다.
(5) $a*a=a$이면 $a=e$이다.
(6) $(a^{-1})^{-1}=a$
(7) $(ab)^{-1}=b^{-1}a^{-1}$

증명 (1) 군 G의 항등원이 e, f의 2개라면, 항등원의 정의에 의하여

$$e=e*f=f$$

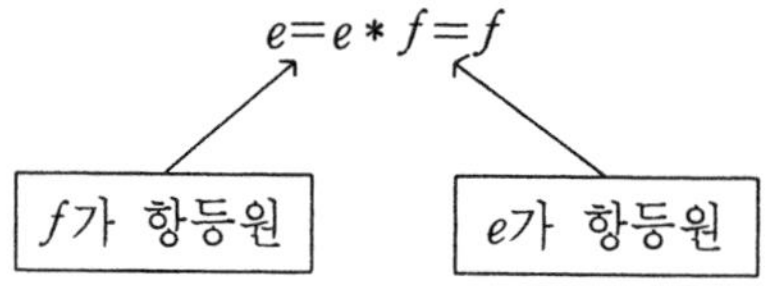

이다. 따라서 항등원은 유일하다.
(2)-(7)의 증명은 부록을 참조하기 바란다.

3.2 환과 체

앞 절에서는 집합위에 연산이 하나만 있는 구조에 관하여 살펴보았다. 실제로 정수의 집합이나 실수의 집합 등에서 사용되는 사칙연산은 덧셈과 곱셈 두 연산으로부터 정의됨을 알 수 있었다.

이제 연산을 두 개 가지는 집합의 구조에 관하여 알아보자.

《정의 3.2.1》

덧셈군 R이 연산 $+$과 $*$에 관하여 다음 성질을 만족할 때, R을 **환**(ring)이라고 한다.

$(R, +)$이 가환군이다. 즉, 집합 R의 임의의 원소 a, b, c에 대하여

G.0 : $a+b \in R$

G.1 : $(a+b)+c=a+(b+c)$

G.2 : 원소 0이 존재하여 임의의 원소 a에 대하여 $a+0=0+a=a$이다. 이때 0을 덧셈에 관한 **항등원**(identity element) 또는 **영원**(zero element)이라 한다.

G.3 : 임의의 원소 a에 대하여 유일한 원소 $-a$가 존재하여

$$a+(-a)=0=(-a)+a$$

이다. 이때 $-a$를 a의 덧셈에 관한 **역원**이라 한다.

G.4 : $a+b=b+a$

집합 R의 임의의 원소 a, b, c는 곱셈에 대하여

M.0 : $a * b \in R$

M.1 : $(a * b) * c=a * (b * c)$

M.2 : 원소 e가 존재하여 임의의 원소 a에 대하여 $a * e=e * a=a$이다. 이때 e를 곱셈에 관한 **항등원** 또는 **단위원**(unity element)이라 한다.

D : $(a+b) * c=a * c+b * c$

$c * (a+b)=c * a+c * b$

지금까지 다루어 온 수들의 집합은 두 연산에 관하여 정의되었고 위의 성질들을 만족한다. 특히, 환 R이 곱셈에 관하여 교환법칙을 만족할 때, **가환환**이라고 한다.

예제 3.2.1 정수의 집합 Z는 덧셈 및 곱셈에 관하여 가환환을 이룬다. 이때, 0은 영원이고 1은 단위원이며, 각 원소 a의 덧셈에 관한 역원은 $-a$이다.

예제 3.2.2 공집합이 아닌 집합 A에 대하여 A의 멱집합 $P(X)=\{A|A\subset X\}$에 연산 +와 ·을

$$A+B=(A-B)\cup(B-A),\ A\cdot B=A\cup B$$

으로 정의하면, 영원과 단위원은 ϕ이고 B의 덧셈에 관한 역원은 B이다. 따라서 집합 $P(X)$는 연산 +와 ·에 관하여 가환환이다.

이제 앞 절에서 다루었던 잉여군에 대하여 곱셈을 정의하여 보자. 정수 5를 법으로 한 잉여군 $\overline{Z_5}=\{\bar{0}, \bar{1}, \bar{2}, \bar{3}, \bar{4}\}$에서 곱셈을

$$\bar{a}\times\bar{b}=\overline{a\times b}$$

로 정의하면 $\overline{Z_5}$는 가환환을 이룬다. 이 가환환을 **잉여환**이라고 한다. 집합 $\overline{Z_5}$에서의 덧셈표와 곱셈표는 표 3.2와 같다.

표 3.2 집합 $\overline{Z_5}$에서의 덧셈표와 곱셈표

+	$\bar{0}$	$\bar{1}$	$\bar{2}$	$\bar{3}$	$\bar{4}$
$\bar{0}$	$\bar{0}$	$\bar{1}$	$\bar{2}$	$\bar{3}$	$\bar{4}$
$\bar{1}$	$\bar{1}$	$\bar{2}$	$\bar{3}$	$\bar{4}$	$\bar{0}$
$\bar{2}$	$\bar{2}$	$\bar{3}$	$\bar{4}$	$\bar{0}$	$\bar{1}$
$\bar{3}$	$\bar{3}$	$\bar{4}$	$\bar{0}$	$\bar{1}$	$\bar{2}$
$\bar{4}$	$\bar{4}$	$\bar{0}$	$\bar{1}$	$\bar{2}$	$\bar{3}$

×	$\bar{0}$	$\bar{1}$	$\bar{2}$	$\bar{3}$	$\bar{4}$
$\bar{0}$	$\bar{0}$	$\bar{0}$	$\bar{0}$	$\bar{0}$	$\bar{0}$
$\bar{1}$	$\bar{0}$	$\bar{1}$	$\bar{2}$	$\bar{3}$	$\bar{4}$
$\bar{2}$	$\bar{0}$	$\bar{2}$	$\bar{4}$	$\bar{1}$	$\bar{3}$
$\bar{3}$	$\bar{0}$	$\bar{3}$	$\bar{1}$	$\bar{4}$	$\bar{2}$
$\bar{4}$	$\bar{0}$	$\bar{4}$	$\bar{3}$	$\bar{2}$	$\bar{1}$

《정의 3.2.2》

가환환 R이

M.3 : 임의의 원소 $a\neq 0$에 대하여 유일한 원소 a^{-1}가 존재하여

$$a * a^{-1}=e=a^{-1} * a \qquad \langle\text{역원}\rangle$$

을 만족할 때 **체**(field)라 한다.

예제 3.2.3 (1) 실수의 집합 R은 체를 이룬다. 왜냐하면, 0을 제외한 원소의 곱셈에 관한 역원이 존재한다

(2) 집합 $\overline{Z_5}$는 위의 표에서 $\overline{0}$을 제외한 모든 원소가 역원을 가지므로 체를 이룬다. 이를테면, $\overline{1}^{-1}=\overline{1}$, $\overline{2}^{-1}=\overline{3}$, $\overline{3}^{-1}=\overline{2}$이고 $\overline{4}^{-1}=\overline{4}$이다. 그러나, $\overline{Z_4}$는 가환환이지만 $\overline{2}$의 역원이 존재하지 않으므로 체가 아니다.

(3) 소수(prime)p를 법으로 한 동치류의 집합

$$\overline{Z_p}=\{\overline{0}, \overline{1}, \overline{2}, \cdots, \overline{p-1}\}$$

은 가환환이고 뒤에 나오는 정리 3.3.1에 의하여 M.3을 만족하므로 체이다.

(4) 7을 법으로 한 잉여류의 집합 $\overline{Z_7}=\{\overline{0}, \overline{1}, \overline{2}, \overline{3}, \overline{4}, \overline{5}, \overline{6}\}$의 원소를

$\overline{0}$: 일요일, $\overline{1}$: 월요일, $\overline{2}$: 화요일, $\overline{3}$: 수요일
$\overline{4}$: 목요일, $\overline{5}$: 금요일, $\overline{6}$: 토요일

로 대응시키면 다음과 같은 계산을 얻는다.

$$\text{금요일}+\text{토요일}=\text{목요일},\ \text{금요일}\times\text{토요일}=\text{화요일}$$

즉, 요일들의 집합은 체이다.

잉여환 $\overline{Z_n}$은 정보통신이론과 정보보호이론에서 자주 쓰이며, 정수에서의 계산과 유사한 점 및 다른 점이 있다. 지금부터 잉여환 $\overline{Z_n}$에서의 연산에 관하여 구체적으로 살펴본다. 원소에 바(bar)를 붙이는 번거로움을 피하기 위하여 앞으로는 잉여환

$$Z_n=\{0, 1, 2, \cdots, n-1\}$$

이라고 명시하면 이 집합에서의 계산은 잉여환 $\overline{Z_n}$에서의 계산을 염두에 두고 바만 생략한다. 이를테면, 잉여환 Z_7에서

$$2+4=6,\ 4+5=2,\ 2\times4=1,\ 5\times5=4$$

이다. 정수환 Z에서 만족하는 대부분 법칙들은 잉여환 Z_n에서 만족한다. 그러나 정수환 Z에서 만족하는 모든 성질이 잉여환에서 만족하지는 않는다. 이를테면, 잉여환 Z_6에서 $2\times3=4\times3=0$이다. 즉, 0이 아닌 두 원소를 곱하여 0이 되는 경우가 있다. 또한, $2\times4=2=2\times1$이지만 $4\neq1$이다. 즉, 소약법칙이 성립하지 않는다. 다시 말하면, 정수환에서 성립하는 다음 두 성질

$$a \times b = 0 \Rightarrow a = 0 \text{ 또는 } b = 0$$
$$a \neq 0 \text{이고 } a \times b = a \times c \Rightarrow b = c$$

은 잉여환 Z_n에서는 일반적으로 성립하지 않는다.

《정의 3.2.3》

환 R의 영이 아닌 원소 a에 대하여 영이 아닌 원소 b가 존재하여 $ab=0$을 만족할 때, a를 **영인자**(zero divisor)라 한다. 또한 원소 a에 대하여 $a^2=a$를 만족할 때, a를 **멱등원**(idempotent element)이라 한다. 특히, 원소 a에 대하여 $a^n=0$을 만족하는 자연수 n이 존재할 때, a를 **멱영원**(nilpotent element)이라 한다.

예를 들면, 정수환 Z에서 영인자는 존재하지 않으며, 멱등원은 0과 1이고 멱영원은 0뿐이다. 그러나 잉여환에서는 다양한 영인자가 존재한다. 다음 예제는 정의 3.2.3을 잘 설명해 준다.

예제 3.2.4 잉여환 Z_{12}에서 영인자, 멱등원 및 멱영원을 알아보자.

(1) 영인자는 영이 아닌 두 수의 곱이 0이므로 두 수의 곱이 12의 배수이다. 따라서 0이 아닌 수를 곱하여 12의 배수가 되므로 영인자는 12와 서로소가 아닌 Z_{12}의 원소이다. 즉, 2, 3, 4, 6, 8, 9, 10이다.

(2) 원소 a가 멱등원이라면 $a^2=a$ 즉 $a(a-1)$이 12의 배수이다. 따라서 0, 1, 4, 9이다.

(3) 원소 a가 멱영원이라면, a^n이 12의 배수이므로 a는 2와 3의 배수이면 된다. 즉, 0, 6이다.

그러나 p가 소수인 경우의 영여환 Z_p에서는 정수환과 유사하다. 즉,

예제 3.2.5 잉여환 Z_7에서 영인자, 멱등원 및 멱영원을 알아보자.

(1) 영인자는 영이 아닌 두 수의 곱이 0이므로 두 수의 곱이 7의 배수이므로 두 수중에 하나는 7의 배수이므로 영인자는 존재하지 않는다.

(2) 원소 a가 멱등원이라면 $a^2=a$ 즉 $a(a-1)$이 7의 배수이다. 따라서 0과 1뿐이다.

(3) 원소 a가 멱영원이라면, a^n이 7의 배수이므로 a는 7의 배수이다. 즉, 0뿐이다.

3.3 잉여환 Z_n

이 절에서는 잉여환 Z_n에서의 연산에 관하여 살펴본다. 잉여환 Z_n에서의 덧셈과 곱셈은 정수의 덧셈과 곱셈을 이용하여 쉽게 계산할 수 있다. 그러나 Z_n에서의 나눗셈 즉, Z_n의 원소의 역원을 구하기는 쉽지 않다. 실제로 Z_n의 모든 원소가 역원을 가지는 것은 아니다.

자연수 1과 자기 자신 두 개만을 약수로 가지는 자연수를 소수라 함은 이미 알고 있다. 한편, 두 자연수 a, b의 최대공약수가 1일 때 a와 b는 **서로 소**라고 한다. 두 자연수 a와 b에 대하여 다음 정리가 성립한다.

《정리 3.3.1》

두 정수 a와 b가 서로 소이기 위한 필요충분조건은 적당한 정수 s와 t가 존재하여 $as+bt=1$이다.

정리 3.3.1의 증명은 생략하고 다음 예를 살펴보자.

예제 3.3.1 15와 41은 서로 소이다. 정리 3.3.1을 만족하는 정수 s와 t를 구하는 과정을 살펴보자. 나눗셈정리로부터

$$41=2\times15+11,\ 15=1\times11+4,\ 11=2\times4+3,\ 4=1\times3+1$$

을 얻고, 위의 4식을 역순으로 이용하면

$$\begin{aligned}1&=4+(-1)\times3\\&=4+(-1)\times\{11+(-2)\times4\}\\&=3\times4+(-1)\times11\\&=3\times\{15+(-1)\times11\}+(-1)\times11\\&=3\times15+(-4)\times11\\&=3\times15+(-4)\times\{41+(-2)\times15\}\\&=11\times15+(-4)\times41\end{aligned}$$

이다. 즉, $s=11$이고 $t=-4$이다.

예제 3.3.1의 과정을 이용하면 잉여환 Z_{41}에서 15의 역원은

$$11\times15+(-4)\times41=1$$

로부터 11이다.

한편 정리 3.3.1을 이용하면, 잉여환 Z_n에서 곱셈에 관하여 역원을 가지는 원소 a는 n과 서로 소이다. 즉, 잉여환 Z_n에서 곱셈에 관하여 역원을 가지는 원소의 집합을 Z_n^*로 나타내면,

$$Z_n^*=\{a\in Z_n\mid(a,\ n)=1\}$$

이다. 이를테면,

$$Z_{12}^*=\{a\in Z_{12}\mid(a,\ 12)=1\}=\{1,\ 5,\ 7,\ 11\}$$

이다. 이때 각 원소의 역원을 구해 보면, $1^{-1}=1$, $5^{-1}=5$, $7^{-1}=7$, $11^{-1}=11$이다. 이제 Z_n^*의 원소의 개수를 $\phi(n)$이라 하면 다음 정리가 성립한다.

《정리 3.3.2》

자연수 n의 표준소인수분해가 $n=p_1^{e_1}\cdots p_r^{e_r}$이면,

$$\phi(n)=n\left(1-\frac{1}{p_1}\right)\cdots\left(1-\frac{1}{p_r}\right)$$

이다. 특히, p가 소수일 때, $\phi(p)=p-1$이다.

이를테면 $\#(Z_{24}^*)=\phi(24)=\phi(2^3\cdot3)=24\left(1-\frac{1}{2}\right)\left(1-\frac{1}{3}\right)=8$이다. 특히, p가 소수일 때, $\phi(p)=p-1$이므로 0이 아닌 모든 원소는 곱셈에 관한 역원을 가진다. 따라서, Z_p는 체이다. 제 8 장에서 다루는 RSA 암호에서 사용되는 자연수 n은 서로 다른 홀수인 두 소수 p와 q의 곱이다. 잉여환 Z_n에서 곱셈에 관한 역원을 가지는 원소의 개수는 $\phi(n)=(p-1)(q-1)$이다.

한편, 체 Z_2의 원소를 **비트**(bit)라 하고, Z_2에서의 덧셈을 **XOR**(exclusive or)**연산**이라고 한다. 즉, $0+1=1+0=1$이고 $0+0=1+1=0$이다. 정보보호이론에서는 여러 비트들에 대한 비트단위 XOR연산을 시행하는 경우가 많다. 이를테면, 평문 바이트 01101001와 암호열쇠 바이트 10001011이 주어지면, 평문과 열쇠의 비트단위 XOR연산을 시행하여 암호문 11100010을 얻는다. 비트들의 열을 종종 **벡터**라고 한다.

3.4 행　　렬

양의 정수 m, n에 대하여, 체 F의 mn개의 원소 $a_{ij}(1\leq i\leq m,\ 1\leq j\leq n)$를 아래와 같이 나열한 꼴

$$A=[a_{ij}]_{m\times n}=\begin{bmatrix} a_{11} & \cdots & a_{1j} & \cdots & a_{1n} \\ \vdots & & \vdots & & \vdots \\ a_{i1} & \cdots & a_{ij} & \cdots & a_{in} \\ \vdots & & \vdots & & \vdots \\ a_{m1} & \cdots & a_{mj} & \cdots & a_{mn} \end{bmatrix}$$

을 F위에서의 **m×n 행렬**(matrix) 또는 크기가 **m×n인 행렬**이라고 한다. 이 행렬들의 집합을 $Mat_{m\times n}(F)$로 나타낸다. 행렬 A의 각 원소 a_{ij}를 A의 (i, j)성분이라고 하고, $a_{i1}\cdots a_{in}(1\leq i\leq m)$과 $a_{1j}\cdots a_{mj}(1\leq j\leq n)$을 각각 **행렬 A의 제 i 행**과 **행렬 A의 제 j 열**이라 한다.

예제 3.4.1 행렬 $A=\begin{bmatrix} 1 & 2 & 4 \\ 3 & 1 & 2 \end{bmatrix}$는 $Mat_{2\times 3}(R)$의 원소로 2×3행렬이고, 3은 행렬 A의 (2, 1)성분이고, 3 1 2는 행렬 A의 제 2 행이고 $\begin{matrix} 4 \\ 2 \end{matrix}$는 행렬 A의 제 3 열이다.

행렬의 집합 $Mat_{m\times n}(F)$ 위에서 두 행렬의 덧셈을 같은 성분끼리 더하는 것으로 정의한다. 이를테면, $Mat_{2\times 3}(R)$의 두 행렬 $A=\begin{bmatrix} 1 & 2 & 4 \\ 3 & 1 & 2 \end{bmatrix}$이고 $B=\begin{bmatrix} 3 & 2 & 4 \\ 3 & 4 & 2 \end{bmatrix}$에 대하여

$$A+B=\begin{bmatrix} 1 & 2 & 4 \\ 3 & 1 & 2 \end{bmatrix}+\begin{bmatrix} 3 & 2 & 4 \\ 3 & 4 & 2 \end{bmatrix}=\begin{bmatrix} 1+3 & 2+2 & 4+4 \\ 3+3 & 1+4 & 2+2 \end{bmatrix}=\begin{bmatrix} 4 & 4 & 8 \\ 6 & 5 & 4 \end{bmatrix}$$

이다. 이 정의에 의하면 행렬의 덧셈은 크기가 같은 행렬끼리만 가능하다. 행렬의 곱셈에 대한 정의는 다음과 같다.

《정의 3.4.1》

$m\times n$행렬 $A=(a_{ij})$와 $n\times l$행렬 $B=(b_{jk})$의 곱은 $m\times l$행렬 $C=AB=(c_{ik})$로 정의된다. 단,

$$c_{ij}=\sum_{k=1}^{n} a_{ik}b_{kj}\ \ (1\leq i\leq m,\ 1\leq j\leq l)$$

행렬의 곱셈은 정의 3.4.1에서와 같이 앞에 나오는 행렬의 열의 개수와 뒤에 나오는 행렬의 행의 개수가 같을 때이며, 곱셈의 정의를 알기 쉽게 나타내면 [그림 3.1]과 같다.

$$\begin{bmatrix} a_{11} & a_{12} & \cdots & a_{1n} \\ & \vdots & & \\ a_{i1} & a_{i2} & \cdots & a_{in} \\ & \vdots & & \\ a_{m1} & a_{m2} & \cdots & a_{mn} \end{bmatrix} \begin{bmatrix} b_{11} & \cdots & b_{1j} & \cdots & b_{1l} \\ & & \vdots & & \\ b_{i1} & \cdots & b_{ij} & \cdots & b_{il} \\ & & \vdots & & \\ b_{n1} & \cdots & b_{nj} & \cdots & b_{nl} \end{bmatrix} = \begin{bmatrix} c_{11} & \cdots & c_{1j} & \cdots & c_{1l} \\ & & \vdots & & \\ c_{i1} & \cdots & c_{ij} & \cdots & c_{il} \\ & & \vdots & & \\ c_{m1} & \cdots & c_{mj} & \cdots & c_{ml} \end{bmatrix}$$

$$c_{ij}=a_{i1}b_{1j}+a_{i2}b_{2j}+\cdots+a_{in}b_{nj}$$

[그림 3.1] 행렬의 곱셈

예를 들어 두 행렬 $A=\begin{bmatrix} 1 & 2 & 4 \\ 3 & 1 & 2 \end{bmatrix}$와 $C=\begin{bmatrix} 3 & 2 \\ 3 & 2 \\ 2 & 1 \end{bmatrix}$의 곱 AC는

$$\begin{bmatrix} 1 & 2 & 4 \\ 3 & 1 & 2 \end{bmatrix}\begin{bmatrix} 3 & 2 \\ 3 & 2 \\ 2 & 1 \end{bmatrix}=\begin{bmatrix} 1\times3+2\times3+4\times2 & 1\times2+2\times2+4\times1 \\ 3\times3+1\times3+2\times2 & 3\times2+1\times2+2\times1 \end{bmatrix}=\begin{bmatrix} 17 & 10 \\ 16 & 10 \end{bmatrix}$$

으로 2×2 행렬이고 CA는 3×3행렬이다. 따라서 두 행렬의 덧셈과 곱셈이 동시에 가능하려면 두 행렬은 같은 크기를 가져야 하므로 행의 개수와 열의 개수가 같아야 한다. 이와 같이 크기가 $n\times n$인 행렬을 n차 **정사각행렬**(square matrix of order n)이라 하고, 정사각행렬들의 집합을 $Mat_n(F)$로 나타내기로 한다. 그러면 집합 $Mat_n(F)$위에서 덧셈과 곱셈이 정의된다.

예제 3.4.2 행렬 $A=\begin{bmatrix} 1 & 2 & 4 \\ 3 & 1 & 2 \\ 4 & 2 & 3 \end{bmatrix}$와 $B=\begin{bmatrix} 3 & 2 & 4 \\ 3 & 4 & 2 \\ 4 & 1 & 3 \end{bmatrix}$에 대하여

$$A+B=\begin{bmatrix} 1 & 2 & 4 \\ 3 & 1 & 2 \\ 4 & 2 & 3 \end{bmatrix}+\begin{bmatrix} 3 & 2 & 4 \\ 3 & 4 & 2 \\ 4 & 1 & 3 \end{bmatrix}=\begin{bmatrix} 1+3 & 2+2 & 4+4 \\ 3+3 & 1+4 & 2+2 \\ 4+4 & 2+1 & 3+3 \end{bmatrix}=\begin{bmatrix} 4 & 4 & 8 \\ 6 & 5 & 4 \\ 8 & 3 & 6 \end{bmatrix}$$

$$AB=\begin{bmatrix} 1 & 2 & 4 \\ 3 & 1 & 2 \\ 4 & 2 & 3 \end{bmatrix}\begin{bmatrix} 3 & 2 & 4 \\ 3 & 4 & 2 \\ 4 & 1 & 3 \end{bmatrix}=\begin{bmatrix} 3+6+16 & 2+8+4 & 4+4+12 \\ 9+3+\ 8 & 6+4+2 & 12+2+6 \\ 12+6+12 & 8+8+3 & 16+4+9 \end{bmatrix}=\begin{bmatrix} 25 & 14 & 20 \\ 20 & 12 & 20 \\ 30 & 19 & 29 \end{bmatrix}$$

$$BA=\begin{bmatrix} 3 & 2 & 4 \\ 3 & 4 & 2 \\ 4 & 1 & 3 \end{bmatrix}\begin{bmatrix} 1 & 2 & 4 \\ 3 & 1 & 2 \\ 4 & 2 & 3 \end{bmatrix}=\begin{bmatrix} 3+6+16 & 6+2+8 & 12+4+12 \\ 3+12+8 & 6+4+4 & 12+8+6 \\ 4+3+12 & 8+1+6 & 16+2+9 \end{bmatrix}=\begin{bmatrix} 25 & 16 & 28 \\ 23 & 14 & 26 \\ 19 & 15 & 27 \end{bmatrix}$$

예제 3.4.2로부터 $AB \neq BA$임을 알 수 있다. 실제로 $Mat_n(R)$은 교환법칙이 성립하지 않는 환이다. 이제, 행렬의 성분이 특수한 경우의 예를 들어보자.

예제 3.4.3 잉여환 Z_5 위에서의 행렬 $A=\begin{bmatrix}1&2&4\\3&1&2\\4&2&3\end{bmatrix}$와 $B=\begin{bmatrix}3&2&4\\3&4&2\\4&1&3\end{bmatrix}$에 대하여

$$A+B=\begin{bmatrix}1&2&4\\3&1&2\\4&2&3\end{bmatrix}+\begin{bmatrix}3&2&4\\3&4&2\\4&1&3\end{bmatrix}=\begin{bmatrix}1+3&2+2&4+4\\3+3&1+4&2+2\\4+4&2+1&3+3\end{bmatrix}=\begin{bmatrix}4&4&3\\1&0&4\\3&3&1\end{bmatrix}$$

$$AB=\begin{bmatrix}1&2&4\\3&1&2\\4&2&3\end{bmatrix}\begin{bmatrix}3&2&4\\3&4&2\\4&1&3\end{bmatrix}=\begin{bmatrix}3+1+1&2+3+4&4+4+2\\4+3+3&1+4+2&2+2+1\\2+1+2&3+3+3&1+4+4\end{bmatrix}=\begin{bmatrix}0&4&0\\0&2&0\\0&4&4\end{bmatrix}$$

$$BA=\begin{bmatrix}3&2&4\\3&4&2\\4&1&3\end{bmatrix}\begin{bmatrix}1&2&4\\3&1&2\\4&2&3\end{bmatrix}=\begin{bmatrix}3+1+1&1+2+3&2+4+2\\3+2+3&1+4+4&2+3+1\\4+3+2&3+1+1&1+2+4\end{bmatrix}=\begin{bmatrix}0&1&3\\3&4&1\\4&0&2\end{bmatrix}$$

행렬 $A=[a_{ij}]_{n\times n}$를 n차 정사각행렬이라 할 때, A의 성분 $a_{11}\ a_{22}\cdots a_{nn}$을 A의 대각성분(diagonal entry)이라 한다. 대각성분을 제외한 모든 성분이 0인 n차 정사각행렬을 **n차 대각행렬**이라 하고 특히, 대각성분이 모두 1인 n차 대각행렬을 **n차 항등행렬**이라 하고 기호 I_n으로 나타낸다. 즉,

$$I_n=\begin{bmatrix}1&0&0&\cdots&0\\0&1&0&\cdots&0\\\vdots&\vdots&\vdots&\vdots&\vdots\\0&0&0&\cdots&1\end{bmatrix}$$

행렬 $A=[a_{ij}]_{m\times n}$에 대하여 행과 열을 바꾸어 놓은 행렬을 A의 **전치행렬**(transpose matrix)이라 하고, A^t로 나타낸다. 즉,

$$A^t=\begin{bmatrix}a_{11}&a_{21}&\cdots&a_{m1}\\a_{12}&a_{22}&\cdots&a_{m2}\\\vdots&\vdots&\vdots&\vdots\\a_{1n}&a_{2n}&\cdots&a_{mn}\end{bmatrix}$$

특히, 임의의 i와 j에 대하여 $a_{ij}=a_{ji}$인 n차 정사각행렬, 즉 $A^t=A$인 행렬 A를 **대칭행렬**이라고 한다.

예제 3.4.4 다음과 같이 주어진 행렬

$$A=\begin{bmatrix} 1 & 2 & 3 \\ 2 & 3 & 1 \\ -2 & 1 & 3 \end{bmatrix} \text{와 } B=\begin{bmatrix} 2 & 3 & 1 \\ 3 & 5 & 4 \\ 1 & 4 & 7 \end{bmatrix}$$

의 전치행렬을 구해 보면,

$$A^t=\begin{bmatrix} 1 & 2 & -2 \\ 2 & 3 & 1 \\ 3 & 1 & 3 \end{bmatrix} \text{이고 } B^t=\begin{bmatrix} 2 & 3 & 1 \\ 3 & 5 & 4 \\ 1 & 4 & 7 \end{bmatrix}=B$$

이다. 따라서 행렬 B는 대칭행렬이다.

《정리 3.4.2》

두 $m\times n$행렬 A와 B에 대하여

(1) $(A^t)^t=A$

(2) $(A+B)^t=A^t+B^t$

(3) 특히, $m=n$이면 $(AB)^t=B^tA^t$

n차 정사각행렬 A에 대하여 $AB=I_n=BA$를 만족하는 n차 정사각행렬 B가 존재할 때, A를 n차 **정칙행렬**(nonsingular matrix or invertible matrix)이라 하고, B를 A의 **역행렬**(inverse matrix)이라고 하고 A^{-1}로 나타낸다. 이때, A가 정칙행렬이 아닐 때, A를 **비정칙행렬**(singular matrix)이라고 한다.

주어진 n차 정칙행렬 A의 역행렬을 구하는 방법에 관하여 생각하면, 역행렬을 B라고 놓고 $AB=I_n$이 성립하는 B를 구하면 된다. 따라서 n^2개의 미지수를 가지는 n^2개의 연립방정식을 풀면 된다.

예제 3.4.5 주어진 행렬 $A=\begin{bmatrix} 5 & 6 \\ 3 & 4 \end{bmatrix}$의 역행렬을 $B=\begin{bmatrix} x & y \\ z & u \end{bmatrix}$라고 하면 $AB=I_2$로부터 연립방정식

$$\begin{cases} 5x+6z=1 \\ 3x+4z=0 \end{cases} \text{과 } \begin{cases} 5y+6u=0 \\ 3y+4u=1 \end{cases}$$

이다. 따라서 $x=2$, $z=-\frac{3}{2}$, $y=-3$, $u=\frac{5}{2}$이다.

역행렬을 구하는 다른 방법으로 행렬의 행렬식을 이용하는 방법이 있다.

《정의 3.4.3》

행렬 $A=[a_{ij}]_{n\times n}\in Mat_n(F)$의 행렬식을 흔히

$$det\,A,\ |A|\ \text{또는}\ \begin{vmatrix} a_{11} & a_{12} & \cdots & a_{1n} \\ a_{21} & a_{22} & \cdots & a_{2n} \\ \vdots & \vdots & \vdots & \vdots \\ a_{n1} & a_{n2} & \cdots & a_{nn} \end{vmatrix}$$

으로 나타내고, 다음과 같이 귀납적으로 정의한다.

$$|a_{ij}|=a_{ij}$$

$$\begin{vmatrix} a_{11} & a_{12} \\ a_{21} & a_{22} \end{vmatrix}=a_{11}a_{22}-a_{12}a_{21}$$

$$|A|=\sum_{i=1}^{n} a_{1i}A_{1i}\ \ (n\geq 3)$$

단, 행렬 A로부터 i번째 행과 j번째 열을 삭제해서 얻은 $(n-1)\times(n-1)$행렬의 행렬식을 a_{ij}의 소행렬식 M_{ij}라고 할 때, $A_{ij}=(-1)^{i+j}M_{ij}$이다.

이를테면, $A=\begin{vmatrix} 1 & 2 & 4 \\ 3 & 1 & 2 \\ 4 & 2 & 3 \end{vmatrix}$의 행렬식을 구하면,

$$\begin{aligned}\begin{vmatrix} 1 & 2 & 4 \\ 3 & 1 & 2 \\ 4 & 2 & 3 \end{vmatrix} &= (-1)^{1+1}\cdot 1\cdot \begin{vmatrix} 1 & 2 \\ 2 & 3 \end{vmatrix}+(-1)^{1+2}\cdot 2\cdot \begin{vmatrix} 3 & 2 \\ 4 & 3 \end{vmatrix}+(-1)^{1+3}\cdot 4\cdot \begin{vmatrix} 3 & 1 \\ 4 & 2 \end{vmatrix} \\ &= -1-2+8 \\ &= 5\end{aligned}$$

일반적으로, 역행렬을 가질 필요충분조건은 행렬식이 0이 아닌 것이다.

예제 3.4.6 행렬 $A=\begin{bmatrix} 5 & 6 \\ 3 & 4 \end{bmatrix}$는 그의 행렬식이 2이고 그의 역행렬은 $A^{-1}=\begin{bmatrix} 2 & -3 \\ -\frac{3}{2} & \frac{5}{2} \end{bmatrix}$이지만, 행렬 $B=\begin{bmatrix} 2 & 3 \\ 6 & 9 \end{bmatrix}$는 그의 행렬식이 0이므로 역행렬을 갖지 않는다.

일반적으로 행렬의 역행렬을 구하는 것은 쉽지만 계산은 복잡하다. 역행렬을 구하는 한 가지 방법을 소개하면 다음과 같다.

n차 정사각행렬 $A=[a_{ij}]_{n\times n}$로부터 i번째 행과 j번째 열을 삭제해서 얻은 행렬의 행렬식을 a_{ij}의 **소행렬식** M_{ij}라 할 때, $(-1)^{i+j}M_{ij}$를 a_{ij}의 **여인수**라 하고 A_{ij}로 나타내기로 하자. 그러면, 행렬 $A=[a_{ij}]_{n\times n}$의 행렬식이 영이 아니면 그의 역행렬은

$$A^{-1}=\frac{1}{|A|}\begin{bmatrix} A_{11} & A_{21} & \cdots & A_{n1} \\ A_{12} & A_{22} & \cdots & A_{n2} \\ \vdots & \vdots & \cdots & \vdots \\ A_{1n} & A_{2n} & \cdots & A_{nn} \end{bmatrix}$$

예제 3.4.7 행렬 $A=\begin{bmatrix} 5 & 6 \\ 3 & 4 \end{bmatrix}$는 그의 행렬식이 2이고 그의 역행렬은

$$A_{11}=4,\ A_{12}=-3,\ A_{21}=-6,\ A_{22}=5$$

이므로 $A^{-1}=\begin{bmatrix} 2 & -3 \\ -\frac{3}{2} & \frac{5}{2} \end{bmatrix}$이다.

예제 3.4.8 잉여환 Z_{26}의 원소를 성분으로 가지는 $A=\begin{vmatrix} 1 & 2 \\ 3 & 1 \end{vmatrix}$의 역행렬을 구하면,

$$|A|=\begin{vmatrix} 1 & 2 \\ 3 & 1 \end{vmatrix}=-5=21,\ 21^{-1}=5$$

$$A_{11}=1,\ A_{12}=-3=23,\ A_{21}=-2=24,\ A_{22}=1$$

이므로 $A=5\cdot\begin{bmatrix} 1 & 24 \\ 23 & 1 \end{bmatrix}=\begin{bmatrix} 5 & 16 \\ 11 & 5 \end{bmatrix}$이다.

4 조 합 론

일반사람들에게 많은 관심을 갖게 하는 생활문제들은 대부분 조합론에서 다루는 문제이다. 이들 문제들은 일반 사람들에게 많은 관심을 가지게 하지만, 대개의 문제들은 그들에 대한 답을 얻거나 해결방법을 이해하는데 커다란 어려움을 갖게 하는 특징이 있다.
이러한 문제 중에 관심을 끄는 문제들이 복권에 당첨되는 방법, 카지노에서의 도박에서 돈을 따는 방법 등과 같은 현실적인 문제와 마방진, 쾨니히스베르그 문제 등과 같은 흥미를 유발하는 문제이다.
이 장에서는 트럼프에서 포커 게임의 경우의 수와 확률, 바둑판과 같은 정사각형들로 되어 있는 판을 덮는 완전 덮개 문제 및 역사적으로 유명한 일화를 가지고 있는 마방진, 생일모순, 36장교 나열 문제 및 쾨니히스베르그 문제 등을 설명한다. 특히, 생일모순 문제는 오늘날과 같이 개인의 정보보호가 중요한 시점에서 비밀번호의 지정과 관리에 중요한 응용을 가진다.

마술 카드

각각의 카드에 16개의 숫자가 적힌 다음과 같은 5장의 카드가 있다.

16	17	18	19
20	21	22	23
24	25	26	27
28	29	30	31

A

8	9	10	11
12	13	14	15
24	25	26	27
28	29	30	31

B

4	5	6	7
12	13	14	15
20	21	22	23
28	29	30	31

C

2	3	6	7
10	11	14	15
18	19	22	23
26	27	30	31

D

1	3	5	7
9	11	13	15
17	19	21	23
25	27	29	31

E

이제 상대방에게 1부터 31까지의 숫자 중에 하나를 마음 속에 생각하게 하고 자신이 생각한 수는 말하지 않고 그 수가 어느 카드에 있는지 말하도록 함으로써 상대방이 생각한 수를 맞추는 마술이다. 이를테면, 14를 택하였다면, 상대방은 카드 B, C, D를 말 할 것이다. 그러면 $8+4+2=14$를 계산하여 14를 맞춘다. 또한, 상대방이 카드 A, C, E를 말한다면 상대방은 $16+4+1=21$을 계산하여 21을 맞춘다. 지금까지의 설명에 의하면, 'A는 16, B는 8, C는 4, D는 2, E는 1'을 대응시키고 선택한 카드만큼 더하면 된다. 이와 같이 계산하면 상대방이 생각하고 있는 수를 맞출 수 있는 이유를 다 같이 생각하여 보자.

4.1 서　　론

조합론은 역사적으로 수학적 레크레이션과 게임 이론으로부터 유래하였으며, 이후 많은 분야에서 응용되고 있다. 중고등학교에서 다루는 경우의 수를 구하는 문제는 조합론의 중요한 문제 중에 하나이다. 조합론에서 다루는 문제의 유형은 다음과 같다.

(1) 나열의 존재

어떤 사건이 일어날 수 있는지 유무를 확인하는 문제에 관한 연구이다. 이를테면, '5명을 6개의 의자에 앉히는데 모든 의자에 한 사람씩 앉게 할 수 있는 방법'은 존재하지 않지만, 5명을 5개의 의자에 앉히는 방법은 존재한다. 다시 말하면 어떤 경우가 존재하는가 또는 존재하지 않는가 하는 문제는 중요한 연구대상 중에 하나이다.

(2) 나열들의 분류 및 개수

어떤 조건을 만족하는 경우가 존재할 때, 몇 가지 경우가 존재하는지 아는 것이 때에 따라 중요하다. 이를 알기 위하여 일어나는 경우를 적당한 조건에 따라 분류하여 확인한다. 고등학교에서 다루는 경우의 수를 구하는 문제가 이 유형이다. 이를테면, 0, 1, 2, 3, 4를 사용하여 만들 수 있는 4자리 정수는 몇 가지인가하는 문제를 해결할 때에는 0이 첫자리에서 시작할 수 없기 때문에 전체의 경우의 수에서 0이 나오는 경우를 제외하여 경우의 수를 구한다. 즉, ${}_5P_4 - {}_4P_3 = 96$까지이다.

(3) 알려진 나열의 연구

이미 알려진 경우들에 대한 규칙이나 분류를 함으로써 확장되는 어떤 문제를 해결하기 위한 연구는 또 다른 조합론적인 문제에 자주 이용된다. 이들 또한 조합론에서 중요한 문제이다.

조합론은 이들 세 가지 유형을 동시에 연구하는 분야로서 이들은 확률·통계, 유한기하 등 여러 분야에서 다양하게 응용되고 있다.

나열의 존재에 관한 예로는 제 1 장에서 잠시 설명한 쾨니히스베르그 문제가 있으며, 또한 4.3절의 예제 4.3.1과 같은 완전덮개 문제도 있다.

다음 예제는 나열의 존재성에 관한 문제이다.

예제 4.1.1 $(n+1)$마리의 비둘기가 n개의 집에 나누어 들어갔을 때에 한 집에 꼭 한 마리씩 들어갈 수 있는 방법의 존재성을 살펴보자. 여러분이 잘 아는대로 그런 경우는 존재하지 않는다. 이 문제는 '**비둘기집의 원리**(pigeonhole principle)'에 의하여 해결된다.

비둘기집의 원리는 독일의 수학자 디리클레(Dirichlet)가 공식화한 것으로 '$(n+1)$마리의 비둘기가 n개의 집에 나누어 들어간다면, 적어도 한 집에 두 마리 이상의 비둘기가 들어간다'는 이론으로 종종 '**서랍원칙**'이라고도 한다.

예제 4.1.2 n개의 축구팀이 리그전을 하여 순위를 결정할 때 일어나는 경기의 수는 n명이 서로 악수를 하는 방법의 수와 같다. 즉, $\binom{n}{2}$이다. 이 예제는 나열의 개수를 구하는 문제로 경우의 수에서 자주 다룬다.

예제 4.1.3은 경우의 수를 구하기 위하여 일어나는 경우를 분류하여 구한 예제이다.

예제 4.1.3 양의 정수 n을 이진수로 고쳤을 때, 각 자리수의 합을 n의 무게라고 하고 $w(n)$으로 나타낸다. 이를테면, 5와 12의 이진수 표현은 $[101]_2$과 $[1100]_2$이므로 $w(5)=2$이고 $w(12)=2$이다. 세 자리 10진수이고 홀수인 수들 중에 무게가 3인 수의 개수를 구하여보자. 세 자리 자연수를 n이라 하면 $100 \leq n \leq 999$이고 이진 표현은

$$[1100100]_2 \leq n \leq [1111100111]_2$$

으로 n은 7자리수 $[1100100]_2$과 10자리수$[1111100111]_2$ 사이의 이진수이다. 먼저 7자리 이진수로서 홀수인 경우는 $[1*****1]_2$로 무게가 3인 최대의 수는 97로 100보다 작으므로 세 자리수가 될 수 없다. 또, 8자리 이상의 이진수중에 홀수인 수는 첫 자리와 끝자리가 반드시 1이다. 따라서 8자리 이진수의 경우는 10000011 10000101 10001001 10010001 10100001 11000001의 6가지이고, 같은 방법으로 9자리 이진수의 경우는 7가지이고 10자리 이진수의 경우는 8가지이다. 그러므로 모두 21가지이다. 실제로 이들 수를 10진수로 고쳐서 나열하면

$$131,\ 133,\ 137,\ 145,\ 161,\ 193,\ \cdots,\ 769$$

이다.

4.2 카드 게임

서양에서 유래한 오락으로 카드를 가지고 하는 게임이 있다. 이 게임을 소개하기 전에 카드의 구성에 관하여 간단하게 소개한다.

카드는 조커(Joker)라고 하는 2장의 카드와 다음과 같은 52장으로 구성된다.

(i) 스페이드(spade), 하트(heart), 다이아몬드(diamond) 및 클로버(clover)의 네 가지 다른 종류의 그림이 각각 13장이 있다.

(ii) 13장은 각각 2, 3, …, 10과 J, Q, K, A로 구성된다. 이를테면, 카드에 하트가 4개 그려져 있으면 '하트 4'라 부르고, 하트가 10개 그려져 있으면 '하트 10'이라 부른다. 또한, J, Q, K 및 A는 각각 [그림 4.1]과 같다.

따라서 2, 3, …, 10, J, Q, K, A가 쓰여져 있는 카드 각각이 스페이드, 하트, 다이아몬드 및 클로버가 1장씩 모두 4장이 있어 전체 52장으로 구성된다.

다이아몬드 A(에이스)　클로버 K(킹)　스페이드 Q(퀸)　하트 J(잭)

[그림 4.1] 트럼프

카드 게임에는 여러 종류가 있으며, 이 중에 비교적 규칙이 간단한 게임이 포커 게임(poker game)이다. 이 게임은 2명 이상이 모여서 할 수 있으며, 방법은 게임을 하는 모든 사람에게 조커를 제외한 52장의 카드에서 7장씩 나누어주고 각 참가자는 7장의 카드 중에 5장을 선택하여 아래에 나열한 카드의 조합을 만든다. 카드의 조합 중에 가장 높은 조합을 가지는 참가자가 게임을 이기는 것으로 약속한다. 5장의 카드 조합(족보라고 함)을 낮은 등급에서 높은 등급으로 나열하면 다음과 같다.

(1) 어떠한 규칙도 없는 조합

(2) 원페어(one pair) : 두 장이 같은 숫자 또는 문자로 된 조합

(3) 투페어(two pair) : 두 장씩 두 쌍이 같은 숫자 또는 문자로 된 조합

(4) 트리플(triple) : 세 장이 같은 숫자 또는 문자로 된 조합

(5) 스트레이트(straight) : 5장의 카드가 A, 2, 3, ⋯, 10, J, Q, K, A의 순서대로 연이어진 조합

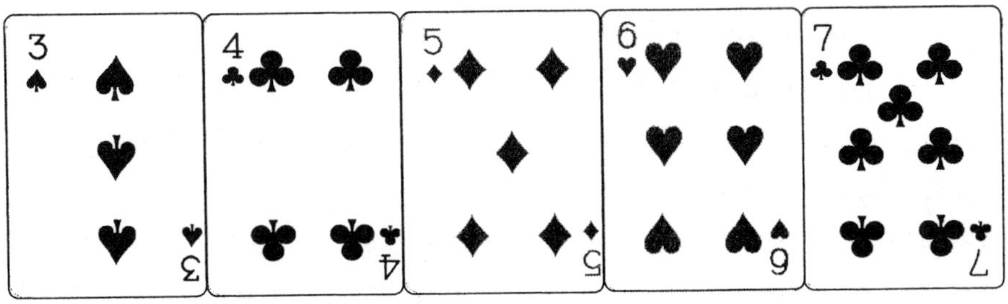

[그림 4.2] 스트레이트

(6) 플러쉬(flush) : 5장의 카드가 스페이드, 하트, 다이아몬드 및 클로바 중에 한가지만으로 만들어진 조합

(7) 풀하우스(full house) : 세 장이 같은 숫자 또는 문자로 되고 나머지 두 장이 같은 숫자 또는 문자로 된 조합

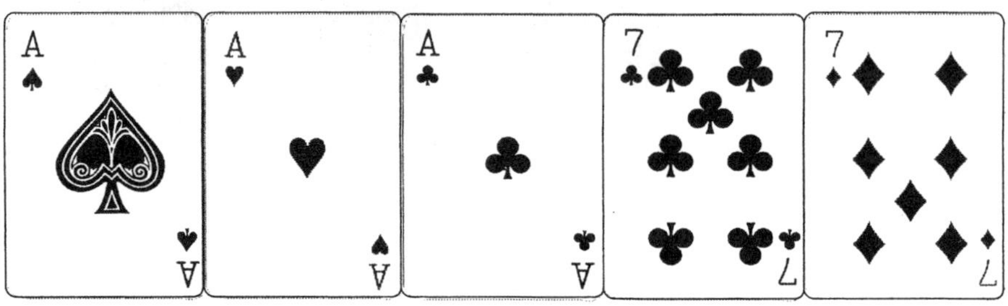

[그림 4.3] A풀하우스

(8) 펴카드(four card) : 네 장이 같은 숫자 또는 문자로 된 조합

(9) 스트레이트 플러쉬(straight flush) : 5장이 수열이 되고 동시에 플러쉬가 된 조합

같은 등급을 가지는 카드의 조합인 경우에 A를 품는 경우가 가장 높은 것이고 차례로 K, Q, J, 10, ⋯, 3, 2의 순서이다. 이를테면, 같은 원페어인 경우에 A 원페어가 가장 높고 2 원페어가 가장 낮다.

포커 게임에서 가장 낮은 조합은 7장의 카드 중에 5장을 어떻게 선택하여도 어떤 규칙도 없는 경우이고 가장 높은 카드의 조합은 같은 무늬의 카드 5장이 A, K, Q, J,

10인 경우(**로얄 스트레이트 플러쉬**라고 함)라 생각할 수 있다.

어떤 사람이 7장의 카드를 받았을 때 5장이 같은 숫자 또는 같은 문자가 되는 경우가 있을까? 물론 이와 같은 경우는 일어나지 않는다. 즉, 파이브 카드는 존재하지 않는다. 이제 몇 가지 경우가 일어나는 확률을 구하여 보자.

예제 4.2.1 게임에서 어떤 사람이 로얄 스트레이트 플러쉬를 가지는 경우의 수를 구하여 보자. 7장의 카드 중에 5장이 A, K, Q, J, 10인 스트레이트 플러쉬는 4가지이고 나머지 두 장은 어떤 카드이어도 되므로, 총 경우는

$$\binom{4}{1}\times\binom{47}{2}=4324$$

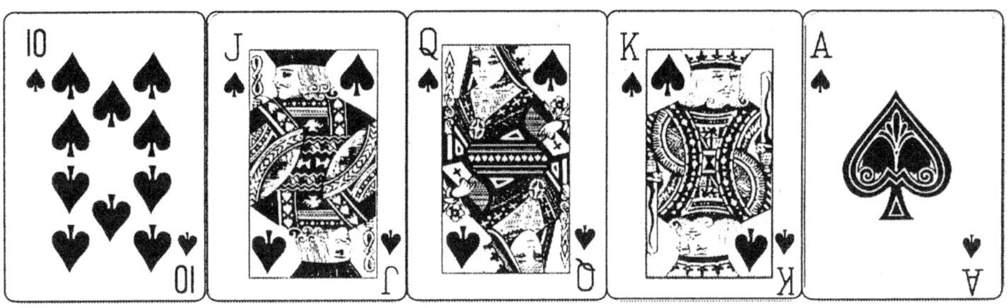

[그림 4.4] 로얄 스트레이트 플러쉬

이다. 따라서 7장의 카드 중에 5장이 A, K, Q, J, 10인 스트레이트 플러쉬일 확률은

$$\frac{\binom{4}{1}\times\binom{47}{2}}{\binom{52}{7}}\fallingdotseq 3.23\times10^{-5}$$

이다.

예제 4.2.2 7장의 카드를 받았을 때, 퍼카드 즉, 그 중에서 네 장 모두 같은 숫자 또는 문자가 나오는 확률은

$$\frac{13\times\binom{48}{3}}{\binom{52}{7}}\fallingdotseq 1.68\times10^{-3}$$

이다.

위 두 예제는 비교적 간단히 확률을 구할 수 있으나 예제 4.2.3은 다소 복잡하다.

예제 4.2.3 7장의 카드를 받을 때, 풀하우스의 확률은

$$\frac{\binom{13}{1}\binom{4}{3}\binom{12}{1}\binom{4}{2}\binom{44}{2}+\binom{13}{2}\binom{4}{3}\binom{4}{3}\binom{44}{1}}{\binom{52}{7}}=2.68\times10^{-2}$$

이다. 단, $\binom{13}{1}\binom{4}{3}\binom{12}{1}\binom{4}{2}\binom{44}{2}$는 순수한 풀하우스인 경우이고 $\binom{13}{2}\binom{4}{3}\binom{4}{3}\binom{44}{1}$은 트리플 2개로 이루어진 경우이다. 후자의 경우도 풀하우스로 간주한다.

실제로 풀하우스보다 낮은 등급에 대한 확률을 구하는 방법은 상당히 복잡하다. 그러나, 나머지 경우의 확률을 모두 구하면, 표 4.1과 같이 높은 등급으로 갈수록 확률은 떨어진다. 표 4.1에서 확률은 유효숫자에 대한 것으로 각각의 소수점이하 자리수가 다르며 누적확률 또한 근사값인 것에 유의하자.

표 4.1 포커 족보에 대한 확률

카드의 조합	확률(약)	누적확률(약)
스트레이트 플러쉬	0.000290	0.000290
퍼카드	0.00168	0.002
풀하우스	0.0268	0.03
플러쉬	0.030	0.06
스트레이트	0.046	0.106
트리플	0.048	0.154
투페어	0.235	0.389
원페어	0.438	0.827
	0.173	1.00

4.3 완전덮개

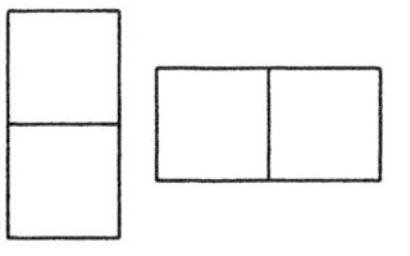

바둑판과 같이 단위 정사각형이 세로 m개와 가로 n개로 이루어진 도형 즉, $m \times n$개의 단위 정사각형으로 이루어진 직사각형을 $m \times n$**형 사각형**이라고 한다. 이와 같은 $m \times n$형 사각형을 오른쪽 그림과 같은 2×1형 또는 1×2형 사각형들로 겹치지 않게 완전하게 덮을 수 있을 때 "이 $m \times n$형 사각형은 **완전히 덮인다**"라고 한다.

이를테면, 2×2형 사각형은 [그림 4.5]와 같이 2개의 1×2형 사각형 또는 2개의 2×1형 사각형에 의하여 완전히 덮인다. 그러나 3×3형 사각형은 9개의 정사각형으로 이루어져 있으므로 1×2형 사각형 또는 2×1형 사각형에 의하여 완전히 덮이지 않는다. 이 사실은 일반적으로 확장이 가능하다.

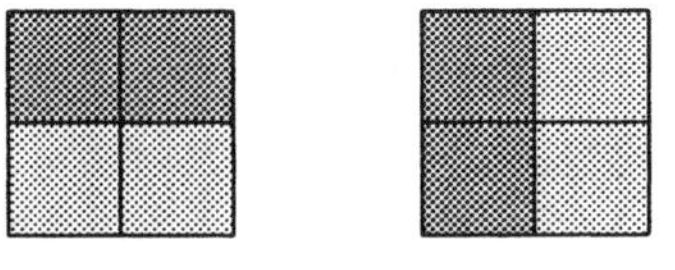

[그림 4.5] 2×2형 사각형이 덮인 그림

《정리 4.3.1》

$m \times n$형 사각형이 완전히 덮힐 필요충분조건은 m 또는 n이 짝수이다. 다시 말하면, $m \times n$형 사각형이 덮히지 않을 필요충분조건은 m과 n이 모두 홀수이다.

정리 4.3.1에 의하면 8×8형 사각형은 완전히 덮일 수 있다. [그림 4.6]과 같은 8×8

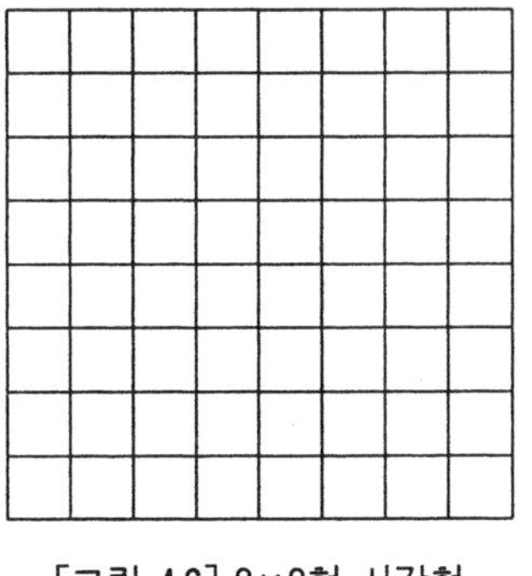

[그림 4.6] 8×8형 사각형

형 사각형을 완전히 덮는 방법은 몇 가지인가 하는 문제는 쉽지 않으며, 실제로 상당히 많은 경우가 존재하는 사실을 알 수 있다. 역사적으로 1961년 피쉬(M. E. Fisher)가 12,988,816($=2^4\times 901^2$) 가지가 있음을 증명하였다고 한다.

이제 [그림 4.7]과 같은 8×8형 사각형에서 두 모서리에서 정사각형을 잘라낸 판이 완전히 덮일 수 있는지 알아보자. 모서리를 오려낸 판은 62개의 작은 정사각형으로 이루어졌으며 이것이 완전히 덮이는지는 모든 경우의 수를 확인하여야 한다. 그러나, 8×8형 사각형에서 보는 것처럼 많은 경우를 일일이 확인하여야 하며, 이 작업은 상당히 어려움을 알 수 있다. 그러나 적당한 수학적 아이디어를 사용하면 쉽게 이 도형은 완전히 덮일 수 없음을 알 수 있다.

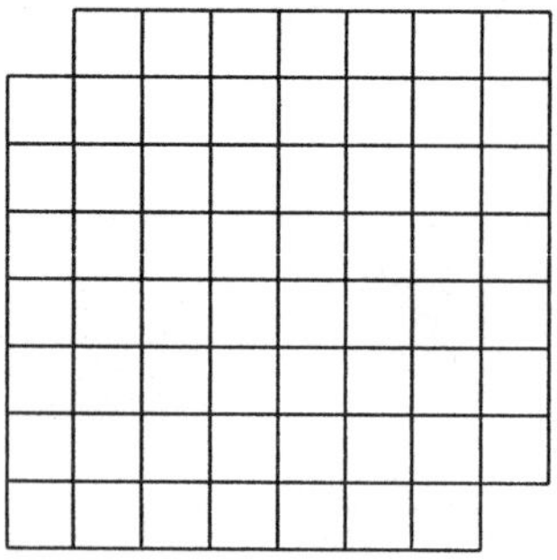

[그림 4.7] 62개의 정사각형으로 이루어진 도형

예제 4.3.1 [그림 4.7]과 같이 주어진 도형의 왼쪽 위에서 시작하여 2×1형 사각형 또는 1×2형 사각형을 [그림 4.8]과 같이 놓을 수 있다. 편의상, 2×1형 사각형을 A 그리고 1×2형 사각형을 C라고 하자.

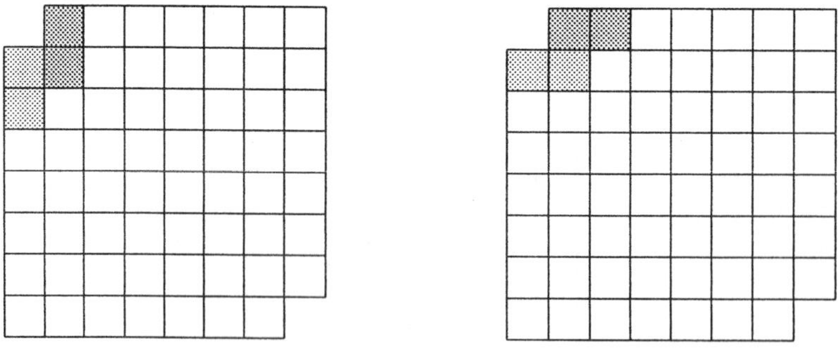

[그림 4.8] 2×1형 사각형과 1×2형 사각형으로 시작한 모양

이 때, [그림 4.8]과 같이 A와 C에서 이들을 구성하는 두 개의 정사각형을 진한색 부분(B)과 옅은색 부분(W)으로 구분하여 생각할 수 있고 진한색 부분과 옅은색 부분의 위치를 바꾸어 놓은 것으로 생각할 수 있다. 즉, 하나의 A 또는 C를 고정시킨 다음에, 다른 것을 놓을 때는 그림과 같이 인접한 부분은 색깔이 다르도록 놓을 수 있다. 이 직사각형에 B W 와 같이 글로 써서 표현한다면, 처음 한 위치만 고정시키면 나머지는 자동으로 결정되어 [그림 4.9]와 같이 된다. 한편, 위 판을 덮는 직사각형은 31개이므로 B와 W는 각각 31개이어야 한다. 그러나 [그림 4.9]에는 32개의 B와 30개의 W가 있다. 즉, 모순이므로 이 판을 덮을 수 없다.

	B	W	B	W	B	W	B
B	W	B	W	B	W	B	W
W	B	W	B	W	B	W	B
B	W	B	W	B	W	B	W
W	B	W	B	W	B	W	B
B	W	B	W	B	W	B	W
W	B	W	B	W	B	W	B
B	W	B	W	B	W	B	

[그림 4.9]

예제 4.3.1은 어려워 보이는 문제이나 두 가지 색을 생각함으로 쉽게 해결되는 것을 알 수 있다. 조합론의 문제는 이와 같은 기발한 아이디어에 의존되어 해결되는 경우가 있다.

[그림 4.10]과 같은 도형을 같은 방법으로 생각하여 보자. 여기에서 B와 W의 개수가 같고, A 또는 C의 사각형으로 덮이는 것을 알 수 있다.

W	B	W	B	W
B	W	B	W	B
W	B	W	B	W
B	W	B	W	B

W	B	W	B	W
B	W	B	W	
	B	W	B	W
B	W	B	W	B

[그림 4.10] 4×5형 사각형과 변형된 도형

4.4 흥미있는 문제들

이 절에서는 몇 가지 흥미 있는 조합론 문제에 대하여 살펴본다.

(1) 생일모순

종종 어떤 단체에서 생일이 같은 사람이 나올까 하는 문제는 관심 있는 문제로서 뒤에 설명되는 암호에서 다루겠지만 오늘날 정보를 보호하기 위하여 패스워드나 비밀키를 사용하는데 이들 패스워드나 비밀키를 공격하여 상대의 서버를 해킹하는데 자주 이용되는 원리이다.

어느 모임이 366명 이상이라면 생일이 같은 사람들이 반드시 있다는 것과 그 모임이 두 명인 경우에 생일이 같을 확률이 $\frac{1}{365} \fallingdotseq 0.00274$이라는 것은 이해하기 쉽다. 이제, n명의 모임에서 생일이 모두 다를 확률 p는 첫 사람의 생일이 결정되면, 두 번째 사람은 그날을 제외한 다른 날이 생일이어야 하고 세 번째 사람은 앞의 두 날을 뺀 363일 중에 하루가 되어야 한다. 같은 방법을 계속 적용하면

$$p=1\times\frac{364}{365}\times\frac{363}{365}\times\cdots\times\frac{365-n+1}{365}$$

이다. 따라서 n명의 모임에서 적어도 생일이 같은 쌍이 나올 확률은 여사건을 이용하면, $1-p$이고 n이 클수록 p는 작아지고 생일이 같은 쌍이 나올 확률은 커진다. 실제로 $p\leq 0.5$인 n의 값을 대략 구하면 $n\geq 22.3$이다(증명 생략). 그러므로 23명 이상인 모임에서 생일이 같은 쌍이 나올 확률은 0.5이상이다. 즉, 23명 이상의 모임이 있으면 생일이 같은 쌍을 확률적으로 기대하여도 좋다는 이론이다. 실제로 23명은 365와 비교하여 매우 작은 수이지만 이 정도 크기의 모임이면 생일이 같은 쌍이 있는 쪽에 내기를 걸면 승률이 높다. 이와 같이 기대한 수보다 적은 수에서 생일이 같은 쌍이 나올 확률이 0.5보다 크게 나온다는 의미에서 모순(paradox)이란 명칭을 붙인 것으로 보이지만 실제로 모순은 아니다. 이를 **생일모순**(birthday paradox)이라고 한다. 이 이론은 모든 독자들이 어떤 모임에서 항상 검증할 수 있는 이론이므로 검증하여 보기 바란다. 실제로 저자의 수업시간에서 항상 검증하고 있으며, 100명의 반에서는 4쌍 이상이 항상 나오고 있다.

생일모순과 같은 논리로 다음과 같은 문제를 생각하여 보자.

[물음] 1부터 n까지 연속하여 서로 다른 숫자가 쓰인 n장의 카드가 있을 때, 어떤 사람이 카드를 뽑았다가 다시 넣는 일을 계속한다고 하자. 몇 번 카드를 뽑으면 뽑았던 카드가 다시 뽑힐까? 확률 0.5이상으로 뽑힌 카드가 다시 뽑히려면 최소 몇 번 뽑아야 할까?

이 문제는 $n=365$로 제한하면 생일모순 문제와 같다. 증명 없이 결론만 쓰면, 약 $1.17\sqrt{n}$이면 확률 0.5이상으로 뽑힌 카드가 다시 뽑힌다.

예제 4.4.1 은행의 신용카드의 비밀번호는 보통 4자리의 수를 쓰고 있다. 어떤 사람이 타인의 신용카드를 가지고 있을 때 몇 번 현금을 찾으려 시도하면 확률 0.5 이상으로 찾을 수 있을까 하는 문제에서는 비밀번호는 0000부터 9999까지 모두 10000개이다. 따라서 $n=10000$이고 위 결론에 의하여 117회 시도하면 확률 0.5이상으로 비밀번호를 맞추어 현금을 찾을 수 있게 된다.

예제 4.4.1과 같은 논리 때문에 카드 분실자를 보호하기 위하여 하루에 3회 이상 비밀번호가 틀리면 카드를 사용할 수 없도록 하고 있다. 실제로 카드를 잃어버리고 39일이 되면 현금을 도난 당할 확률은 0.5이상이 되므로, 카드를 분실했을 때에는 바로 신고를 하여야 한다.

한편, 일반적으로 사람들은 비밀번호를 설정할 때에 생일, 주민등록번호, 학번, 군번 또는 전화번호 등을 사용하여 만드는 경우가 대부분이므로 이론보다 빨리 비밀번호가 노출된다. 독자들은 비밀번호를 설정할 때 주의하여야 한다. 실제로 현재 중요한 패스워드는 6자리 이상을 사용하고 알파벳을 반드시 넣도록 요구하는 것은 이와 같은 추측에 의한 노출 및 생일모순으로부터 조금이라도 안전하게 하려는 것이 목적임을 이해하는 것도 현대인이 알아야 할 상식이다. 제 8 장을 참조하기 바란다.

(2) 마 방 진

다음과 같은 문제는 초등학교 참고서에서부터 나오기 시작한다.

예제 4.4.2 다음 쪽의 오른쪽 그림과 같이 9개의 정사각형으로 이루어진 모양에 1부터 9까지의 수를 꼭 1회 사용하여 가로로 이어진 3개의 숫자들, 세로로 이어진

3개의 숫자들과 대각선으로 이루어진 3개의 숫 자들의 합이 같도록 빈칸에 숫자를 넣어 보자. 1+2+⋯+9=45이므로 가로로 이어진 3개의 숫자들, 세로로 이어진 3개의 숫자들과 대각선으로 이루어진 3개의 숫자들의 합은 15이다. 이들 중에 주어진 조건을 만족시키는 수는 위 왼쪽으로부터 차례로 8, 1, 6, 3, 5, 7, 4, 9, 2이다.

예제 4.4.2와 같이 1, 2, 3, ⋯, n^2을 1번씩 사용하여 가로로 이어진 n개의 숫자들, 세로로 이어진 n개의 숫자들과 대각선으로 이루어진 n개의 숫자들의 합이 일정한 사각형을 **마방진**(magic square) 이라 한다. $n=4$인 경우와 $n=5$인 경우는 [그림 4.11]과 같다.

16	3	2	13
5	10	11	8
9	6	7	12
4	15	14	1

17	24	1	8	15
23	5	7	14	16
4	6	13	20	22
10	12	19	21	3
11	18	25	2	9

[그림 4.11] $n=4$와 $n=5$인 마방진

평면 위에서의 마방진은 높이를 포함시킨 정육면체로 확장될 수 있다. 이들에 관하여는 참고문헌을 참조하기 바란다.

(3) 4색 문제

평면지도에서는 행정구역이 다른 지역을 구별하는 경계선 대신에 영역에 따라 색을 칠하여 구분하려 한다. 어떠한 모양의 지도에서도 영역을 구별하려면 최소 몇 가지 색깔이 필요할까? 이에 대한 문제는 조합론에서 유명한 문제 중에 하나로 1850년 런던 수학회에서 구스리(F. Guthrie)가 4색이면 충분하지 않을까? 라는 추정을 최초로 제기하였으며, 1976년 6월에 미국의 수학자 아펠과 하켄이 4색이면 된다라고 증명하였다. 4색 정리의 증명법은 기존의 수학 증명법과 완전히 다른 획기적인 것으로 증명은 이론적으로는 난해하지 않지만, 이 문제를 해결하는 아이디어로 [그림 4.12]에서와 같이 '영역을 점으로 경계선을 선으로' 대응시킴으로서 수학적 관계를 단순화시켜 나타내고 컴퓨터에 의하여 방대한 쪽수를 가지는 증명법을 발견하였으며, 이 문제를 해결하는 과정에서 오늘날 그래프 이론을 발전시키는 계기가 되었다.

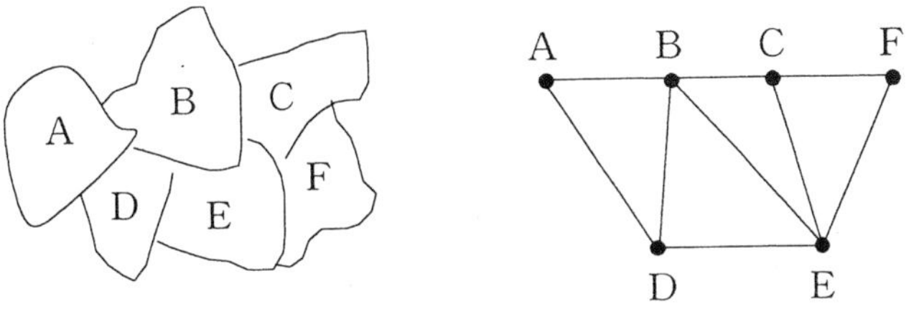

[그림 4.12] 지도와 대응되는 그래프

[참고] 4색 문제는 1850년 구스리가 처음 제안했으며, 1890년 하우드(P. J. Heawood)는 5색이면 충분하다는 것을 증명하였다. 이후 1967년 오어(O. Ore)에 의하여 그래프 문제로 변환하여 1976년 아펠(K. Appel)과 하켄(W. Haken)에 의하여 1200 시간 컴퓨터를 사용하여 완전히 증명하였다.

(4) 라틴 사각형

군부대에서 부대별 계급별 구분하여 줄을 세우는 다음 문제는 **오일러**(L. Euler)에 의하여 제안되었다.

[물음] 사단에서 1연대부터 6연대까지 여섯 연대에서 각각 소위부터 대령까지 여섯 계급의 장교가 모인 36명의 장교를 6열 횡대로 배열할 때 각 열과 각 행에 나열된 장교는 같은 연대출신이 없고 같은 계급이 없도록 배열할 수 있는가?

이 물음의 답은 쉽지 않으며, 간단한 예를 먼저 살펴보자. 이를테면 위의 문제를 세 연대와 세 계급으로 제한하고 물음과 같이 9명의 장교를 3열 횡대로 세운다고 하자. 먼저 9명의 장교는

1 연대 : 소위, 중위, 대위
2 연대 : 소위, 중위, 대위
3 연대 : 소위, 중위, 대위

와 같고, 각 장교를 소속과 계급으로 나타내면 [그림 4.13]과 같고

(1, 소위)	(1, 중위)	(1, 대위)		(1, 1)	(1, 2)	(1, 3)
(2, 소위)	(2, 중위)	(2, 대위)		(2, 1)	(2, 2)	(2, 3)
(3, 소위)	(3, 중위)	(3, 대위)		(3, 1)	(3, 2)	(3, 3)

[그림 4.13] 9명의 장교의 소속과 계급 및 순서쌍

이들 계급을 수로 표현하면 [그림 4.13]과 같은 순서쌍으로 표현할 수 있으며 문제의 조건에 맞는 나열은 각 행과 각 열의 두 성분에 같은 수를 가지지 않도록 나열되어야 하며 결과는 [그림 4.14]와 같다.

(1, 1)	(2, 2)	(3, 3)		(1, 소위)	(2, 중위)	(3, 대위)
(3, 2)	(1, 3)	(2, 1)		(3, 중위)	(1, 대위)	(2, 소위)
(2, 3)	(3, 1)	(1, 2)		(2, 대위)	(3, 소위)	(1, 중위)

[그림 4.14] 9명의 장교의 위치

이 문제를 확장하여 일반화하면, 1부대부터 n부대까지 n부대에서 각각 소위부터 적당한 계급까지 n계급의 장교가 모인 n^2명의 장교를 n열 횡대로 배열할 때 각 열과 각 행에 나열된 장교는 같은 부대출신이 없고 같은 계급이 없도록 배열하는 문제가 된다. 이를 이론적으로 정리하기 위하여 소속부대와 계급을 각각 숫자로 표현한다.

이를테면, $n=3$인 경우에 좌표계의 순서를 각각 떼어 놓은 다음의 L과 K를 **라틴 사각형**이라 한다.

$$L: \begin{matrix} 1 & 2 & 3 \\ 3 & 1 & 2 \\ 2 & 3 & 1 \end{matrix} \text{과} \quad K: \begin{matrix} 1 & 2 & 3 \\ 2 & 3 & 1 \\ 3 & 1 & 2 \end{matrix}$$

이 문제는 두 라틴 사각형 L과 K를 조합하여 성분으로 표시한 벡터가 임의의 열과 임의의 행을 기준으로 할 때 두 성분이 모두 다른 원소가 되는 경우로 나열하는 문제이다. 이와 같이, 두 성분이 모두 다른 원소가 되는 나열을 **직교 라틴 사각형**이라 한다. 이를테면 세 부대와 세 계급으로 제한한 경우인 위의 예에서는 L과 K가 직교 라틴 사각형이다.

이 문제를 두 부대에서 온 두 계급으로 제한해 보면

$$\begin{matrix} 1 & 2 \\ 2 & 1 \end{matrix} \quad \begin{matrix} 2 & 1 \\ 1 & 2 \end{matrix} : \text{2개의 라틴 사각형}$$

이고 여기에서 만들어지는 어떤 나열도 직교 라틴 사각형이 될 수 없다.

이 문제는 18세기에 오일러(Euler)가 제안하고 n이 홀수이거나 4의 배수이면 직교 라틴 사각형이 존재함을 증명하였으며, $n=4k+2$, $(k\geq1)$일 때 직교 라틴 사각형이 존재하지 않는다고 제안하였다. 이후 1901년 태리(G. Tarry)가 $n=6$일 때에 오일러의 제안이 사실임을 증명하였으나 1960년 보제(R. C. Bose), 파거(E. T. Parker)와 쉬리크핸드(S. S. Shrikhande)가 $n>6$일 때 오일러의 제안이 거짓임을 증명하였다. 즉, n이 2와 6인 경우를 제외하면 항상 직교 라틴 사각형이 존재한다는 사실이 증명되었다.

(5) 판매원 문제

X시에서 Y시까지 가는 방법이 [그림 4.15]와 같다. 알파벳은 도시를 나타내는 기호이고 선 위에 있는 숫자는 거리 단위이다. 한 번 지난 길은 다시 지나지 않을 때 X시에서 Y시까지 가는 방법은 몇 가지이고 최소 거리는 몇 단위인가?

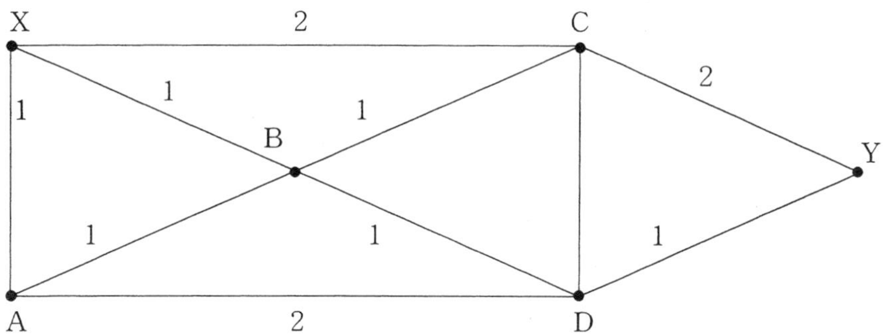

[그림 4.15] X시에서 Y시까지 가는 방법

X시에서 Y시까지 가는 방법을 나열하면

X C Y : 4　　X C B D Y : 5　　X C B A D Y : 7
X C D Y : 4　　X B C Y : 4　　X B C D Y : 4
X B D Y : 3　　X B A D C Y : 7　　X B A D Y : 5
X A D Y : 4　　X A D C Y : 6　　X A D B C Y : 7
X A B C Y : 5　　X A B C D Y : 5　　X A B D C Y : 6

이다. 따라서 X에서 Y까지의 최소거리는 X B D Y로 3단위이다. 한편, X에서 모든 도시를 거쳐서 Y에 이르는 최소 거리는 X A B C D Y로 5단위이다.

이 예의 경우에 'X에서 Y에 이르는 최소 거리'를 구하는 문제는 '모든 도시를 거쳐 X에서 Y에 이르는 최소 거리'를 구하는 문제와 비교하여 간단하나, 일반적으로 보다 많은 도시가 있을 때에는 두 문제 모두 간단하지 않다. 이 두 문제는 여러 곳에 응용된다. 이를테면, 'X에서 Y에 이르는 최소 거리'를 구하는 문제는 운전자가 출발지에서 도착지까지 최소 거리가 되는 길을 선택함으로서 시간, 비용 등을 최적화하는데 적용할 수 있고 '모든 도시를 거쳐 X에서 Y에 이르는 최소 거리'를 구하는 문제는 방문 판매원이 모든 고객을 만날 때 시간, 비용 등을 최적화하는데 이용된다. 이러한 관점에서 두 번째 문제를 **판매원 문제**(salesmans' problem)이라고도 한다. 이와 같은 문제는 공장의 자동화, 회사의 고객관리, 기관의 업무 효율화, 우편배달부의 편지배달 등에 이용된다.

(6) 쾨니히스베르그의 다리

오일러가 1736년 발표하였던 다음 문제는 쾨니히스베르그의 다리 문제로 유명하다.

쾨니히스베르그의 옛 도시는 [그림 1.7]과 같이 프레겔 강에 두 개의 섬과 이들 섬을 잇는 다리를 따라 도시의 네 부분이 7개의 다리로 연결되어 있다. 이 도시를 산책하던 사람이 호기심에서 자신의 집에서 출발하여 7개의 다리 모두를 꼭 한번씩만 통과하여 자신의 집으로 돌아오는 것이 가능할까 하고 생각하였다.

이 문제를 해결하는데 오일러는 이 도시의 지도를 [그림 4.16]과 같은 그래프로 변환하여 생각하였다. 그림과 같이 길은 선(모서리라 함)으로 네 영역은 점(꼭지점이라 함)으로 표현이 가능하여 이 문제는 어느 지점에서 시작하여 모든 선을 한 번씩만 지나서 다시 그 지점으로 돌아오는 문제로 변환된다. 즉, 중등학교에서 다루는 한 붓 그리기 문제로 변환되어 쉽게 답을 알 수 있었지만, 오일러가 당시에 이와 같은 변환을 통하여 그래프 이론을 이용하여 해결할 때까지는 어려운 문제 중에 하나였다. 이 문제는 다음 정리 '위의 그림같이 연결된 그래프에서 한 붓 그리기가 가능할 필요충분조건은 모든 꼭지점에 연결되어 있는 모서리의 개수가 짝수이다.'에 의하여 쉽게 해결된다.

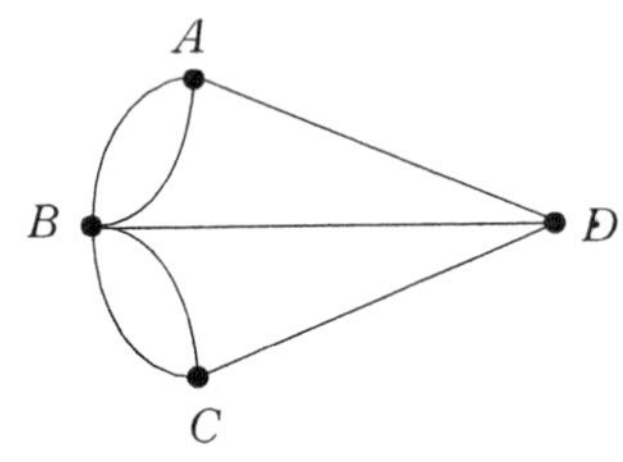

[그림 4.16] 19쪽 [그림 1.8]의 그래프

5 유한기하

초중고에서 배운 기하는 평행선 공리에 의존한 유크리드(Euclid) 기하이다. 3차원에서의 사고 및 건축물 등에 유클리드 기하의 원리들이 중요하게 응용되는 반면에 평행선의 공리를 인정하지 않는 비유클리드 기하가 오늘날 다양한 분야에서 중요하게 응용되고 있다. 일반적인 비유클리드 기하는 주어진 공리에 따라 다양하게 전개되고 있어 이해에 어려움이 있다. 이 장에서는 정보통신이론을 포함하는 다양한 분야에서 응용되는 비유클리드 기하 분야로서 손쉽게 접근하고 이해할 수 있는 유한 기하를 설명하고 유한기하의 예인 그래프이론에 관하여 다룬다.

비유클리드 기하

우리가 고등학교 과정까지 배운 기하는 소위 평행선의 공리를 만족하는 유클리드 기하였으며 평행선 위에서 엇각, 동위각 등에 관한 성질, 평행사변형, 마름모, 직사가형, 직육면체 등을 다루며 유클리드 기하만이 존재하는 것으로 대부분의 사람은 알고 있다. 그러나, 실제로 비유클리드 기하의 여러 영역이 있으며 또한 다양하게 응용되고 있다. 오늘날 주로 연구되고 있는 영역은 비유클리드 기하이며, 이 장도 비유클리드 기하로 구성되어 있다. 다음에 열거되는 그림은 이 장에서 설명하는 종류와는 다른 비유클리드 기하의 모형이다. 이 도형들의 특징은 안과 밖이 따로 없는 것을 알 수 있다.

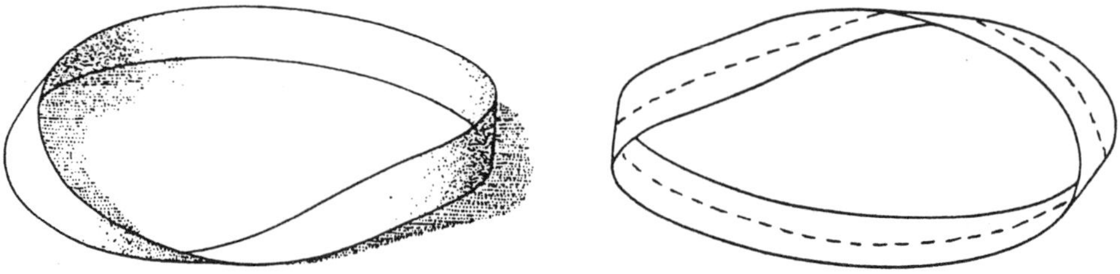

뫼비우스 띠

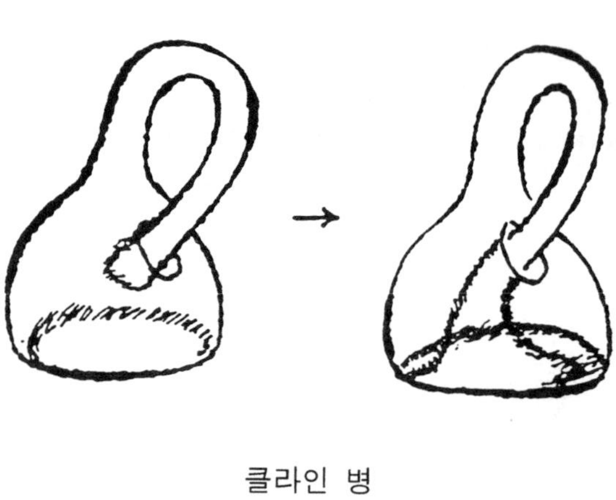

클라인 병

5.1 공리계와 공간

초중고에서 배운 기하학과 달리, 유한개의 점들의 집합과 이 집합의 부분집합들의 모임으로 이루어진 순서쌍을 **유한기하** 또는 **유한공간**이라 한다. 적당한 조건(공리계)을 만족하는 유한기하는 조합론, 그래프이론 및 정보통신이론 등에 다양하게 응용된다.

유한공간 또는 유한기하는 적당한 조건을 만족하는 집합의 순서쌍이다. 즉, 공간은 적당한 유한 집합 P와 P의 적당한 조건을 만족하는 부분집합들로 이루어진 집합 L로 이루어진 순서쌍 $S=(P, L)$로 표현된다. 이때, S를 공간, P의 원소를 **점**(point), P의 부분집합을 원소로 가지는 집합 L의 원소를 **선**(line)이라 한다. 공간 S를 결정하는 집합 P와 L을 결정하는 적당한 조건들의 집합을 **공리계**라 하고 각 조건을 **공리**라고 한다. 특히, n개의 점과 k개의 선으로 이루어진 기하를 ***n*점 *k*선 기하**라고 한다.

예제 5.1.1 3점의 집합 $P=\{1, 2, 3\}$에 의하여 만들어지는 공간을 생각해보자. 집합 P의 부분집합들의 집합 $\wp(P)=\{A|A\subset\{1, 2, 3\}\}$은 8개의 원소를 가지므로, 선들의 집합 $L\subset\wp(P)$은 모두 2^8가지를 생각할 수 있다. 즉, 3점을 가지는 유한기하는 모두 2^8가지를 생각할 수 있다. 이들 중 가장 간단한 공간은 (P, ϕ)이고 선의 집합이 가장 큰 공간은 $(P, \wp(P))$로 그림으로 나타내면 [그림 5.1]과 같다.

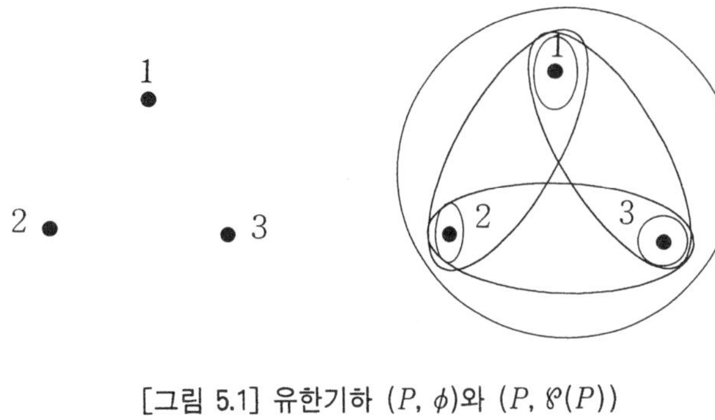

[그림 5.1] 유한기하 (P, ϕ)와 $(P, \wp(P))$

한편, 세 점 1, 2, 3을 가지는 공간

$$S=(\{1, 2, 3\}, \{\{1, 2\}, \{2, 3\}, \{1, 3\}\})$$

은 [그림 5.2]와 같이 선을 선분의 형태로 나타낼 수 있다.

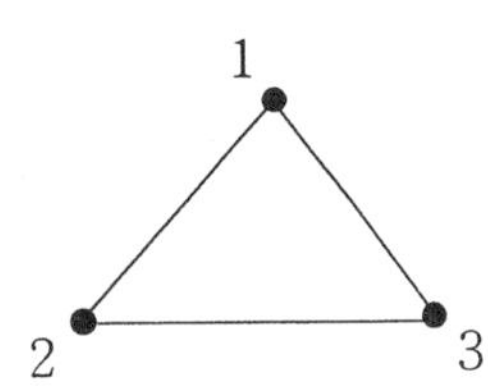

[그림 5.2] 공간 S

예제 5.1.1에서 알 수 있는 것처럼 3점을 포함하는 공간이 2^8가지이며 점의 개수가 늘어나면, 생각할 수 있는 공간의 수는 기하급수적으로 늘어난다. 이들 중에 유용한 응용을 주는 공간이 유한 기하의 연구대상이 된다. 실제로, (P, ϕ)는 특수한 공간으로 응용성은 약한 반면에 [그림 5.2]와 같은 공간은 유용한 공간으로 이의 일반화된 공간은 다양한 응용을 가진다. 이와 같은 유용한 공간 L을 결정하는 조건 즉, 공리들이 필요하다. 이를테면, [그림 5.2]를 만족하는 공간

$$(\{1, 2, 3\}, \{\{1, 2\}, \{2, 3\}, \{1, 3\}\})$$

에 대한 공리계를 아래와 같이 생각할 수 있다.

공리 1 : 세 점 $\{1, 2, 3\}$을 가진다.
공리 2 : 임의의 선은 서로 다른 두 점 위에 있다.
공리 3 : 각 점은 두 선 위에 있다.

이제 역으로 위의 세 공리를 만족하는 공간을 생각해보면, 예제 5.1.1에서 생각하는 2^8가지 중에 확인하면, $(\{1, 2, 3\}, \{\{1, 2\}, \{2, 3\}, \{1, 3\}\})$뿐임을 알 수 있다.

이제 공리계에 관하여 살펴보자. 주어진 공리들을 만족하는 공간 $S=(P, L)$가 존재하는 P와 L에 대한 공리계를 **무모순의 공리계**라 하고, 그렇지 않은 공리계를 **모순의 공리계**라 한다. 다음 예제는 모순의 공리계의 예이다.

예제 5.1.2 다음과 같은 세 공리

공리 1 : 5개의 점들과 6개의 선들이 존재한다.
공리 2 : 각 점은 하나의 선 위에 있다.
공리 3 : 각 선은 하나의 점을 포함한다.

를 만족하는 공간을 생각하면, 공리 2와 공리 3을 만족하려면 점의 개수와 선의 개수가 같아야 하므로 공리 1에 모순이다.

따라서 이와 같은 공간은 존재하지 않으므로 이 공리계는 모순의 공리계이다.

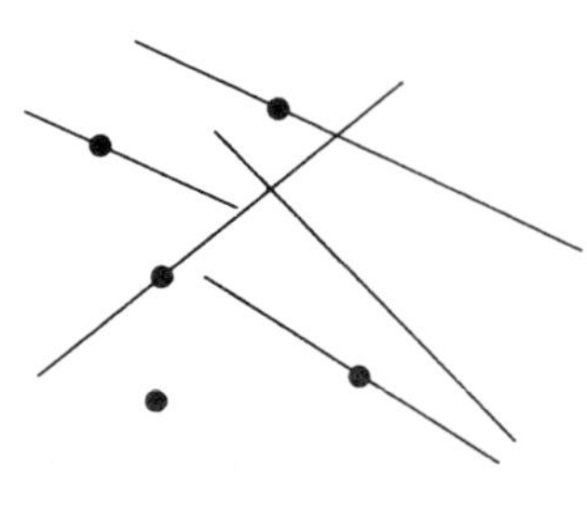

[그림 5.3] 모순의 공리계

이제 지금까지 알고 있는 공간과는 다른 특수한 예로서 다양하게 응용되고 있는 무모순의 공리계를 설명한다.

예제 5.1.3 다음과 같은 공리

공리 1 : 7개의 점들과 7개의 선들이 존재한다.
공리 2 : 각 점은 세 선 위에 있다.
공리 3 : 각 선은 세 점을 포함한다.

를 만족하는 공리계를 생각해 보면, 7개의 점의 집합을 {1, 2, 3, 4, 5, 6, 7}으로 생각할 때, 7개의 선이

{1, 2, 4}, {1, 7, 3}, {1, 5, 6}, {2, 5, 3}, {2, 7, 6}, {3, 4, 6}, {4, 5, 7}

인 경우뿐이다. 이 공간을 **파노 평면**(Fano plane)이라 하고, [그림 5.4]와 같이 나타낸다.

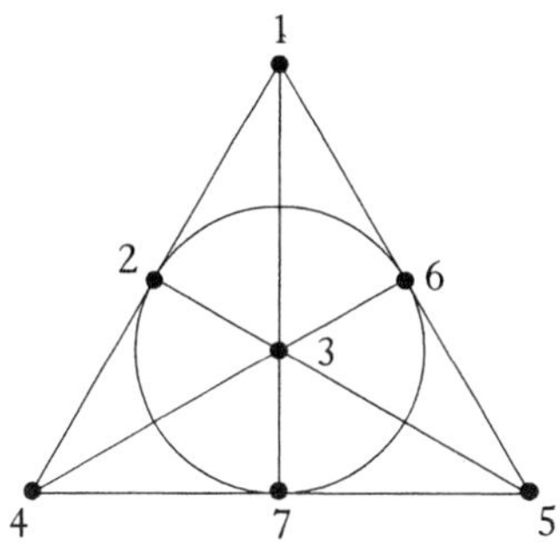

[그림 5.4] 파노 평면

파노 평면은 뒤에 설명될 사영공간의 가장 간단한 예로서 많은 응용을 가진다. 예제 5.1.3과 같은 공리계를 만족시키는 유한기하를 찾는 일은 수학을 어느 정도 알고 있는 독자가 아니면 쉽지 않다. 위 예제에서 선 {2, 6, 7}을 제외하면 선분의 형태로 나타낼 수 있다.

공리계에서 어느 공리도 그 공리계의 나머지 공리들로부터 증명 또는 유도할 수 없는 성질을 **공리의 독립성**(independence of axioms)이라 하고 독립된 공리만으로 구성되는 공리계를 **독립 공리계**라 한다. 반면에, 적당한 공리가 존재하여 그 공리가 공리계의 나머지 공리들로부터 증명할 수 있는 공리계를 **종속 공리계**라 한다. 일반적으로 어떤 모델을 가지는 공리계를 서술할 때에 독립의 공리계로 간단하게 나타내는 것이 좋다.

예제 5.1.4 다음과 같이 주어진 공리

공리 1 : 6개의 점들과 4개의 선들이 존재한다.
공리 2 : 각 점은 기껏해야 4개의 선 위에 있다.
공리 3 : 각 선은 두개의 점을 포함한다.

를 만족하는 공리계에서, 공리 2는 공리 1로부터 바로 얻을 수 있으므로 이 공리계는 종속이다.

예제 5.1.4를 만족하는 모델은 [그림 5.5]와 같이 여러 가지가 있다. 이들을 찾는 문제 또한 앞에서 다룬 조합론 문제이다.

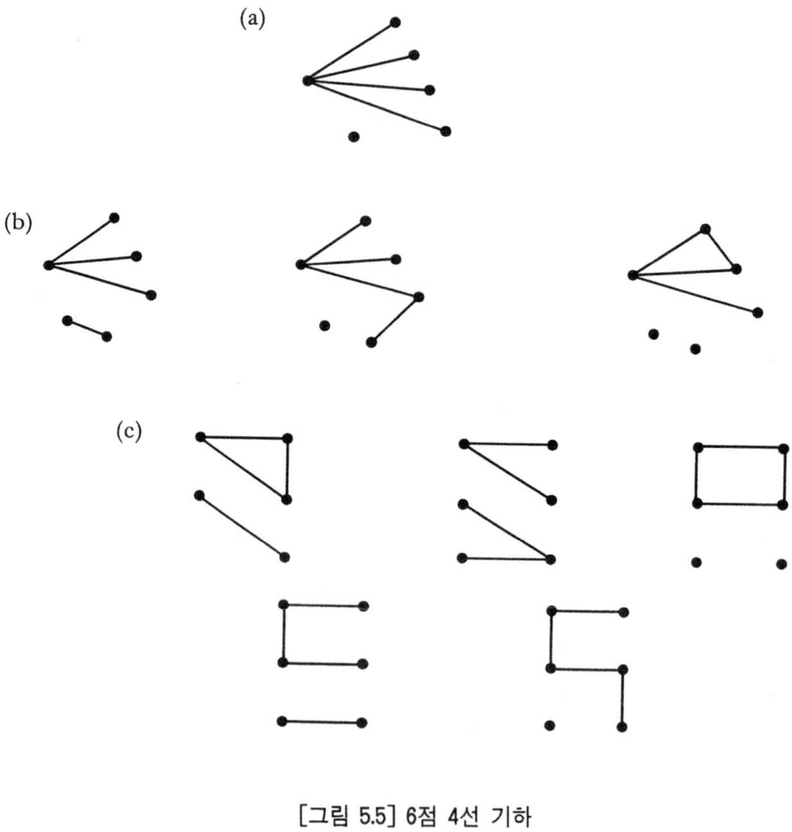

[그림 5.5] 6점 4선 기하

5.2 선형 공간

앞 절에서 설명한 것처럼 공간 또는 기하의 예는 무한히 많이 존재하지만, 모두가 유용한 것은 아니다. 이제 이들 공간 중에 적당한 성질을 만족하는 공간들에 관하여 알아보자. 이들 중에 조건이 적은 다음과 같은 공간이 있다.

《정의 5.2.1》

공간 $S=(P, L)$이 다음 두 공리

NL1 : 임의의 선은 적어도 두 점을 가진다.
NL2 : 두 점은 기껏해야 하나의 선 위에 있다.

를 만족할 때, 이 공간을 **준선형공간**(near linear space)이라고 한다.

앞 절의 예제 5.1.1에서 공간 (P, ϕ)은 선이 없으므로 NL1과 NL2를 만족하므로 준선형공간이다. 또한, 공간 $(P, \wp(P))$에서 1과 2를 포함하는 선은 $\{1, 2\}$와 $\{1, 2, 3\}$ 두 개이므로 NL2를 만족하지 않고, 선 $\{1\}$은 한 점만 가지므로 NL1도 만족하지 않는다. 따라서 준선형공간이 아니다. 그러나 [그림 5.2]와 같은 공간은 준선형공간이다.

이제 다음과 같은 우리에게 낯익은 무한기하를 생각해 보자.

예제 5.2.1 다음과 같은 점과 선

$P=\{(x, y) \mid x, y \in R\}$
$L=P$에서의 보통 직선의 집합

으로 이루어진 공간 $S=(P, L)$에서 직선은 무한히 많은 점을 포함하므로 NL1을 만족하고 임의의 서로 다른 두 점 위에 있는 선은 꼭 하나이므로 NL2를 만족한다. 따라서 이 공간은 준선형공간이다.

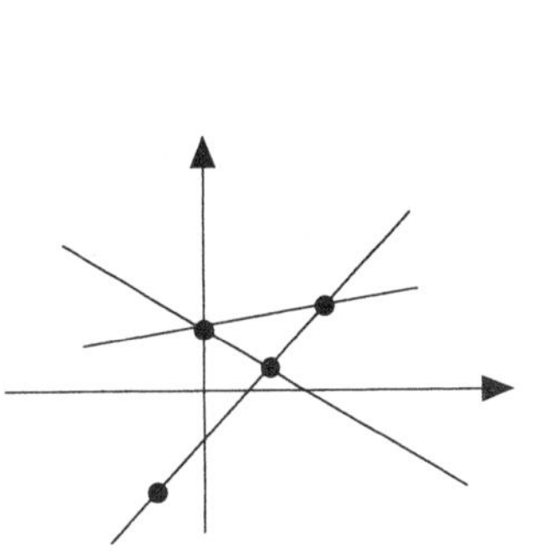

[그림 5.6] 유클리드 평면

모든 선이 꼭 두 점을 가지는 준선형공간을 **그래프**(graph)라 한다. 이를테면, 예제 5.1.4에 주어진 모든 공간은 그래프이나 예제 5.1.3에 주어진 파노 평면은 모든 선이

3점을 가지므로 그래프가 아니다. 그래프이론에서 점은 **꼭지점**(vertex)이라 하고 선은 **모서리**(edge)라고 한다.

예제 5.2.2 공간 $S=(P, L)$

$$P=\{1, 2, 3, 4, 5\},$$
$$L=\{\{i, j\} \mid i, j \in P \text{이고 } i \neq j\}$$

은 준선형공간이며 그래프이다.

이와 같이 임의의 두 점이 선을 이루는 그래프를 **완전그래프**(perfect graph)라 한다.

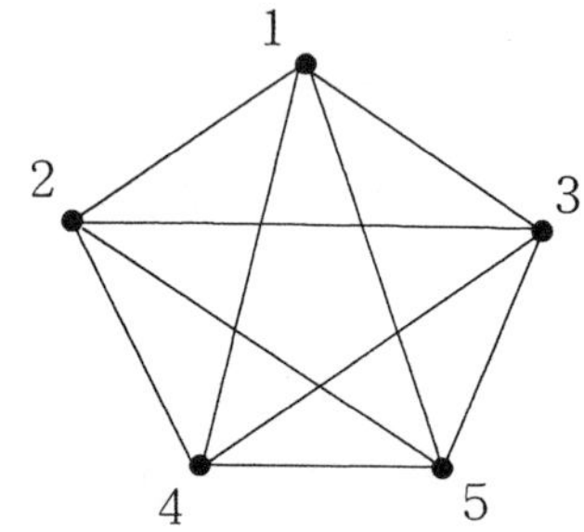

[그림 5.7] 5점을 가지는 완전그래프

3점의 집합 $P=\{1, 2, 3\}$에 의하여 만들어지는 공간은 예제 5.1.1에서 모두 2^8가지가 있음을 설명하였다. 이제, 3점의 집합 $P=\{1, 2, 3\}$에 의하여 만들어지는 준선형공간을 생각해보면, 먼저 NL1이 성립하므로 L은 $\{\{1, 2\}, \{1, 3\}, \{2, 3\}, \{1, 2, 3\}\}$의 부분집합이다. 또한, NL2를 만족하여야 하므로 $\{1, 2, 3\}$을 선으로 가지는 경우 다른 선을 가질 수 없다. 따라서, 세 점의 집합에 의하여 만들어지는 준선형공간은 $\{\{1, 2\}, \{1, 3\}, \{2, 3\}\}$의 부분집합으로 이루어지는 8가지와 선의 집합이 $\{\{1, 2, 3\}\}$인 경우를 포함한 9가지이다. 그림으로 나타내면 [그림 5.8]과 같다. 한편, 세 점의 집합에 의하여 만들어지는 그래프는 $\{\{1, 2\}, \{1, 3\}, \{2, 3\}\}$의 부분집합으로 이루어지는 8가지이며, 완전그래프는 1가지이다.

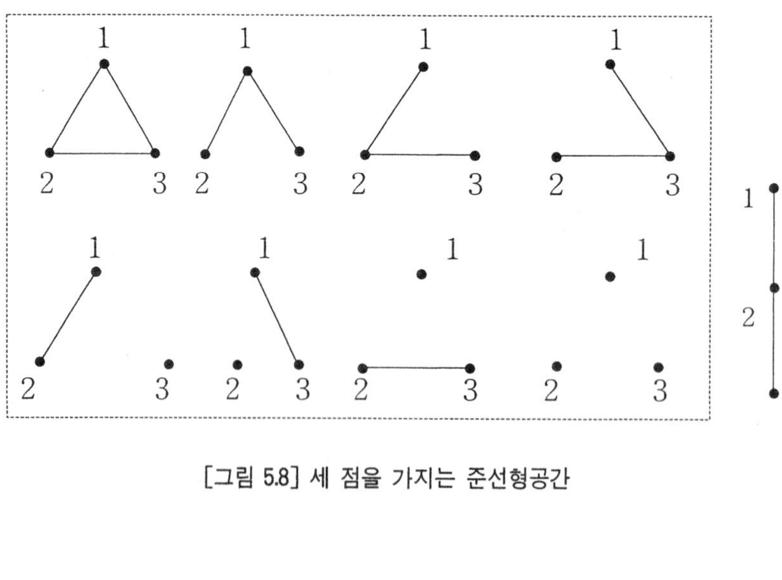

[그림 5.8] 세 점을 가지는 준선형공간

준선형공간보다 강한 조건을 만족하는 공간이 선형공간이다. 즉,

《정의 5.2.2》

공간 $S=(P, L)$가 다음 두 공리

L1 : 임의의 선은 적어도 두 점을 가진다.
L2 : 두 점은 꼭 하나의 선 위에 있다.

를 만족할 때, 이 공간을 **선형공간**(linear space)이라고 한다.

이 정의에서 L1은 NL1과 같음을 알 수 있다. 또한 L2를 만족하면 NL2를 만족하는 것을 쉽게 알 수 있으므로 선형공간은 준선형공간이다. 준선형공간이 선형공간이 되기 위해서는 임의의 두 점을 지나는 선은 꼭 하나 존재해야한다.

예제 5.2.3 공간 $S=(P, L)$에서

$P=\{(x, y)\,|\,x, y\in R\}$
L$=P$에서의 보통 직선의 집합

이면, 이 공간은 선형공간이다.

앞 절에서 설명한 파노 평면과 완전그래프는 선형공간이다. 그러나 예제 5.1.4에서 주어진 그래프들은 완전그래프가 아니므로 선형공간이 아니다.

준선형공간과 선형공간에서 두 선의 관계를 살펴보면, 한 점을 지나는 선의 개수는 제약이 없으므로 두 선은 만날 수도 있고 만나지 않을 수도 있다. 두 점을 지나는 선은 기껏해야 하나이므로 두 선이 만난다면 반드시 한 점에서 만난다. 즉, 우리에게 익숙한 유클리드 기하와 유사하다.

한편, 3점의 집합 $P=\{1, 2, 3\}$에 의하여 만들어지는 선형공간은 준선형공간이고 L2를 만족하므로 L은 하나의 선으로 이루어지거나 $\{\{1, 2\}, \{1, 3\}, \{2, 3\}\}$을 포함하여야야 하므로

$$L=\{\{1, 2, 3\}\} \text{ 또는 } L=\{\{1, 2\}, \{1, 3\}, \{2, 3\}\}$$

의 2가지이다.

임의의 두 선이 공통부분이 없을 때, 즉 두 선이 만나지 않을 때 두 선은 **평행**하다고 한다. 이를테면, 예제 5.2.2에서 두 선 {1, 2}와 {3, 4}는 평행하며, 두 선 {1, 2}와 {3, 5} 또한 평행하다. 따라서 선 {1, 2}와 평행하고 점 3을 지나는 선은 {3, 4}와 {3, 5} 두 개이다. 즉, 평행선의 공리 '주어진 직선과 그 위에 있지 않은 한 점을 지나는 평행선은 유일하다'는 예제 5.2.2에서 성립하지 않는다. 즉, 예제 5.2.2에 주어진 유한기하는 유클리드 기하는 아니다. 따라서 선형공간은 유크리드 공간이 아닌 것을 알 수 있다.

예제 5.2.4 오른쪽 [그림 5.9]와 같이 4점에 의하여 만들어지는 완전그래프는 평행선의 공리를 만족한다. 여기서 두 선의 쌍 {1, 2}와 {3, 4}, {1, 3}과 {2, 4}, {1, 4}와 {2, 3}은 각각 평행하다.

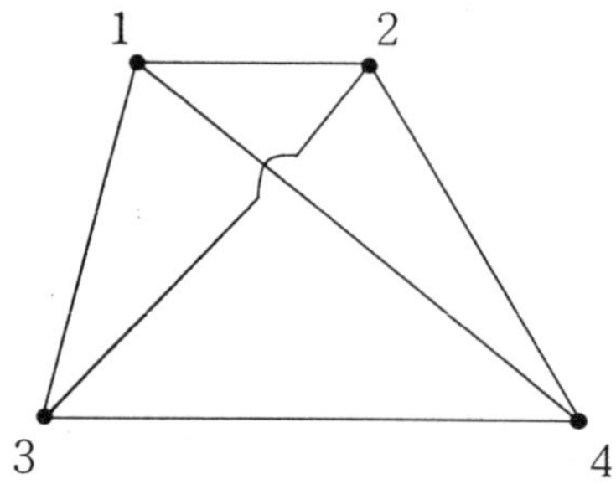

[그림 5.9] 4점을 가지는 완전그래프

지금까지 설명한 용어를 그림으로 나타내면 다음과 같다.

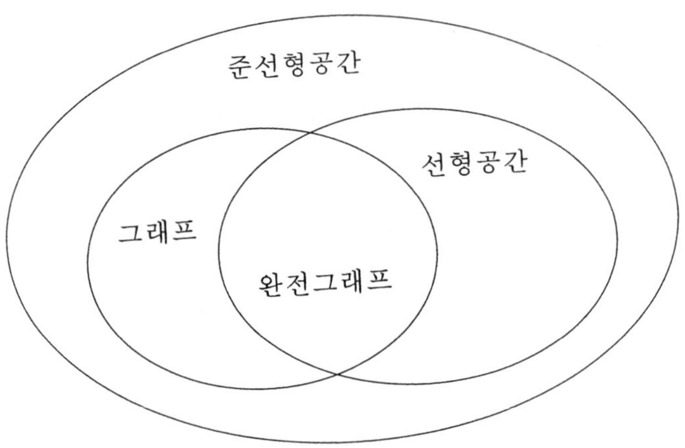

[그림 5.10] 준선형공간과 선형공간

5.3 사영공간

제 2 절에서 설명한 것처럼 임의의 서로 다른 두 선은 꼭 한 점에서 만날 수도 있고 만나지 않을 수도 있다. 선형공간 $S=(P, L)=(\{1, 2, 3\}, \{\{1, 2\}, \{1, 3\}, \{2, 3\}\})$에서 임의의 두 선은 반드시 만난다. 그러나 $P=\{1, 2, 3, 4\}$와 $L=\{\{1, 2\}, \{1, 3\}, \{1, 4\}, \{2, 3\}, \{2, 4\}, \{3, 4\}\}$인 선형공간 $S=(P, L)$에서 $\{1, 2\}$와 $\{1, 3\}$은 서로 만나지만, $\{1, 2\}$와 $\{3, 4\}$는 서로 만나지 않는다. 이제 임의의 두 선이 항상 만나는 선형공간 중에 다음과 같이 정의되는 공간은 여러 분야에서 응용된다.

《정의 5.3.1》

선형공간 $S=(P, L)$가 공리

P1 : 임의의 두 선은 만난다.

P2 : 어느 세 점도 동일 선 위에 있지 않은 네 점이 존재한다.

를 만족할 때, **사영공간**(projective space)이라 한다.

사영공간에서는 유클리드 기하학에서 만족하는 평행선의 공리가 성립하지 않는다. 즉, 사영공간기하는 비유클리드 기하의 한 예이다.

이제 정의 5.3.1을 만족하는 예를 만들어 보자. 먼저 공리 P2에 의하여 이 공간은 적어도 [그림 5.11]과 같이 4점이 존재한다.

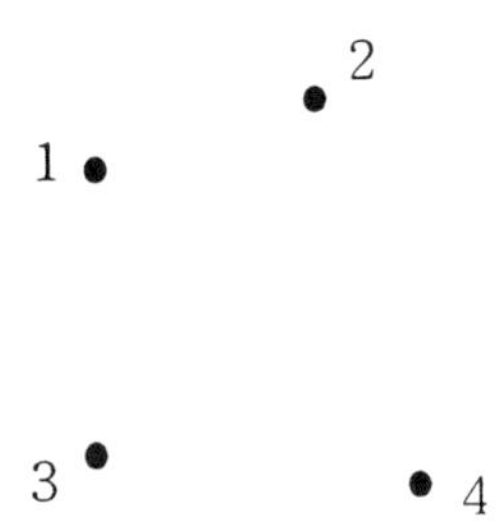

[그림 5.11] 동일선 위에 있지 않은 4점

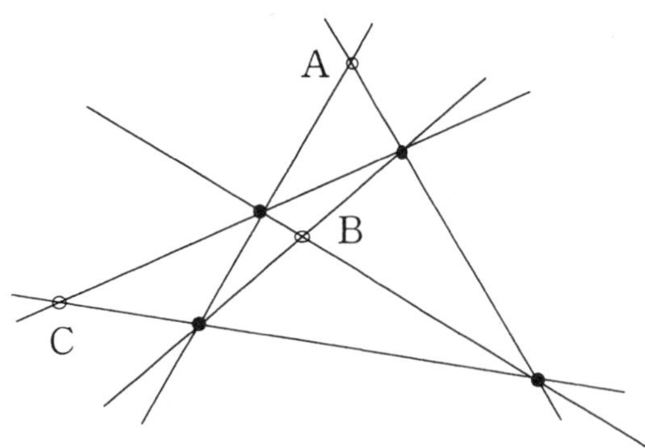

[그림 5.12] 4점 이상을 가지는 사영공간

이 공간은 P2를 만족하는 선형공간이므로 6개 이상의 서로 다른 직선 {1, 2}, {1, 3}, {1, 4}, {2, 3}, {2, 4}, {3, 4}가 존재한다. 따라서 P1에 의하여 [그림 5.12]와 같이 세 점 A, B, C가 존재하여 적어도 7개 이상의 점들이 존재한다. 이어서 L1과 P1을 연속적으로 적용하면 무한개의 점과 무한개의 직선으로 이루어진 모양이 되거나 다음에 설명하는 두 예와 같은 규칙에 의한 모양이 된다. 무한개의 점과 무한개의 직선으로 만들어지는 예는 이 책의 수준을 넘으므로 간단하게 설명한다.

위에서 설명한 것처럼 사영공간이 되려면 적어도 7개 이상의 점과 7개 이상의 선이 필요하다. 다음 예제를 생각하여 보자.

예제 5.3.1 예제 5.1.3에서 다룬 다음과 같은 공리

공리 1 : 7개의 점들과 7개의 선들이 존재한다.
공리 2 : 각 점은 세 선 위에 있다.
공리 3 : 각 선은 세 점을 포함한다.

를 만족하는 파노 평면을 생각하여 보면, 임의의 두 선은 반드시 한 점에서 만나므로 파노 평면은 사영공간이다.

이제 다음 공리

공리 1 : 각 점은 네 선 위에 있다.
공리 2 : 각 선은 네 점을 포함한다.

를 만족하는 사영공간을 생각해 보면, 다음 쪽 [그림 5.13]과 같이 13개의 점과 13개의 선을 가지는 공간이 된다. 일반적으로 이 공리를 일반화하여

공리 1 : 각 점은 $n+1$ 선 위에 있다.
공리 2 : 각 선은 $n+1$ 점을 포함한다.

를 만족하는 사영공간을 생각하면, 전체 점의 개수와 선의 개수가 같이 n^2+n+1개이다. 이 공간은 디자인 이론(design theory)에 많은 응용을 가진다.

중·고등학교 시절에 배운 평면공간은 사영공간이 아니다. 즉, 한 정점에서 주어진 직선에 평행한 직선이 꼭 하나 존재한다는 **평행선의 공리**는 P1을 만족시킬 수 없다. 즉, 예제 5.3.2는 사영공간이 아니다.

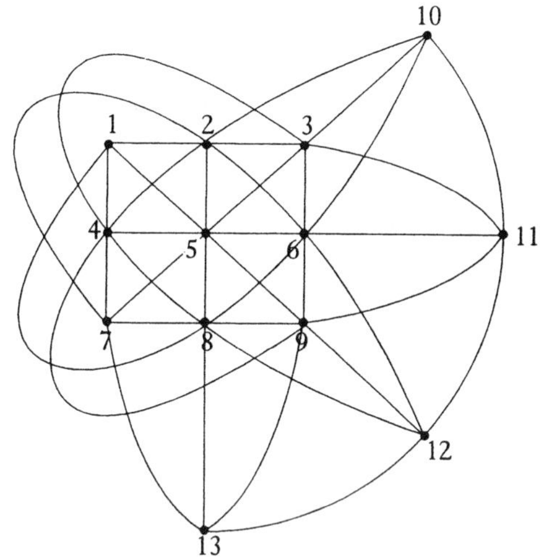

[그림 5.13] 13개의 점을 가지는 사영평면

예제 5.3.2 평면 $R^2=\{(x, y)|x, y\in R\}$에서 아래와 같이 정의된 공간 $S=(P, L)$은 선형공간이지만 사영공간은 아니다.

$$P=R^2,\ L=\{l|l=\{(x, y)|ax+by=c,\ a\text{와 } b\text{가 동시에 0은 아님}\}\}$$

중고등학교에서 다룬 평행선의 공리를 가정한 기하를 **유클리드 기하**라 하는 반면에 평행선의 공리가 성립하지 않는다는 공리를 가정하고 발전한 기하를 **비 유클리드 기하**라 한다. 실제로 비 유클리드 기하는 17세기 이후에 제기되어 발전한 기하로 다양하게 존재하며 많은 응용성이 있다. 예제 5.3.2의 유클리드 공간을 확장하여 사영공간의 성질을 만족하도록 정의해 보자. 실수의 집합에 무한대를 하나의 점으로 생각하여 ∞을 포함한 확장된 실수계를 사용하였고, 기울기가 같고 y-절편이 다른 두 직선은 점 ∞에서 만나는 것으로 정의한다. 즉, 기울기가 m인 두 직선은 무한대에서 만난다고 하고 그 점을 기호 $[m_\infty]$을 사용하여 나타내고, 이 점을 **이상점**(ideal point) 또는 **무한원점**이라고 한다. 또한 이와 같은 이상점들의 집합 $\{m_\infty|m\in R\}$을 **이상선** 또는 **무한원선**이라고 한다. 정의된 이와 같은 가정아래 공간 $S=(P^*, L^*)$

$$P^*=P\cup\{m_\infty|m\in R\},\ L^*=\{l\cup\{m_\infty\}|l\in L\}\cup\{m_\infty|m\in R\}$$

은 사영공간이다.

5.4 그 래 프

그래프 이론의 유래는 오일러에 의하여 풀려진 쾨니히스베르크의 다리 문제로부터 이지만, 그 이론은 현재 자연과학에서 전기회로망의 해석과 화학의 분자구조식에의 응용은 물론, 경제 예측, 교통문제 등에 이르기까지 널리 응용되고 있다. 또한, 최근 컴퓨터의 발달에 따라 그래픽스(graphics), 대규모집적회로(VLSI, very large scale integrated circuit), 컴퓨터원용설계(CAD, computer aided design) 등에 이용되고 있다.

《정의 5.4.1》

유한집합 P와 집합 $\wp(P)$의 원소들에서 중복을 허락하는 모임 L로 구성된 순서쌍 $S=(P, L)$이 공리 G1을 만족할 때 이 공간을 **그래프**(graph)라 한다.

G1 각 선은 기껏해야 두 점을 가진다.

이때, 집합 P의 원소를 **꼭지점**(vertex) 또는 **정점**이라 하고, L의 원소를 **모서리**(edge)라 한다. 특히, 한 꼭지점으로 이루어진 모서리를 **고리**(loop)라고 한다.

일반적으로 그래프 이론에서는 고리를 제외한 그래프를 자주 다룬다. 이와 같이 고리가 없는 그래프 $S=(P, L)$는 G2를 만족하는 그래프를 의미한다.

G2 각 선은 꼭 두 점을 가진다.

그래프 이론에서 주로 다루는 **단순그래프**(simple graph)는 G2와 G3를 만족하는 그래프이다. 즉, 단순그래프는 준선형공간이다.

G3 임의의 서로 다른 두 점 위에는 기껏해야 하나의 모서리가 있다.

특히, G2와 G4를 만족하는 그래프를 **완전그래프**(perfect graph)라고 한다.

G4 임의의 두 점은 꼭 한 선 위에 있다.

이제 지금까지 설명된 용어를 이해하는데 도움이 되는 예제를 들어보면 다음과 같다.

예제 5.4.1 꼭지점이 4개인 집합 $P=\{1, 2, 3, 4\}$에 대하여 L_1-L_4를

$$L_1=\{\{1, 2\}, \{1, 4\}, \{2\}, \{2, 3\}, \{2, 3\}\}$$

$$L_2=\{\{1, 2\}, \{1, 4\}, \{2, 3\}, \{2, 3\}\}$$

$$L_3=\{\{1, 2\}, \{1, 4\}, \{2, 3\}\}$$

$$L_4=\{\{1, 2\}, \{1, 3\}, \{1, 4\}, \{2, 3\}, \{2, 4\}, \{3, 4\}\}$$

로 정의하면, L_1-L_4는 각각 [그림 5.14]와 같이 나타낼 수 있다.

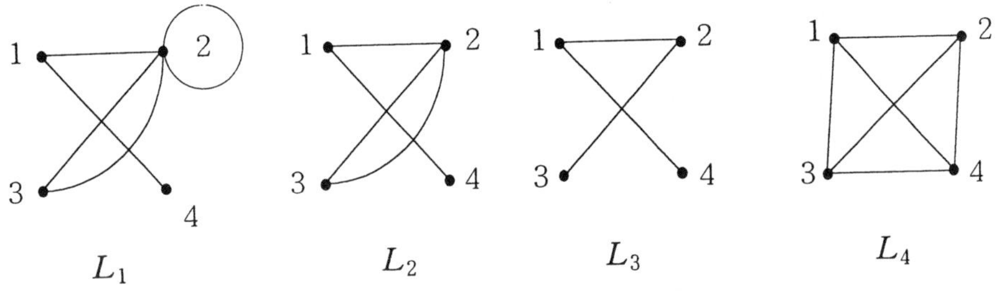

[그림 5.14] 4꼭지점을 가지는 그래프들

정의에 의하여 L_1은 고리를 가지는 일반 그래프, L_2는 고리를 갖지 않는 일반 그래프, L_3은 단순그래프이고 L_4는 완전그래프이다.

이제부터 그래프는 고리를 갖지 않는 단순그래프를 의미한다.

《정의 5.4.2》

그래프 $S=(P, L)$에서 L의 원소 l은 꼭 두 점을 가진다. 이때 두 점은 l을 **'잇는다 또는 연결한다'**라고 하고 한 점은 l에 **접한다**(incident)고 한다. 또한 두 점은 서로 **인접**(adjacent)하고 있다고 한다.

이를테면, 예제 5.4.1의 L_2에서 꼭지점 1과 2는 모서리 {1, 2}를 잇는다고 하고, 꼭지점 1은 모서리 {1, 2}와 접하고 있으며, 꼭지점 1과 2는 인접하고 있다고 한다.

《정의 5.4.3》

그래프 $S=(P, L)$에서 꼭지점 P와 접하고 있는 모서리의 개수를 꼭지점 P의 **차수**(degree)라고 하고 d(P)로 나타낸다.

이를테면, 예제 5.4.1의 L_2에서 $d(1)=2$, $d(2)=3$, $d(3)=2$, $d(4)=1$이고 각 꼭지점의 차수의 합 $d(1)+d(2)+d(3)+d(4)=8$은 모서리 수의 2배이다. 임의의 모서리는

두 점과 접하므로 이 성질은 일반적으로 성립한다. 즉, 정리 5.4.4가 성립한다.

《정리 5.4.4》

n개의 꼭지점 $A_1, A_2, \cdots, A_n$을 가지는 그래프의 모서리가 m개이면,

$$d(A_1)+d(A_2)+\cdots+d(A_n)=2m$$

이다. 따라서 홀수 차수를 가지는 꼭지점은 짝수개이다.

이를테면, 쾨니히스베르그의 다리 문제를 그래프로 표현하면 다음과 같다.

예제 5.4.2 쾨니히스베르그의 다리 문제는 [그림 5.15]에서 어느 한 곳(이를테면, A)에서 출발하여 모든 다리를 한번 만 통과하여 A로 돌아올 수 있는가 하는 문제이다. [그림 5.16]에서 다리에 의하여 나누어진 지역을 꼭지점으로 생각하면 모서리는 두 지역을 잇는 다리가 되므로 [그림 5.16]과 같은 그래프가 된다.

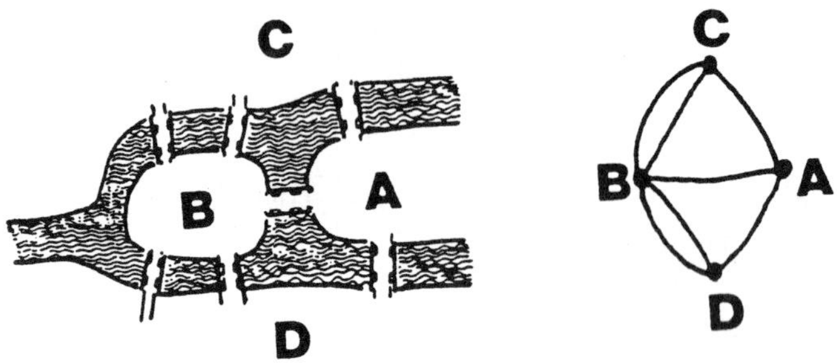

[그림 5.15] 쾨니히스베르그의 다리와 그래프

이 문제에서 한번 지난 다리는 다시 지나지 않고 제자리로 오는 방법이란 그래프에서 한번 통과한 모서리를 다시 지나지 않는 한붓 그리기 문제로 귀착된다. 한편, 그래프에서 한붓 그리기가 가능한 필요충분조건은 홀수 차수를 가지는 꼭지점이 0개 또는 2개 일 때이다. 따라서 [그림 5.15]에서 홀수 차수를 가지는 꼭지점이 4개이므로 쾨니히스베르그의 다리를 한번만 지나서 되돌아오는 방법이 없음은 쉽게 알 수 있다.

이제 몇 가지 특수한 그래프를 설명한다.

《정의 5.4.5》

모든 꼭지점의 차수가 r로 같은 그래프 G를 차수 r인 **정규그래프**(regular graph)라고 한다.

이를테면, 차수가 0인 정규그래프는 모서리가 없는 그래프이고 차수가 1인 그래프는 꼭지점이 $2n$개이고 모서리가 n개인 그래프로 [그림 5.16]과 같다.

[그림 5.16] 차수가 0과 1인 정규그래프

차수가 2와 3인 정규그래프는 [그림 5.17]과 같다.

[그림 5.17] 차수가 2와 3인 정규그래프

또한, 특수한 정규그래프의 예를들면 [그림 5.18]와 같다.

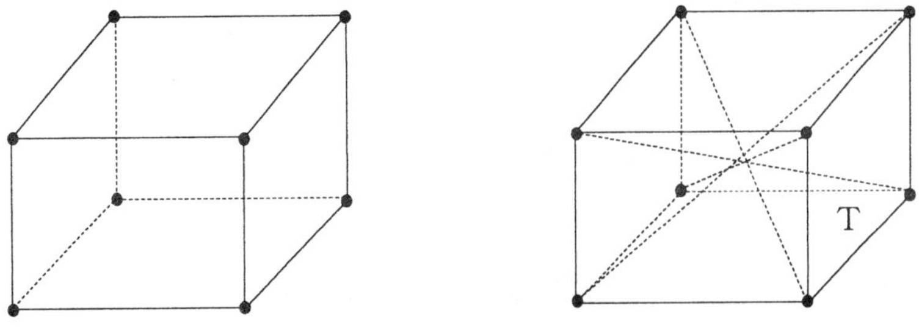

[그림 5.18] 차수가 3과 4인 정규그래프

《정의 5.4.6》

그래프의 임의의 두 꼭지점이 모서리를 따라 연결되는 그래프를 **연결그래프**(connected graph)라고 한다.

이를테면, [그림 5.16]에 주어진 그래프는 연결그래프가 아니며 [그림 5.17]과 [그림 5.18]에 주어진 그래프는 연결그래프이다. 특히, 이들 그래프는 한 꼭지점을 지나서 몇 개의 모서리를 통과하여 돌아올 수 있다. 이와 같이 그래프에서 한 꼭지점을 지나서 몇 개의 모서리를 통과하여 자신으로 돌아오는 꼭지점들의 집합과 모서리의 집합을 **폐로**(circuit)라고 한다. 또한, 폐로를 갖지 않는 연결된 그래프를 **수형도**(tree)라고 한다. 수형도에 관한 예는 [그림 5.19]과 같다.

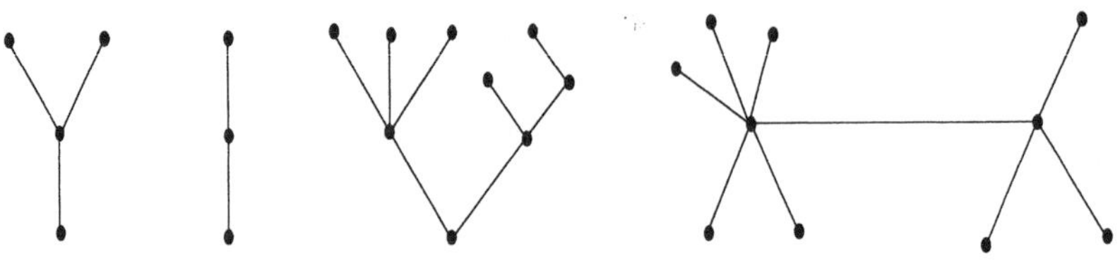

[그림 5.19] 여러 가지 트리

그래프 이론은 자체로 많는 응용을 가지며 이들 응용이론을 발전시키는데 많은 수학이론이 필요하다. 이들 중에 그래프를 행렬로 표현하고 행렬이론을 통하여 그래프를 연구하는 방법은 많은 좋은 결과들을 준다. 여기서는 그래프의 행렬표현에 관하여 간단하게 소개한다.

《정의 5.4.7》

n개의 꼭지점 A_1, A_2, $\cdots$, A_n을 가지는 그래프 G에 대하여 $n\times n$행렬 $A=[a_{ij}]$를

$$a_{ij}=\begin{cases} 1 : A_i\text{와 } A_j\text{가 인접하고 있을 때} \\ 0 : \text{그 밖의 경우} \end{cases}$$

라고 정의할 때, 이 행렬을 **인접행렬**(adjacent matrix)이라고 한다.

이를테면, [그림 5.20]은 그래프와 그 그래프의 인접행렬을 나타낸다.

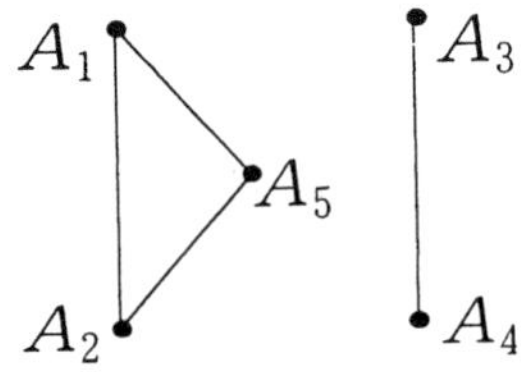

$$\begin{bmatrix} 0 & 1 & 0 & 0 & 1 \\ 1 & 0 & 0 & 0 & 1 \\ 0 & 0 & 0 & 1 & 0 \\ 0 & 0 & 1 & 0 & 0 \\ 1 & 1 & 0 & 0 & 0 \end{bmatrix}$$

[그림 5.20] 그래프 G와 G의 인접행렬

정의 5.4.7과 같이 인접행렬을 정의했을 때 다음 성질은 쉽게 얻을 수 있다.

《정리 5.4.8》

그래프 G의 인접행렬을 $A=[a_{ij}]$이라 하면,

(1) A는 대칭행렬이다.

(2) 대각성분의 원소는 모두 0이다. 특히, 완전그래프의 인접행렬은 대각성분을 제외하면 모두 1이다.

(3) 한 행에 있는 1의 개수는 그 행에 대응되는 꼭지점의 차수이다.

인접행렬은 위와 같은 성질 외에도 그래프에 관한 여러 가지 정보를 주며, 특히 행렬이론을 응용함으로써 그래프 이론을 연구할 수 있다.

이를테면, 간단한 예로 [그림 5.20]에 있는 인접행렬을 A라고 했을 때,

$$A^2=\begin{bmatrix} 2 & 1 & 0 & 0 & 1 \\ 1 & 2 & 0 & 0 & 1 \\ 0 & 0 & 1 & 0 & 0 \\ 0 & 0 & 0 & 1 & 0 \\ 1 & 1 & 0 & 0 & 2 \end{bmatrix}, \quad A^3=\begin{bmatrix} 2 & 3 & 0 & 0 & 3 \\ 3 & 2 & 0 & 0 & 3 \\ 0 & 0 & 0 & 1 & 0 \\ 0 & 0 & 1 & 0 & 0 \\ 3 & 3 & 0 & 0 & 2 \end{bmatrix}, \quad A^4=\begin{bmatrix} 6 & 5 & 0 & 0 & 5 \\ 5 & 6 & 0 & 0 & 5 \\ 0 & 0 & 1 & 0 & 0 \\ 0 & 0 & 0 & 1 & 0 \\ 5 & 5 & 0 & 0 & 6 \end{bmatrix} \cdots$$

이고 이들에 관하여 직관적인 설명을 하면 다음과 같다. 이 행렬들의 (1, 1) 성분은 각각 2, 2, 6이고 이들은 꼭지점 A_1에서 A_1으로 모서리를 2개, 3개, 4개를 거쳐서 가는 연결그래프의 개수를 의미한다. 즉, 모서리를 2개 거치는 경우는 $A_1 \to A_2 \to A_1$과 $A_1 \to A_5 \to A_1$의 두 가지이고, 모서리를 3개 거치는 경우는 $A_1 \to A_2 \to A_5 \to A_1$과 $A_1 \to A_5 \to A_2 \to A_1$의 두 가지이고 모서리를 4개 거치는 경우는 $A_1 \to A_2 \to A_1 \to A_2 \to A_1$과 $A_1 \to A_5 \to A_1 \to A_5 \to A_1$ 등 6가지(부록참조)이다. 또한 (1, 2) 성분은 각각 1, 3, 5이고 이들은 꼭지점 A_1에서 A_2로 모서리를 2개, 3개, 4개를 거쳐서 가는 연결그

래프의 개수이다(부록참조). 행렬의 성분이 0인 경우는 해당되는 연결그래프가 없음을 의미한다.

이제 그래프에 관한 또다른 행렬 표현인 결합행렬에 관하여 알아본다.

《정의 5.4.9》

n개의 꼭지점 $A_1, A_2, \cdots, A_n$과 m개의 모서리 $l_1, l_2, \cdots, l_m$을 가지는 그래프 G에 대하여 $n\times m$행렬 $D=[d_{ij}]$를

$$d_{ij}=\begin{cases}1 : A_i\text{가 } l_j\text{에 접하고 있을 때}\\ 0 : \text{그 밖의 경우}\end{cases}$$

과 같이 정의할 때, 이 행렬을 **결합행렬**(incident matrix)이라고 한다.

이를테면, [그림 5.21]은 그래프와 결합행렬과의 관계를 나타낸 예이다.

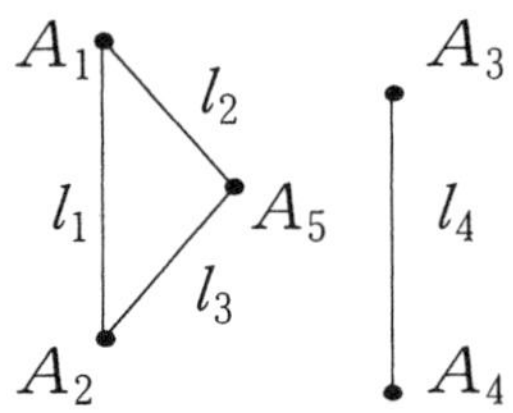

$$\begin{bmatrix}1&1&0&0\\1&0&1&0\\0&0&0&1\\0&0&0&1\\0&1&1&0\end{bmatrix}$$

[그림 5.21] 그래프 G와 G의 결합행렬

정의 5.4.9와 같이 결합행렬을 정의했을 때 다음 성질은 쉽게 얻을 수 있다.

《정리 5.4.10》

그래프 G의 결합행렬을 $D=(d_{ij})$이라 하면,

(1) D의 임의의 열은 두 성분을 제외하면 모두 0이다.

(2) 한 행에 있는 1의 개수는 그 행에 대응되는 꼭지점의 차수이다.

결합행렬 또한 위와 같은 성질 외에도 그래프에 관한 여러 가지 정보를 주며, 특히 행렬이론을 응용함으로써 그래프 이론을 연구할 수 있다.

5.5 유한기하의 응용

제 3 절까지 설명한 유한기하는 언뜻 보면 큰 응용은 없어 보였지만, 준선형공간의 한 예가 그래프라는 사실로부터 많은 응용을 가짐을 추측할 수 있다. 특히, 앞 절에서 쾨니히스베르그의 다리 문제를 그래프로 표현함으로써 쉽게 해결하였으며 또한, 조합론에서 설명한 4색 문제도 실제로 그래프 이론을 이용함으로써 어렵지만 해결하였다. 이제 이와는 달리 순수하게 유한기하가 응용된 예를 설명한다.

이제 앞 절에서 설명한 파노 평면의 응용에 관하여 알아 본다. 이미 설명한 것처럼 파노 평면 $S=(P, L)$에서 P와 L은 다음과 같다.

$$P=\{1, 2, 3, 4, 5, 6, 7\}$$

$$L=\{\{1, 2, 4\}, \{1, 3, 5\}, \{1, 6, 7\}, \{3, 4, 7\}, \{4, 5, 6\}, \{2, 5, 7\}, \{2, 3, 6\}\}$$

L에서 유의하여 관찰하면, 각 꼭지점은 세 모서리 위에 있으며 각 모서리는 세 꼭지점 위에 있다.

예제 5.5.1 7개의 제약회사에서 만든 감기 약은 각각 두통, 콧물, 기침 등 감기 증상에 따른 특성을 가진다고 하자. 의사가 임상실험에서 7개의 약 중에 3개를 선택하여 조제하여 약의 효능을 평가한다고 할 때, 10회 미만의 실험으로 모든 제약회사의 약을 공평하게 실험자료로 사용할 수 있도록 하는 방법을 알아보자. 모든 약을 공평하게 사용한다고 하였으므로 각 제약회사의 약이 선택될 회수를 1회, 2회, 3회 등으로 경우의 수를 나누어 실험에 이용하여야 한다. 먼저 모든 약이 1회만 선택된다면, 조제될 때 선택되는 전체 약의 수는 3의 배수이므로 7가지의 약으로 3개를 선택하여 조제하는 방법은 일어나지 않는다. 따라서 7가지 약이 각각 3의 배수 만큼 선택되는 경우를 생각할 수 있다. 실제로 10회 미만의 실험 자료이므로 각 약이 3회 선택되어야 한다. 편의상 약을 번호로만 표현한다면, 1의 입장에서는 모든 다른 약과 조합되어야 타당하므로 이를테면, $\{1, 2, 4\}$, $\{1, 3, 5\}$, $\{1, 6, 7\}$의 꼴이 되어야 한다. 물론 여기서 $\{2, 3, 4, 5, 6, 7\}$을 2개씩 3조를 만드는 방법의 수는 15가지이므로 $\{1, 2, 4\}$, $\{1, 3, 5\}$, $\{1, 6, 7\}$은 이들 중에 한 경우이다. 이제 1은 3번 선택되었으므로 2를 기준으로 생각해 보면, 2를 포함한 나머지 두 가지는 $\{3, 5, 6, 7\}$ 2개씩 2조를 만드는 방법으로 3가지 방법이 있으며 이들 중에 $\{2, 3, 6\}$, $\{2, 5, 7\}$을 택한 경우이다. 현재까지 5가지 조가 만들어졌으며, 3, 5, 6, 7은 2회씩 선택되고 4만 1회 선택되었다. 따라서 4를 2회 선택하고 다른 수를 1회 선택하되 2의 경우와 달리하면, {4, 5, 6}, {4, 3, 7}이 되어 파노 평면이 된다.

[참고] 실제로 1을 기준으로 하는 15가지는 모든 경우가 되지만, 1에 관하여 선택이 되면, 2를 포함하는 경우는 실제 2가지이고 4를 포함하는 경우는 유일하게 된다.

약의 조제와 같은 응용은 자동차회사에서 자동차의 기본사양에 옵션을 만들어 구매자가 선택하도록 하는 옵션을 패키지화 하는 문제, 백화점에서 종합선물 세트를 만들 때 상품을 선택하여 세트화 하는 문제 등에 이용되는 것을 알 수 있으며, 이와 같은 종류의 응용은 항상 가능하다.

다음은 어느 자동차 회사의 옵션에 관한 패키지상품이다. 여러분은 어느 상품을 선택하겠는가? 여러분의 나이 또는 기호에 따라 다른 선택이 가능할 것이다.

종 류	A	B	C	D
내 용	운전석 에어백 조수석 에어백 TV와 냉장고 MP3와 CD기기	운전석 에어백 GPS 중앙장금장치 MP3와 CD기기	운전석 에어백 조수석 에어백 중앙장금장치 광폭타이어	운전석 에어백 GPS TV와 냉장고 광폭타이어

이제 또 다른 응용에 관하여 살펴보자.

예제 5.5.2 2진수 0과 1로 되어있는 7개의 수로 구성되는 수열을 파노평면 L을 이용하여 정의하여 보자. 이를테면, {1, 2, 4}에 대응하는 두 수열 '1, 2, 4번째 위치를 1로, 나머지는 0으로 하는 수열 1101000과 1, 2, 4번째 위치를 0으로, 나머지는 1로 하는 수열 0010111'이라 하자. 그러면 L로부터 14개의 수열

1101000, 1010100, 1000011, 0011001, 0001110, 0100101, 0110010
0010111, 0101011, 0111100, 1100110, 1110001, 1011010, 1001101

을 얻고 여기에 0000000, 1111111을 넣은 16개의 수는 제 7 장에서 다루는 완전부호의 예가 된다. 제 7 장 완전부호를 참조하기 바란다.

6 재미있는 수학 이야기

이 장에서는 어려운 수학이론보다는 역사적으로 관심을 끌었던 수학적 사실들에 관하여 몇 가지 살펴본다. 1994년 와일즈에 의하여 해결된 페르마의 마지막 정리는 인류의 관심사 중에 하나였으며, 증명에 관한 사실이 잘못 알려져 1970년대까지 관심을 끌게 한 각의 삼등분을 포함한 작도 불능 문제의 원리를 간단하게 소개하였다. 또한 수학의 노벨상이라는 아벨 상을 제정하게 한 수학자 아벨이 천재적인 계산 능력 및 π의 소수점 이하 707 자리까지 계산한 천재적 계산가 생크스에 관한 이야기를 다루었다. 이와 더불어 컴퓨터에 의한 π의 소수점 이하의 자릿수 계산 및 메르센의 소수 찾기 등은 오늘날의 컴퓨터 산업과 수학의 발전을 가져왔으며 정보화사회의 핵심이론인 부호이론과 암호이론에 많은 응용을 가져왔다.

관심 있는 수

일상생활에는 관심을 가져 볼만한 의미 있는 큰 수 또는 작은 수들이 있다. 다음 표를 잠시 보면, 로또 복권에 1등으로 당첨될 확률이 얼마나 작은 가를 이해할 수 있으며 오늘날 인터넷 뱅킹에서 고객을 보호하기 위하여 보안시스템에서 사용되고 있는 RSA 암호에서 사용하고 있는 두 소수의 곱인 합성수가 얼마나 큰 수인가를 이해할 수 있다.

수 또는 자리수		관련 사항	비 고
작은 수	3.2×10^{-4}	Poker 게임에서 Straight Flush일 확률	
	1.6×10^{-4}	미국에서 자동차 사고로 죽을 확률	1993년 통계
	1.2×10^{-7}	로또 복권 1장이 1등에 당첨될 확률	
	1.1×10^{-10}	번개에 맞을 확률	
큰 수	14,000(년)	다음 빙하시대까지의 년 수	15비트
	10^{9}(년)	지구의 연령	31비트
	10^{10}(년)	우주의 연령	35비트
	10^{51}	지구의 원자수	170비트
	10^{57}	태양의 원자수	190비트
	10^{67}	은하계의 원자수	223비트
	10^{84} (cm^3)	우주의 체적	280비트
	10^{308}	RSA 1024	1024비트
	$2^{32582657}-1$	가장 큰 소수 (9808358자리)	2006년 발견

(단, 여기에서 나타낸 수는 대략 그 수의 자리 수를 나타낸 것이다.)

6.1 페르마의 마지막 정리

정수의 이론에 관하여 연구하는 학문을 정수론이라 한다. 가우스(Gauss, 1777-1855)는 "정수론(수학)의 매력은 심오한 결과를 짐작하기는 아주 쉽지만 그것을 실제로 증명하기는 대단히 어렵다는 데에 있다"고 말하였다. 이를테면, 페르마(Fermat, 1601-1665)의 마지막 정리는 누구나 정리의 내용이 무엇인지 이해하는데는 어렵지 않았지만 그것을 증명하는데 300년 이상이나 걸렸다. 이를 소개하기 위하여 중학교에서 다룬 잘 알려진 피타고라스 정리부터 살펴보자.

피타고라스 정리 오른쪽 그림과 같은 직각삼각형에서

$$a^2+b^2=c^2$$

이 성립한다.

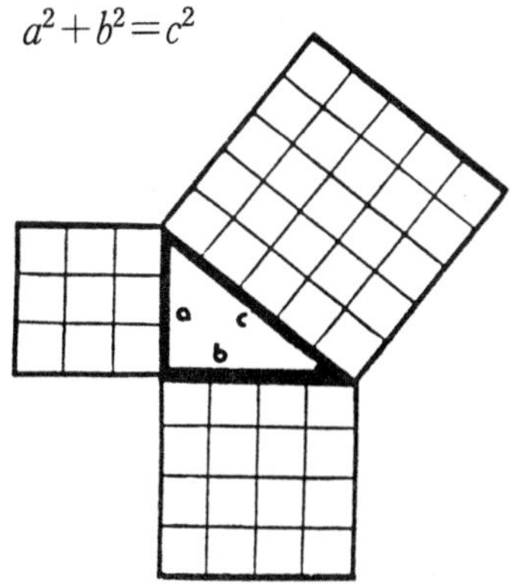

[그림 6.1] 직각삼각형

이를테면, $3^2+4^2=5^2$이고 $5^2+12^2=13^2$ 이다.

페르마는 피타고라스 정리의 일반화에 관심을 가지고 n이 3보다 큰 정수에서 $a^n+b^n=c^n$이 성립하는가를 확인한 결과, 3보다 큰 모든 정수 n에 대하여 $a^n+b^n=c^n$이 성립하지 않음을 예측하였다.

《정리 6.1.1》 (페르마 정리)

n이 3 이상인 모든 정수에 대하여

$$a^n+b^n=c^n$$

이 성립하는 정수 a, b, c는 존재하지 않는다.

정리 6.1.1이 바로 페르마의 마지막 문제로 누구나 마지막 문제가 무엇인지 이해할 수 있는 관심 있는 문제이었다. 문제가 제기된 이후 많은 수학자들이 지속적으로 정리를 증명하기 위하여 노력하였으며, 실제로 자연수 n의 형태에 따라 초기에 증명 또는 부분적인 증명을 성공하였다. 결국 문제 제기 후 300년 이상이 걸려 1994년에 이르러 와일즈와 테일러에 의하여 해결되었다.

[참고] 1993년 **와일즈**(Wles, 당시 프린스턴대학) 교수가 영국 뉴톤연구소(캐임브리지 대학내)에서의 수학 연구발표회에서 발표시간을 3시간이나 요청하여 발표하기 전에 그의 발표내용이 무엇이었을까? 하는 추측과 더불어 많은 수학자를 홍분 속에 있게 하였다. 실제로 수학과 연구발표회에서 연구내용의 발표시간은 발표자당 15분-20분 사이이고 아주 유명한 초청연사의 발표시간이 40분-1시간 정도인 것을 고려하면 3시간의 발표 요청은 실로 엄청난 요구였던 것이다. 그러나 이와 같은 요청에도 불구하고 발표시간을 할애해 주고 발표내용에 관하여만 궁금하게 생각하였었다고 한다. 이때, 발표내용이 페르마의 정리에 관한 증명이었으나 그의 발표내용에는 오류가 있었고 다음 해 **테일러**(Taylor)와 함께 증명을 보완하여 완성하였다.

한편, **오일러**(Euler)는 피타고라스 정리와 페르마의 문제를 이용한 일반화 문제를 다음과 같이 확장하여 추론하였다고 한다. 즉,

《오일러 추론 6.1.2》

(1) 4 이상인 모든 정수 n에 대하여

$$a^n+b^n+c^n=d^n$$

을 만족하는 정수 a, b, c, d는 존재하지 않는다.

(2) 5 이상인 모든 정수 n에 대하여

$$a^n+b^n+c^n+d^n=e^n$$

을 만족하는 정수 a, b, c, d, e는 존재하지 않는다.

그러나 이와 같은 오일러의 추론은 1987년 하버드 대학의 엘키스에 의하여 다음과 같은 수식

$$2682440^4+15365639^4+18796760^4= 20615673^4$$

과 1966년에

$$27^5+84^5+110^5+133^5=144^5$$

임을 발견함으로서 이 추론이 잘못된 것임이 확인되었다.

6.2 아 벨 상

이 절에서는 역사적으로 천재적인 계산가로 알려진 라마누잔과 아벨에 관하여 살펴보고, 수학의 노벨상이라고 하는 필즈상과 아벨상에 관하여 알아본다.

(1) 라마누잔

다음과 같은 사실이 성립함은 어렵지 않게 이해할 수 있다.

a : 양의 정수, b : 양의 정수 $\Rightarrow a^b$: 양의 정수
a : 양의 정수, b : 음의 정수 $\Rightarrow a^b$: 양의 유리수
a : 음의 정수, b : 양의 정수 $\Rightarrow a^b$: 정수
a : 정수, b : 정수 $\Rightarrow a^b$: 유리수

이와는 다른 각도에서 생각한 문제 "a와 b가 무리수이며 a^b이 양의 정수"가 되는 예가 존재하는가 하는 문제는 오랫동안 관심을 가졌었다. 이 문제는 실제로 다음과 같이 두 가지 관점에서 해결되었다고 생각하지만 증명되지는 않았다.

인도 수학자 라마누잔(S. Ramanujan, 1888-1920)은 $e^{\pi\sqrt{163}}$이 정수일 것이라고 처음 예측하였으며, 1972년 컴퓨터로 소수 200만 자리까지 9가 계속되는 수

$$262{,}537{,}412{,}640{,}768{,}743.999999\cdots$$

임을 확인하였으며, 1974년 브릴로(J. Brillo, Arizona 대)는

$$262{,}537{,}412{,}640{,}768{,}744$$

임을 증명함으로써 무리수의 무리수 제곱이 정수인 예를 제시하였다.

[참고] 1975년 $e^{\pi\sqrt{163}}$이 정수임을 증명했다는 사실은 만우절(4월 1일)의 거짓이었으며, 실제로는 증명되지 않았다.

한편, 지수법칙을 이용하여 $\{(\sqrt{2})^{\sqrt{2}}\}^{\sqrt{2}}=(\sqrt{2})^2=2$이다. 그러나 $(\sqrt{2})^{\sqrt{2}}$는 어떤 수인지 모르므로 위 추론이 성립한다고 할 수 없다. 실제로, $(\sqrt{2})^{\sqrt{2}}$이 어떤 수일까 하는 문제는 어려운 문제이다.

(2) 아 벨

제곱근이나 세제곱근, 원주율 등의 수를 암기하는데 있어 여러 가지 재치 있는 말을 붙여서 외우는 방법은, 서양에는 물론 동양에도 많이 있다. 그렇지만 거기에는 대단한 유머가 없기 때문에 여기에서는 그것과는 좀 다른 재미있는 얘기를 소개한다.

노르웨이의 수학자 아벨(Abel, 1802-1829)은 28세에 요절을 한 불행하고 가난한 계산의 천재였다. 그러나 그는 비참한 처지 속에서도 친구들과 재담하기를 아주 좋아했고, 함께 부산을 떨고 장난치기 또한 좋아했다고 한다. 아벨이 어느 날 중학교시절의 은사인 호른보스테르라는 선생님께 보내는 편지에 날짜를 적었는데 [그림 6.2]와 같이 써서 보낸 일이 있었다고 한다.

무리수 $\sqrt[3]{6064321219}$ 을 계산해 보면, 1823.5908275 …가 된다. 이 1823년은 물론 아벨이 편지를 작성한 해의 서기년도를 나타낸 것이고, 소수점 이하는 1년의 소수이므로 이것을 일(日)수로 고쳐보면 그 해는 평년이었으므로

$$365 \times 0.5908275 \cdots\cdots = 215.652$$

에서 215를 1월 1일부터 세어보면 8월 4일이 된다. 즉, 아벨은 1823년 8월 4일이라는 날짜 대신 위와 같이 세제곱근을 썼다.

호른보스테르선생님께
그간 안녕……

……………………

안녕히 계십시요.

$\sqrt[3]{6064321219}$ 년, Abel

[그림 6.2] 아벨의 편지

[참고] 아벨은 1802년 노르웨이 오슬로 근교에서 가난한 목사의 아들로 태어나, 19세때에 그때까지 약 3세기 동안 어려운 문제로 남아 있던 5차방정식의 대수적 해법을 연구하여, 그 불가해성을 증명하였다. 아벨은 5차방정식에 관한 논문을 자비로 인쇄하여, 그 일부를 당시 수학계의 제 1 인자였던 가우스에게 보냈으나, 가우스는 그것을 읽어보지도 않고 쓰레기통에 버렸다고 한다. 그가 28세의 나이

로 죽던 1829년 대수함수에 관한 '아벨의 정리'를 증명하면서 유명해졌다.

제 3 장 대수적 구조에서 가환군 또는 아벨(Abel) 군이란 용어의 아벨이 바로 이 수학자의 업적을 기리기 위하여 붙여진 용어이고, 수학의 노벨상이라는 아벨상도 그의 업적을 기리기 위하여 2003년에 제정한 상이다.

(3) 필 즈 상

과학계에 잘 알려진 명예로운 상은 노벨상이다. 다이너마이트의 발명에 의하여 많은 재산을 얻게 되었던 스웨덴의 화학자이자 발명가인 노벨(Alfred B. Nobel, 1833-1896)은 그의 재산을 희사하여 문학, 물리, 화학, 의학, 경제, 평화 등의 6개 부분에 대하여 매년 세계에서 가장 훌륭하고 두드러진 업적을 남긴 사람들에게 상을 주도록 하였다. 그러나 모든 학문의 기초가 되고, 특히 자연과학의 모체가 되는 수학 분야에 대하여는 노벨상이 제정되어 있지 않다.

필즈 메달

전하는 말에 의하면, 그가 노벨 수학상을 제정하지 않은 이유에 대하여 크게 세 가지 설이 있다. 첫째는 노벨과 같은 시대에 유명한 해석학자 레플러(Mittag Leffler)가 수학계에서 큰 활동을 하고 있었는데 그와는 연인을 사이에 둔 라이벌로 사이가 매우 좋지 못하였다고 한다. 이러한 이유로 노벨은 그가 정한 첫 번째 수학상을 레플러가 받는 것을 싫어했을 거란 이야기가 있다. 두 번째로는 레플러와 사이가 문제가 아니라 상금이 매우 큰 상으로 당시에 영향력이 큰 레플러가 스웨덴의 수학자들에 압력을 가하여 첫 번째 수상자로 본인이 받게 되면, 노벨로서는 본인이 생각한 당시의 최고 수학자가 레플러가 아니라 큰 상의 이미지를 흐릴 것을 꺼려했다는 이야기이다. 마지막으로는 노벨의 유언을 집행하고 후에 노벨 재단의 책임자가 된 레그나 솔맨(Ragnar Sohlman)이 제공한 자료에 근거한 해석으로 노벨은 발명 등 실용성을 중요하게 생각한 과학자로 당시로는 수학의 중요성을 인식하지 못하고 수학상을 제외했을 것이라는 이야기이다. 앞의 두 가지는 레플러와의 사이에 관한 사항으로 당대의 두 사람의 인격으로 보아 있을 수 없다는 이야기가 힘을 받으며 세 번째 이유일 가능성이 가장 큰 것으로 일반적으로 추측하고 있다.

한편, 국내외적으로 눈부신 활동을 했던 캐나다의 수학자 필즈(John Charles Field, 1863.5.15-1932)는 토론토대학에서 수학교수로서 수학분야에도 노벨상에 상당하는 상을 제정하여야겠다는 염원을 가지고 있었다. 그는 토론토에서 1924년 제7회 국제 수학자 대회가 개최되었을 때, 제 일차 세계대전(1914-1918)의 패전국인 독일의 수학자를 제거하려는 국제수학 연합파와 독일 동정파의 수학자들 사이에 갈등을 해소하고 이 회의를 무난하게 수행함으로서 수학계의 신망을 받았다. 이러한 신망과 제7회 대회에서 회의비, 출판비를 결산하고 남은 돈을 기금으로 하고, 1928년에는 볼로그나(bologna)의 제8회 국제 수학자 대회에서 수학 분야에 노벨상에 해당하는 상을 제정하기 위하여 자금 조달과 세계수학자의 단합을 위하여 노력하였다. 그가 전재산을 기금으로 희사하고 죽은 몇 주 후인 1932년 제9회 국제 수학자 대회에서 그의 제자들이 정식으로 제안하여 만장일치로 채택되었다. 한편, 필즈상의 금메달에 새겨진 상은 필즈가 아니라 고대 희랍 수학자 **아르키메데스**의 상이다.

1936년 오슬로에서 개최된 제10회 국제 수학자 대회에서 알포스(V. Athfors) 교수(핀란드)와 더글라스(J. Douglas) 교수(미국)가 첫 수상자가 되었다. 그 후 제2차 세계대전으로 인하여 1950년까지 ICM이 중단되었다. 1950-1962년 사이에 4차례의 ICM

표 6.1 역대 필즈상 수상자 명단

년 도	수 상 자
1936	L. V. Ahlfors, J. Douglas
1950	L. Schwartz, A. Selberg
1954	K. Kodaira, J. Serre
1958	*K*. F. Roth, R. Thom
1962	L. Hormander, J. W. Milnor
1966	M. F. Atiyah, P. J. Cohen, A. Grothendieck, S. Smale
1970	A. Baker, H. Hironaka, Novikov, J. G. Thompson
1974	E. Bombieri, D. B. Mumford
1978	P. R. Deligne, C. L. Fefferman, G. A. Margulis, D. G. Quillen
1983	A. Connes, W. P. Thurston, D. T. Yau
1986	S. K. Donaldson, G. Faltings, M. H. Freedman
1990	V. Drinfeld, V. F. R. Jones, S. Mori, E. Witten
1994	J. Bourgain, P. L. Lions, J. C. Yoccoz, E. Zemelnov, M. F. Atiyah, I. M. Singe
1995	P. D. Lax, Jean-Rierre Serre
1996	L. Carleson
1998	R. E. Borcherds, W. T. Gowers, M. Kontsevich, C. T. McMullen
2002	V. Voevodsky, L. Lafforgue
2006	A. Okounkov, G. Perelman(수상거부), T. Tao, W. Werne.

에서는 각각 2명의 수학자에게 필즈상이 수여되었으며, 1966년 모스크바에서 개최된 ICM에서 처음으로 4명의 수학자까지 수여하기로 결정한 후 1974년과 2002년에 각각 2명, 1983년과 1986년에 각각 3명의 수상을 제외하고는 1998년 쮜리히의 ICM에 이르기까지 각 4명에게 필즈상이 수여되었다(1982년 폴란드의 바르샤바에서 개최될 ICM은 폴란드의 국내 정치사정으로 인하여 1983년으로 연기되었음). 1936년부터 시작하여 2006년에 이르기까지 총 48명이 수상하였으며, 2006 수상자 중에 G. Perelman는 상을 거절한 것으로 유명하다(표 6.1).

한편, 필즈상은 노벨상이 매년 연령의 제한이 없이 수상되는 것과 달리 4년에 한 번씩 40세 미만인 수학자에게만 수여되고 있으며, 수상 당시 수상자의 연구 업적은 근대 수학 발전의 주류를 형성하고 있는 분야이며 대체로 순수 수학에 한하고 있다. 노벨 수상자의 평균 연령이 60대인데 비하여, 필즈상 수상자는 평균 연령이 인생의 가장 화려한 나이인 30대로서 이미 수학이라는 학문의 최고봉에 도달한 사람들이다. 그러나, '40세 미만' 이라는 규정 외에 '4년마다 한 번'이라는 제약은 훌륭한 수학자가 수상할 수 없도록 하는 문제점도 있었다. 1994년 페르마의 마지막 정리를 증명한 와일즈는 40세라는 규정으로 훌륭한 업적에도 불구하고 수상 후보조차 될 수 없었다.

(4) 아 벨 상

앞에서 설명된 대로 필즈상은 40세 미만으로 규정되어 있어 40세 이상의 뛰어난 수학자가 수상할 수 없을뿐더러 노벨상의 상금이 100만 달러인 것과 비교하여 필즈상의 상금액은 1만 달러로 빛을 잃고 있는 가운데 최근 노르웨이 정부는 2200만 달러를 출연, 뛰어난 업적을 낸 수학자들에게 수여하는 '아벨상'을 제정하였다. 아벨상의 이름은 가난과 굶주림 그리고 질병과 싸우다가 28세에 별세한 노르웨이 출신의 세계적인 수학자인 닐스 헨릭 아벨을 기념해 붙여졌다.

필즈 메달이 노벨상을 대신해왔으나 필즈 메달은 4년에 한번씩 시상한데다 수상자의 나이도 40세 이하로 제한돼 있어 노벨상만큼 대중들의 주목을 받지 못했던 것을 고려하여 나이 제한을 없애고, 아벨상은 노벨상의 상금과 비슷한 수준의 시상금을 책정하여 매년 수상자를 발표하여 시상하고 있다.

이에 따라 노르웨이 국립과학 및 문화 아카데미는 아벨의 탄생 200주년인 2003년에 J. P. Serre에게 첫 수여한 이래, 2004년 M. F. Atiyah와 I. M. Singer, 2005년 P. D. Lax, 2006년 L. Carleson 등에게 수여하였다.

6.3 3대 작도 불능

단위 길이가 주어졌을 때, 눈금 없는 자와 컴퍼스를 가지고 작도할 수 있는 수 또는 도형을 **작도 가능한 수** 또는 **작도 가능한 도형**이라고 하고, 작도 가능하지 않은 수 또는 도형을 **작도 불가능한 수** 또는 **작도 불가능한 도형**이라고 한다.

먼저 쉽게 작도 가능한 수와 도형에 관하여 설명한다.

(가) 단위 길이만큼 컴퍼스를 이용하여 직선 위에 점을 표시하면 모든 정수 길이를 작도할 수 있다.

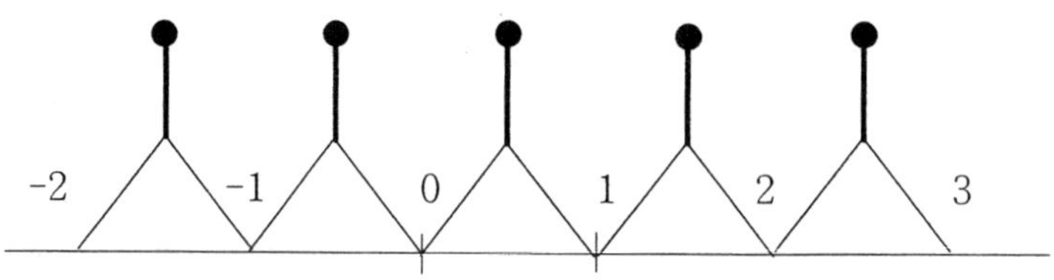

[그림 6.3]

(나) 주어진 선분의 수직이등분선을 작도할 수 있다.

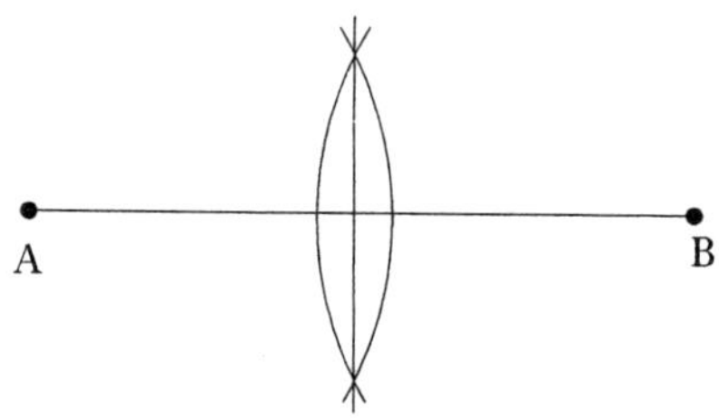

[그림 6.4]

(다) 주어진 각과 같은 각을 작도할 수 있다.

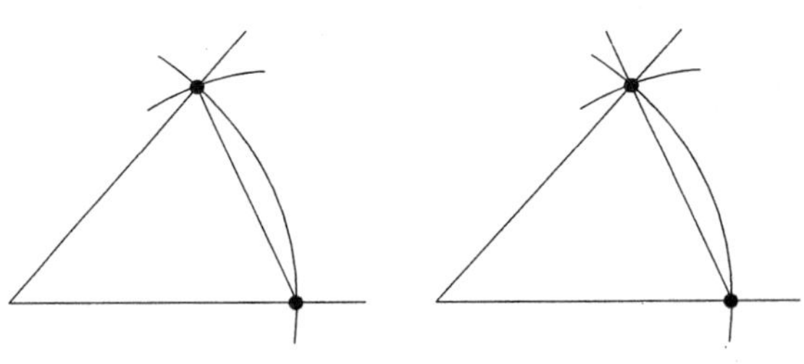

[그림 6.5]

㈑ 주어진 점을 지나고 주어진 직선과 수직인 직선을 작도할 수 있다.

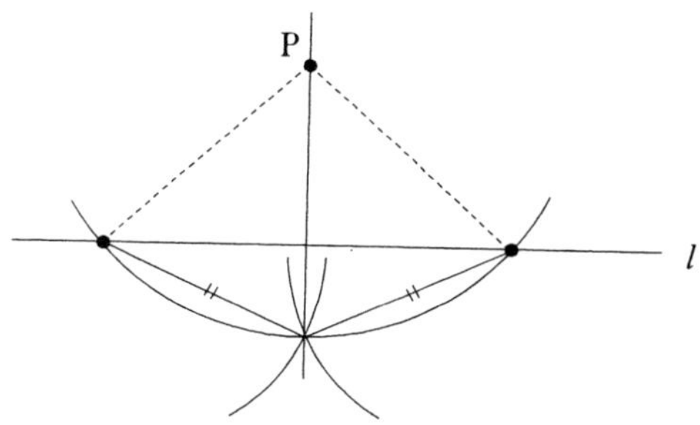

[그림 6.6]

㈒ 주어진 각을 이등분할 수 있다.

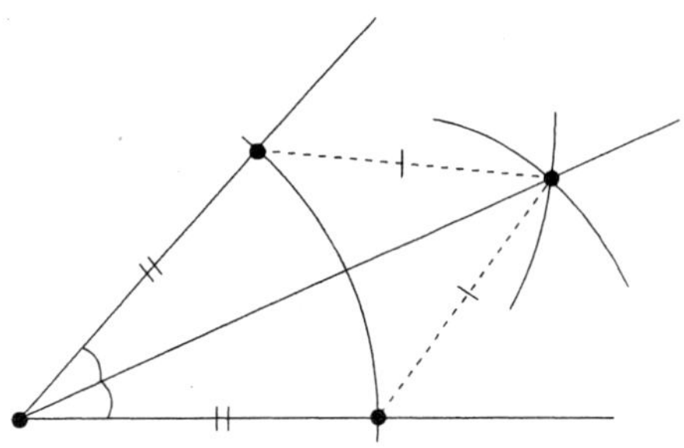

[그림 6.7]

㈓ 삼각형의 닮은꼴을 이용하면 유리수는 쉽게 작도 가능하다.

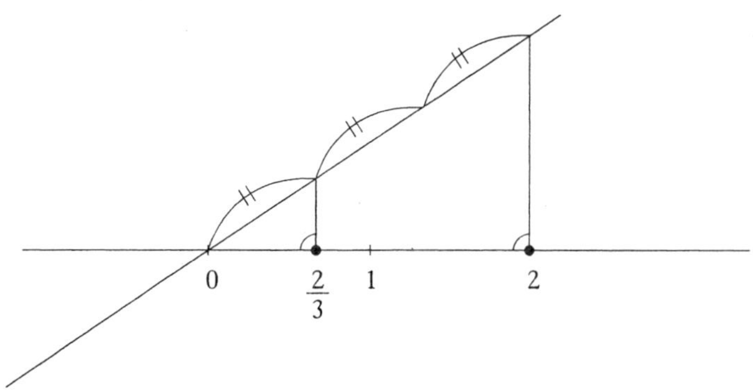

[그림 6.8]

(사) 피타고라스 정리를 이용하면 $\sqrt{n}$ (n은 자연수)을 작도할 수 있으며 이를 일반화하면 $\sqrt{\text{유리수}}$ 를 작도할 수 있다.

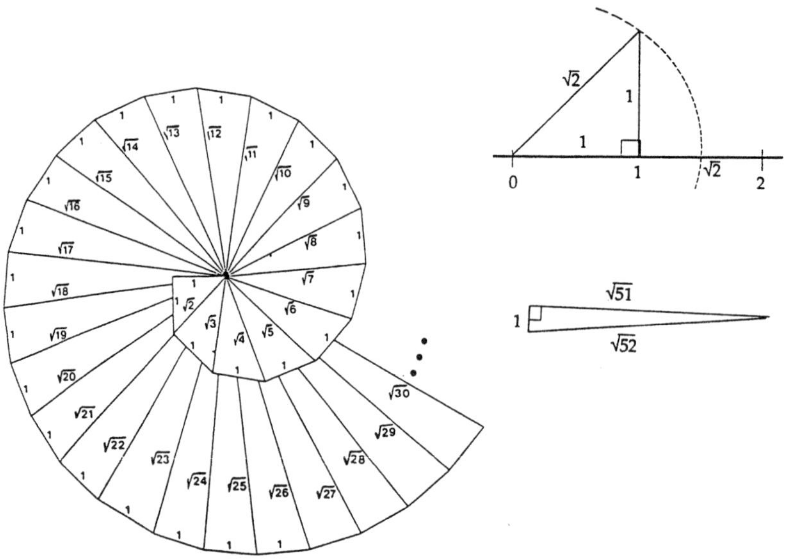

[그림 6.9] $\sqrt{n}$의 작도

(아) (바)와 (사)의 원리를 이용하면, 작도 가능한 무리수의 제곱근은 항상 작도 가능하다. 이와 같은 꼴의 수를 몇 개 나열하면, a와 b가 작도 가능한 수일 때,

$$\sqrt{\sqrt{a}+\sqrt{b}},\ \sqrt[2^n]{\sqrt[2^m]{a}+\sqrt[2^t]{b}}\ (m,\ n,\ t\text{는 자연수})\ \text{등}$$

이다.

일반적으로 어떤 도형을 작도할 때 그 도형을 작도하려면 필요한 작도 가능한 수가 있다. 이를테면, 각의 이등분은 삼각형의 합동조건으로부터 쉽게 작도가 가능하지만, 이를 이용하지 않고 다소 복잡하지만 작도 가능한 수를 작도함으로서 작도할 수 있다. 주어진 각을 이등분하는 문제를 작도하기 위하여 [그림 6.10]과 같은 직각 삼각형을 작도한 뒤에 $\cos\theta$에 해당하는 길이가 되도록 AC위의 점 P를 찾아 연결한다.

예제 6.3.1 주어진 각 2θ를 이등분하는 문제를 작도가능한 수로 변환하여 생각하여 보자.

삼각형의 2배각의 공식

$$\cos 2\theta = 2\cos^2\theta - 1$$

을 이용하면,

$$\cos\theta = \sqrt{\frac{1+\cos 2\theta}{2}}$$

이다. 선분 AB의 길이+선분 BC의 길이를 구한 다음 절반으로 나눈 것의 제곱근에 해당하는 길이가 $\cos\theta$에 해당하는 값이다.

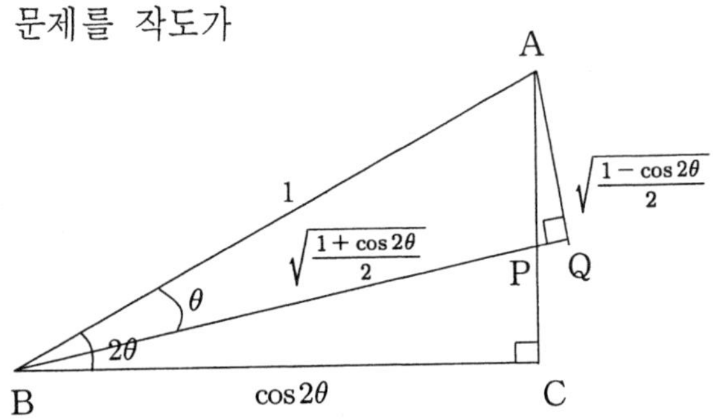

[그림 6.10] $\cos\theta$

예제 6.3.2 주어진 길이 a, b의 곱 ab과 $\frac{a}{b}$를 작도하면 [그림 6.11]과 같다.

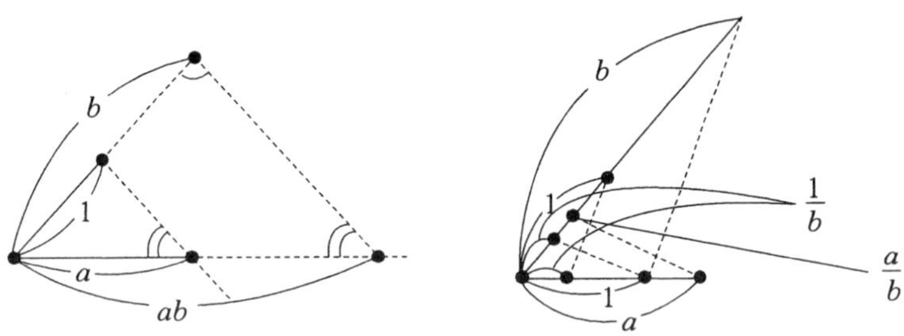

[그림 6.11] ab와 $\frac{a}{b}$의 작도

이제 작도 가능한 점에 관하여 구체적으로 살펴보자. 작도 가능한 점은 자와 컴퍼스를 이용하여 작도한 직선과 원의 교점을 이용하여 작도한다. 따라서 자와 컴퍼스로 작도되는 수로 이루어진 도형 방정식을 연립하여 해를 구한 작도 가능한 수를 이용하여 대응하는 점을 작도한다. 한편, 자로 그리는 도형은 직선이고 컴퍼스로 그리는 도형은 원이므로 작도 가능한 점(또는 수)은 연립방정식

$$\begin{cases} ax+by=c \\ x^2+y^2+\alpha x+\beta y=\gamma \end{cases}$$

의 해이다. 단, a, b, c 및 α, β, γ는 작도 가능한 수이다.

따라서 이 연립방정식의 해는 이차방정식의 해이므로 작도 가능한 수의 덧셈과 작도 가능한 수의 제곱근이 작도 가능하게 된다. 즉, 수가 작도 가능하기 위한 필요충분조건은 앞 예에서와 같이 작도 가능한 수의 2^n제곱근 꼴의 합과 차로 표현된 수이다. 이들에 대한 엄밀한 증명은 이 책의 범위를 넘으므로 생략한다.

한편, 이와 같은 꼴의 수가 아니면 작도가 불가능한 수이다. 이들 작도 불가능한 수들 중에 누구나 이해하기 쉽게 설명할 수 있는 기하학적인 예로 다음과 같은 것이 있으며, 특히 이를 **3대 작도 불능 문제**라고도 한다.

(1) **원의 넓이와 같은 정사각형의 작도** : 반지름이 1인 원의 넓이는 π이고, 같은 넓이를 가지는 정사각형의 한변의 길이는 $\sqrt{\pi}$이다. 한편, π는 $\sqrt[2^n]{\text{유리수}}$ 꼴의 수가 아닌 초월수라 불리는 수이다. 따라서 π는 작도불가능한 수이고 $\sqrt{\pi}$ 또한 작도불가능한 수이다. 즉, 원의 넓이와 같은 정사각형을 작도할 수 없다. 원주율 π가 $\sqrt{\pi}$는 작도 불가능한 수이므로 작도 불가능하다.

(2) **주어진 정육면체의 부피의 2배가 되는 정육면체의 작도** : 한 변의 길이가 1인 정육면체의 부피의 2배가 되는 정육면체의 한 변의 길이는 $\sqrt[3]{2}$이다. $\sqrt[3]{2}$가 작도 가능한 꼴이 아니므로 작도 불가능한 수이다.

(3) **일반적인 각의 3등분의 작도** : 이 작도문제 또한 3차 방정식의 일반해를 작도하는 문제로 유도된다(증명은 생략함). 실제로 두 번째 문제와 같이 세 제곱근을 작도할 수 없음으로부터 만들어진 것이다.

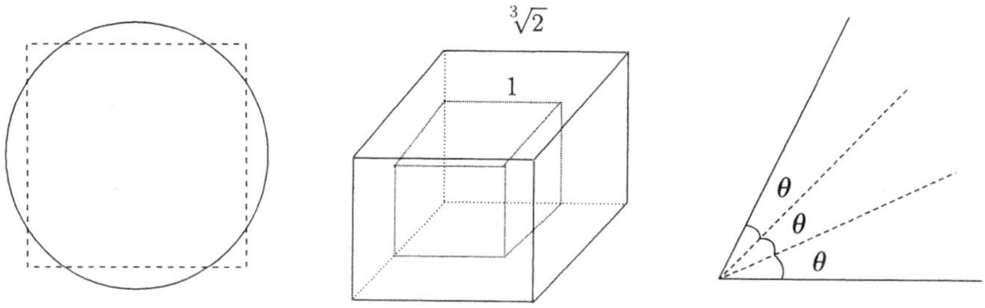

[그림 6.12] 삼대 작도 불능문제

6.4 π

원의 둘레나 넓이를 구할 때, 초등학교에서는 3.14 그리고 이후로는 π가 자주 나온다. 또한 중학교 수학 교과서에서 실수를 유리수와 무리수로 구별할 때에 π는 유리수가 아니고 무리수라는 말을 하였으며, 대학의 수학과에서는 초월수라고 한다.

실제로 일상생활에서 π의 근사값은 소수점 이하 2자리면 충분하고 인공위성을 쏘아 올리는 중요한 일에도 소수점 이하 12자리면 충분하다고 한다. 그러나 역사적으로 π의 참값에 가까운 근사값을 구하려는 시도는 오래 전부터 시작되어 오늘날에 이르렀다. 이와 같은 시도는 수학 이론은 물론 컴퓨터 이론의 발전에 많은 영향을 주었다.

이 절에서는 π의 근사값을 계산하는 방법에 관하여 설명하고 현대과학에 어떤 영향을 끼치는가를 설명한다.

지름이 1인 원의 둘레가 π이므로 이의 근사값을 구하기 위하여, 역사적으로 오래 전부터 π는 [그림 6.13]과 같이 이 원에 내접하는 정다각형의 둘레와 외접하는 정다각형의 둘레 사이에 있다는 것을 이용하여 π의 근사값을 구하기 시작하였다. 이후 미적분학과 컴퓨터의 등장은 π의 근사값을 필요이상으로 소수점 이하 많은 자리를 구할 수 있도록 하였다. 특히, 누가 π의 근사값을 소수점 이하 많은 자리를 구할 수 있는가 하는 문제는 π를 계산하는 프로그램의 개발은 물론 컴퓨터 업계에 어느 회사 제품이 빠른가 하는 회사들 간에 경쟁을 가열시키기도 하였었다.

(1) 정다각형 이용

원의 둘레는 원에 내접하는 정다각형의 둘레와 원에 외접하는 정다각형의 둘레 사이에 있다는 평범한 사실을 이용하여 오래 전부터 근사값을 구하여 왔다.

역사적으로 과정을 살펴보면, BC 1650년에 이집트의 린드 파피루스에 "지름이 9인 원의 넓이와 한 변의 길이가 8인 정사각형의 넓이는 같다"라는 사실로부터

$$64=8^2=4.5^2\pi,\ \pi=4\times\left(\frac{8}{9}\right)^2=3.160409\cdots$$

을 사용하였으며 아르키메데스(Archimedes, BC 287−212)는 π가 내접하는 정

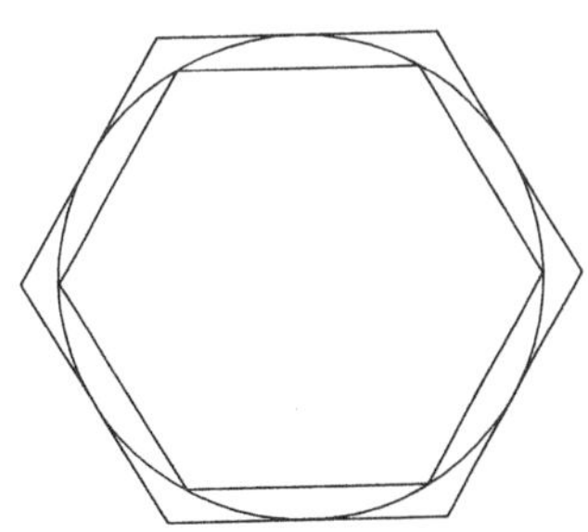

[그림 6.13] 원과 내접 및 외접 다각형

96각형의 둘레와 외접하는 정96각형의 둘레 사이에 있다는 사실로부터

$$3.140\cdots=\frac{223}{71}<\pi<\frac{22}{7}=3.142\cdots$$

을 구하므로 소수 두 자리를 정확하게 구하였고, 아드리언 메티우스(1527-1607)는 내접하는 정 1536각형의 둘레와 외접하는 정 1536각형의 둘레 사이로부터

$$\pi=3.1415929\cdots$$

를 구하여 소수 6자리까지 정확하게 구하였으며, 쿨렌(Ludolf vanCeulen, 1540-1610)은 내접하는 정 2^{62}각형의 둘레와 외접하는 정 2^{62}각형의 둘레 사이임을 이용하여 π를 소수점이하 35자리까지 정확한 값을 구하였다.

한편, 조충지(429－500)는 원주율로 유리수 $\frac{22}{7}=3.14\cdots$를 사용하였으며 더 가까운 값으로

$$\frac{355}{113}=3.1415929\cdots$$

를 사용하였다.

(2) 급수 이용

정적분

$$\int_0^1 \frac{1}{1+x^2}\,dx=\tan^{-1}x\Big]_0^1=\frac{\pi}{4}$$

의 결과를 이용하여 π의 근사값을 구하는 방법은 다음과 같다.

구간 $0\leq x<1$에서 우변 등비급수의 합을 구하면 좌변

$$\frac{1}{1+x^2}=1-x^2+x^4-x^6+\cdots$$

이므로 위 식의 양변을 구간 [0, 1] 에서 적분하면

$$\int_0^1 \frac{1}{1+x^2}\,dx=\int_0^1 (1-x^2+x^4-x^6+\cdots)\,dx$$
$$=\left[x-\frac{x^3}{3}+\frac{x^5}{5}-\frac{x^7}{7}+\cdots\right]_0^1$$

이므로

$$\frac{\pi}{4}=1-\frac{1}{3}+\frac{1}{5}-\frac{1}{7}+\cdots$$

이다. 이 방법에 의하여 참값에 이르는 원하는 근사값을 구할 수 있지만 계산이 복잡하여 적당한 자리수 이상을 구하는 것이 이론적으로는 가능하지만, 실제로는 수퍼컴퓨터를 사용하여도 용이하지 않다.

(3) 미분 이용

뉴톤과 라이프니츠에 의하여 미분에 관한 이론이 개발되면서 다각형을 이용한 방법이나 급수를 이용한 방법보다는 훨씬 빠르게 근사값을 구하는 방법이 개발되었다. 다음 표 6.2에 나오는 자리수는 컴퓨터를 사용하기 이전에 발견한 자리수들이며, 이들을 구하기 위하여 평생을 바친 사람들이 적지 않다고 한다.

이들을 구하는 중에 영국의 수학자 생크스(Shanks)의 일화는 유명하다. 그는 계산에 관한 한 당대의 천재였다고 한다. 젊었을 때 유명한 수학 교수를 찾아가 본인을 제자로 받아주기를 몇 번에 거쳐 부탁한 결과 π의 계산에 관한 연구가 시작되었으며 1877년 707자리까지 계산하였다고 한다. 이후 1945년 퍼거슨(Ferguson)은 그의 결과와 비교하였더니 527자리부터 잘못되었다는 것을 발견하였다고 한다. 퍼거슨은 이후 표에 있는 것과 같은 π의 소수점 이하 자리수를 계산하였으며, 1947년 탁상용 계산기를 통하여 808자리까지 구하였다.

표 6.2 미분을 이용한 소수점이하 자리수

인 명	발 표 년	구한 자리수
뉴톤(1642-1727)	1665	16
샤프(1651-1742)	1706	72
마틴(1680-1752)	1706	100
드 라그니(1660-1734)	1719	127
베가(1754-1802)	1794	140
러더퍼드(1798-1871)	1824	208
크라우젠((1801-55)	1847	248
러더퍼드(1798-1871)	1853	440
리히터	1855	500
생크스(1812-1882)	1877	707
퍼거슨	1946	620
퍼거슨	1947	710
퍼거슨	1947	808

[참고] 미분에 관한 연구가 뉴톤(1642-1727)과 라이프니츠(1646-1716) 중 누구에 의하여 먼저 연구되었는가는 논쟁거리 중의 하나였다. 그러나 오늘날과 같은 정보사회가 아닌 당시로 볼 때, 두 사람의 연구는 독립적인 것으로 간주되며 오늘날 사용하고 있는 기호는 라이프니츠에 의하여 사용되었던 것으로부터 유래된다고 한다.

뉴 톤

라이프니츠

⑷ 컴퓨터 이용

제 2 차 세계대전과 더불어 발전한 컴퓨터의 개발은 이와 같은 근사값을 구하는 일에는 획기적인 변화를 가져왔다. 다음 표 6.3에서 보는 바와 같이 엄청난 자리수를 구할 수 있었다.

참고로 1억 자리라면, 1억개의 숫자를 이어서 쓰면 A4용지가 몇 장이나 필요할까 생각하여 보면 알 수 있다. 실제로 A4용지 한 쪽에 10000자-20000자 정도 적을 수 있다고 하면(실제 예로 페트르베크만의 'π의 역사'라는 책에서 10000개의 수를 나열하는데 2쪽을 할애하고 있다), 1억 자리를 쓰려면 5000쪽-10000쪽이라는 엄청난 양이 필요하다. 515억 자리를 쓰려면 끔찍한 양이 되지 않을까? 실제로 이 양은 250만 쪽-500만 쪽으로 250쪽 이상 되는 서적이 10000권 정도의 양이니 상상할 수 있을 것이다. 또한, 10cm에 20자를 쓸 수 있다면, 10km에 200만자를 쓸 수 있으며 515억 자리의 수를 한 줄로 쓰려면, 약 25만km로 지구를 6바퀴 이상 도는 엄청난 거리가 된다. 실제로 모니터에 이 수들을 다 나열하는 것은 불가능하며, 프로그램 위에서 몇 번째 자리를 구하라는 명령 아래 모니터 또는 인쇄된 자리수를 볼 수 있다.

표 6.3 컴퓨터를 이용한 소수점이하 자리수

컴 퓨 터	국 명	발 표 년	자 리 수	소요시간
ENIAC	미 국	1949	2,037	70시간
NORC	미 국	1955	3,089	
PEGASUS	영 국	1957	7,480	33시간
IBM-704	프랑스	1958	10,000	
IBM-704	프랑스	1959	16,167	4.3시간
IBM-7090	미 국	1959	20,000	39분
IBM-7090	미 국	1961	100,265	8시간 43분
IBM-7030	프랑스	1966	250,000	
CDC-6600	프랑스	1967	500,000	28시간 10분
HITAC-8800	일 본	1974	1,050,000	
D. H. Bailey, Cray-2	미 국	1986	29,360,000	28시간
SX-2	일 본	1987	133,550,000	
Y. Kanada, HITACHI S-820/80	일 본	1988	201,326,000	6시간
수퍼컴퓨터	일 본	1995	4,294,960,000	
Y. Kanade, HITACHI SR2201	일 본	1997	51,539,600,000	29시간 7분

[참고] 포항공대에서는 2002년 화이트데이인 3월 14일을 숫자로 생각하여 π데이로 기념하기로 하고 가로 15m에 세로 3m의 큰 종이에 소수점이하 수백만 자리까지 써서 벽에 붙여 놓고, π의 소수점이하 자리들에서 학생 및 시민들의 생일, 학번, 주민등록번호 등이 연속으로 나오는 자리를 찾으면 찾은 자리의 길이에 따라 초코파이에서 피자파이까지 다양한 선물을 주는 행사를 치렀다. 실제로 π는 혼순환소수이므로 소수점이하의 자리수에 규칙이 없기 때문에 어떠한 유한 개의 수들의 열도 π의 소수점이하 자리에서 찾을 수 있다. 이를테면, 주민등록번호 13자리는 10^{13}개의 수들 중에 하나이므로 확률적으로 대략 소수점 이하 10^{13}자리 내에서 발견될 것으로 기대할 수 있다. 즉, 10조 자리 이내에 있을 것이다. 실제로, 대략 100만 자리 이내에서 6자리의 수가 100만개 존재하므로 생년과 월까지 맞는 나열이 존재할 것으로 기대한다.

6.5 소수의 분포

수 2, 3, 5, 7 … 등과 같이 자연수들 중에 1과 자신 외에는 약수를 가지지 않는 수를 **소수**라 한다. 이와 같은 소수가 무한히 많음은 다음의 정리 6.5.1에서 보이는 것과 같다. 주어진 자리수의 소수를 빨리 찾는 문제와 주어진 자연수가 소수인가를 빨리 판정하는 문제는 제 8 장에서 매우 중요하게 이용된다.

《정리 6.5.1》

자연수들 중에는 무한히 많은 소수가 존재한다.

증명 자연수 중에 유한 개의 소수만이 존재한다고 가정하고 모든 소수들의 나열이 p_1, p_2, …, p_k이라 가정하자. 이제, $p_1p_2\cdots p_k+1=N_k$라 놓으면, N_k는 p_1, p_2, …, p_k의 배수가 아니므로 새로운 소수가 된다. 따라서 가정에 모순이므로 자연수 중에는 무한개의 소수가 존재한다.

위 정리의 증명과정에 있는 $p_1p_2\cdots p_k+1=N_k$은 소수가 유한개가 아니므로 이 항상 소수는 아니다. 이를테면,

$$2+1=3$$
$$2\times3+1=7$$
$$2\times3\times5+1=31$$
$$2\times3\times5\times7+1=211$$
$$2\times3\times5\times7\times11+1=2311$$

은 모두 소수이지만

$$2\times3\times5\times7\times11\times13+1=30031=59\times509$$

은 소수가 아니다. 그러나 이 예와 위 정리의 증명과정에서 알 수 있듯이 $p_1p_2\cdots p_k+1=N_k$는 p_1, p_2, …, p_k중에 어느 것도 약수로 가지지 않는다. 즉, 이 예와 같이 크기 순서대로 모든 소수를 곱하면 지금까지 나열한 소수보다 더 큰 소수를 얻는다. 특히, 소수의 개수에 관하여는 유클리드 정리를 확장한 다음과 같은 디리클레(Dirichlet) 정리가 있다. 이 정리의 증명은 이 책의 수준을 넘으므로 생략한다.

《정리 6.5.2》

서로 다른 두 양의 정수 a, b에 대하여

$$an+b \quad (n\in\mathbf{Z},\ \gcd(a,\ b)=1)$$

의 꼴인 소수는 무한히 많다.

이를테면, $8k+1$꼴의 소수, $8k+3$꼴의 소수 등은 무수히 많다. 이제 k자리의 자연수 n을 임의로 선택할 때, n이 소수일 확률에 대하여 알아보려면, 다음 정리가 필요하다.

《정리 6.5.3》 (소수개수정리)

임의의 자연수 x에 대하여 1과 x 사이에 소수의 개수를 $\pi(x)$라 하면

$$\pi(x) \fallingdotseq \left[\frac{x}{\ln x}\right].$$

단, $[a]$는 a이하인 최대 정수를 의미한다.

실제로, x의 값에 따라 $\pi(x)$의 값과 $\left[\frac{x}{\ln x}\right]$을 비교하면 표 6.4와 같다.

표 6.4 $\pi(x)$와 $\left[\frac{x}{\ln x}\right]$

x	$\pi(x)$	$\left[\frac{x}{\ln x}\right]$
10	4	4
10^2	25	22
10^3	168	145
10^4	1229	1086
10^5	9592	8686
10^6	78498	72382
10^7	664579	620421

예제 6.5.1 100자리 홀수를 선택할 때 소수일 확률은 정리 6.5.3에 의하여

$$\frac{\pi(10^{100})-\pi(10^{99})}{100\text{자리 홀수의 개수}}=\frac{\frac{10^{100}}{\ln 10^{100}}-\frac{10^{99}}{\ln 10^{99}}}{\frac{10^{100}-10^{99}}{2}}\doteqdot\frac{1}{115}\text{이다.}$$

위의 정리 6.5.3에 의하여 자연수 중에는 일정한 비율의 소수가 존재한다. 그러나 이들은 균등(uniformly)하게 분포되는 것은 아니다. 이를테면, $21817283854511250+k$는 $k=11$, 13, 17, 19, 29, 21, 37, 41, 43, 47, 53, 59, 61인 모든 경우에 소수이나, 11000001446613354로부터 연속된 653개의 수가 합성수이다. 또한, 정리 6.5.3으로부터 임의로 큰 n에 대하여 n번째 소수는 대략 $[n\log n]$의 근처로 추정할 수 있다.

이와 같이 소수를 찾는 문제는 지금까지 해결되지 않은 문제들이 많이 있다.

소수의 쌍 (3, 5)와 (5, 7)과 같이 일반적으로 $(p, p+2)$인 소수의 쌍을 **쌍둥이 소수**(twin prime)라 하는데 이들 쌍의 개수가 유한인지 무한인지는 아직까지 알려지지 않고 있다. 현재까지 알려진 가장 큰 쌍둥이 소수는 2005년 발견된 $16869987339975\cdot 2^{171960}\pm1$이다.

소수 중에는 특수한 꼴의 소수가 있다. 소수에 관한 연구가 시작된 이후, 어떤 꼴의 수가 소수가 되는가 하는 생각을 하게 되었으며, 이중 페르마는 자연수 중에 $2^{2^n}+1$의 꼴로 나타나는 수가 소수가 아닐까 생각하였다. 이와 같은 꼴의 수를 **페르마 수**라 하며 이 중 소수를 **페르마 소수**라 한다. 이를테면, $2^{2^0}+1=3$, $2^{2^1}+1=5$, $2^{2^2}+1=17$, $2^{2^3}+1=257$ 및 $2^{2^4}+1=65537$은 페르마 소수이나 $2^{2^5}+1=641\times6700417$은 페르마 소수가 아니며, 현재까지 알려진 가장 큰 페르마 소수는 65537이다.

이와는 달리 현재까지도 컴퓨터에 의하여 계속 확인되고 있는 수가 있다. 자연수 중에 2^q-1의 꼴로 나타나는 수를 **메르센**(Mersenne) **수**라 하며 이 중 소수를 **메르센 소수**라 한다. 자연수 2^q-1이 메르센 소수가 되려면 q는 소수이어야 하지만 일반적으로 역은 성립하지 않는다. 이를테면, 2^2-1, 2^3-1, 2^5-1 및 2^7-1은 메르센 소수이나 $2^{11}-1=23\times89$은 메르센 소수가 아니다.

실제로 메르센 소수에 관한 발견의 역사는 다음 표 6.5와 같으며, 현재까지 모두 44개의 메르센 소수가 발견되었을 뿐, 메르센 소수가 유한개인지 무한개인지는 아직 밝혀지지 않았다. 과거에 확률적으로 40개만이 존재할 것으로 추측되었으나 2004년 5월 28일 41번째 메르센 소수가 발견되면서 추측이 잘못됨을 알게 되었다. 최근 큰 메르센 소수는 Woltman이 창시한 GIMPS(Greatest Integer Mersenne Prime Search)에

서 발견하였다. 이 연구회에서는 1000만 자리 이상의 메르센소수의 발견자에게 10만 달러의 상금을 제안하고 있다.

표 6.5 메르센의 소수

번호	q	자리 수	발견 년도	발 견 자
1	2, 3, 5, 7	1, 1, 2, 3		
5	13	4	1456	익명
6	17, 19	6, 6	1461	P. A. Cataldi
8	31	10	1772	L. Euler
9	61	19	1883	I. M. Pervushin
10	89, 107	27, 33	1911, 1914	R. E. Powers
12	127	39	1876	E. Lucas
13	521, 607, 1279	157, 183, 386	1952	R. M. Robinson
16	2203, 2281	664, 687		
18	3217	969	1957	H. Riesel
19	4253, 4423	1281, 1332	1961	A. Hurwitz
21	9689, 9941, 11213	2917, 2993, 3376	1963	D. B. Gillies
24	19937	6002	1971	B. Tuckerman
25	21701	6533	1978	C. Noli & Nickel
26	23209	6987	1979	C. Noll
27	44497	13395	1979	H. Nelson & D. Slowinski
28	86243	25962	1982	D. Slowinski
29	132049	39751	1983	D. Slowinski
30	216091	65050	1985	D. Slowinski
31	110503	33265	1988	Colquitt & Welsh
32	756839	227832	1992	D. Slowinski & Gage
33	859443	258716	1994	D. Slowinski & Gage
34	1257787	378632	1996	D. Slowinski & Gage
35	1398269	420921	1996	Woltman et.al.
36	2976221	895932	1997	Woltman et.al.
36	3021377	909526	1998	Woltman et.al.
38	6972593	2098751	1999	Woltman et.al.
39	13466917	4053946	2001	Woltman et.al.
40	20996011	6320430	2003	Woltman et.al.
41	24036583	7235733	2004	Woltman et.al.
42	25964951	7816230	2005	Woltman et.al.
43	30402457	9152052	2005	Woltman et.al.
44	32582657	9808358	2006	Woltman et.al.

6.6 피보나치 수열

수열 1, 1, 2, 3, 5, 8, 13, 21, 34, 55, 89 … 등과 같이 앞의 두 항을 더하면 다음 항이 나오는 수열을 **피보나치**(Fibonacci) **수열**이라 한다. 피보나치 수열의 일반항을 f_n으로 나타내면, 이 수열은

$$f_{n+2}=f_n+f_{n+1},\ f_0=1,\ f_1=1$$

로 표현할 수 있다. 이 수열은 다음과 같은 다양한 성질을 만족한다.

(1) $f_1+f_2+\cdots+f_n=f_{n+2}-1$

(2) $f_2+f_4+\cdots+f_{2n}=f_{2n+1}-1$

(3) $f_1^2+f_2^2+\cdots+f_n^2=f_nf_{n+1}$

(4) $f_1f_2+f_2f_3+\cdots+f_{2n-1}f_{2n}=f_{2n}^2$

(5) $\gcd(f_m,\ f_n)=f_{\gcd(m,\ n)}$

(6) $\lim_{n\to\infty}\dfrac{f_{n+1}}{f_n}=\dfrac{1+\sqrt{5}}{2}$ (황금비)

다음 [그림 6.14]는 파스칼의 삼각형과 피보나치 수열을 나타낸다.

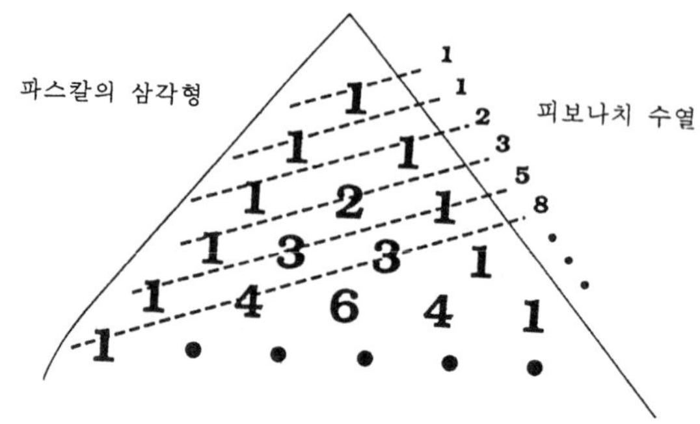

[그림 6.14] 파스칼의 삼각형과 피보나치 수열

자연 중에는 피보나치 수를 이루는 경우가 많다. 백합 · 아이리스는 3장, 애기 미나리 · 아재비 · 야생장미는 5장, 참제비고깔은 8장, 시네라리아는 13장, 치커리는 21장, 질경이는 34장, 쑥부쟁이는 종류에 따라 55장 혹은 89장의 꽃잎을 갖고 있다. 더욱이 해바라기 씨들의 나열된 모양(오른쪽에서 왼쪽으로 향하는 나선의 수와 왼쪽에서 오른쪽으로 향하는 나선의 수가 21과 34, 34와 55, 55와 89등의 연속하는 피보나치 수의 형태로 나타난다.), 솔방울의 뒤쪽에 그려진 곡선의 수 등 자연현상의 대부분이 피보나치 수로 형성되어 있을 뿐 아니라, 우리가 잘 알고 있는 황금비율 0.618, 1.618도 피보나치수열에 의해서 얻어진 것이다. 이제 피보나치 수의 응용에 관하여 살펴본다.

(1) 자연현상속에서의 Fibonacci 수

먼저 솔방울의 나선형 그림은 [그림 6.15]와 같이 시계방향으로 8개의 나선이 왼쪽 아래에서 오른쪽 위로 대각선 방향으로 천천히 가고, 시계 반대방향으로 13개의

나선이 오른쪽 아래에서 왼쪽 위로 대각선방향으로 보다 급하게 가로질러 가고 있다. (8과 13은 피보나치 수이다)

[그림 6.15] 솔방울의 그림

한편, 꽃씨의 배열은 [그림 6.16]과 같다. 이를테면, 해바라기 꽃과 데이지 꽃의 나선의 수를 세어보면 가장자리에서 오른쪽, 왼쪽으로 향하는 나선의 수가 연속하는 피보나치 수로 나타난다. 식물의 종류에 따라 다르지만 나선의 수가 21과 34, 34와 55, 55와 89 등의 연속하는 피보나치 수의 형태로 나타난다.

[그림 6.16] 꽃씨의 배열

위의 예 외에 피보나치 수열이 가장 잘 나타나는 것은 식물의 잎차례이다. 잎차례는 줄기에서 잎이 나와 배열하는 방식이다. 잎차례는 t/n로 표시한다. t번 회전하는 동안 잎이 n개 나오는 비율이 참나무 · 벚꽃 · 사과는 2/5이고, 포플러 · 장미 · 배 · 버드나무는 3/8, 갯버들 · 아몬드는 5/13이다. 모두 피보나치 수이다. 전체 식물의 90%가 피보나치 수열의 잎차례를 따르고 있다. 이처럼 잎차례가 피보나치 수열을 따르는 것은 잎이 바로 위의 잎에 가리지 않고 햇빛을 최대한 받을 수 있는 수학적 해법이기 때문이다.

(2) 황금비

피보나치 수열에서 얻어진 황금비는 여러 곳에서 응용된다.

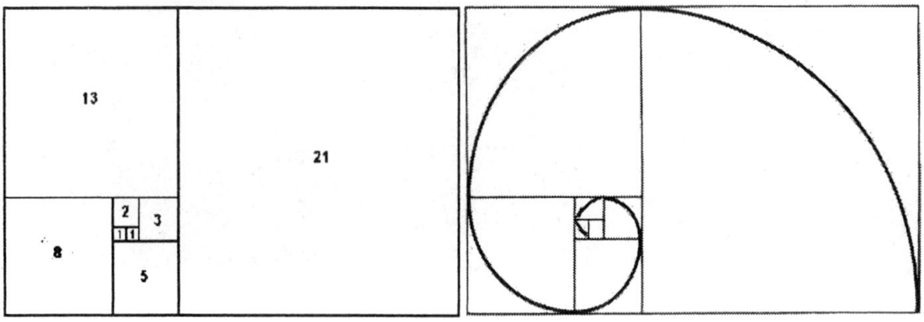

[그림 6.17] 황금 직사각형

[그림 6.17]의 왼쪽 그림은 피보나치 수열을 이용하여 황금 직사각형을 연속적으로 작도한 것이다. 먼저 한 변이 1인 정사각형 두 개(피보나치 수열의 제 1, 2항)를 나란히 그리고 다시 이 두 변의 합을 한 변(피보나치 수열의 3항)으로 하는 정사각형을 그린다. 다시 피보나치 수열의 제 2, 3항의 합을 한 변으로 하는 정사각형을 그리고, 다시 제 3항, 4항의 합을 한 변으로 하는 정사각형을 그려나가는 식으로 그려가면 [그림 6.17]을 얻을 수 있다.

또한, 이 사각형의 안쪽 대각 꼭지점으로부터 각 정사각형의 대각 꼭지점들을 연결하면, 위의 오른쪽과 같은 하나의 아름다운 곡선을 얻을 수 있는데 이것을 등각나선이라 한다. 이것이 등각나선이라고 불리는 이유는 그 선의 중심으로부터 나온 반지름은 이 나선을 똑같은 각도로 자르기 때문이다.

지금까지 피보나치 수가 자연현상 속에서 얼마나 많은 부분을 차지하고 있는지도 알 수 있었다. 이외에도 여기서 설명하지는 않았지만 실제로 건축, 예술, 생물학, 증권시장 등 여러 분야에 피보나치 수가 응용되고 있다. 피보나치 수열에 대한 연구는 비록 우리나라에서는 소외되고 있지만, 외국에서는 이 연구가 활발하여 최근에는 러시아에서 수학 올림픽문제에 자주 나오고, 미국에서는 1962년 피보나치 협회가 결성되어 '계간 피보나치'라는 연구논문지까지 발간하여 그에 관한 논문이 실리고 있다.

7 부호이론

모든 동물은 어떤 방법으로든 정보를 전달하면서 그들의 삶을 영위해가지만, 인간을 제외하고는 인간과 같이 정보전달 과정을 발전시키지 못하였다. 사람은 여러 과정을 통하여 효율적으로 정보를 전달하는 방법을 발전시켰으며, 오늘날 정보의 전달방법은 불과 20년 전에는 예측할 수 없는 수준에 이르렀다.

이 장에서는 정보전달과정을 역사적으로 고찰하고, 주민등록번호 생성, 여권번호 생성, 국제표준서적번호, 막대 부호 등 구체적인 정보전달의 예들을 다루면서 간단하고 기본적인 정보전달 이론에 관하여 다룬다.

정보화 사회와 컴퓨터

수학의 기본 원리를 이용한 여러 응용분야가 정보화사회로 진입하도록 하는데 결정적인 역할을 한 도구가 컴퓨터라는 사실은 인정하지 않는 사람은 없을 것이다. 이와 같은 컴퓨터는 제2차 세계대전 중에 다양한 필요성에 의하여 만들어지기 시작하였다. 이들 중에 위 그림의 콜로서스(Colossus)는 당시 독일 암호기 Enigma를 해독하려고 1943년 A.M Turing을 중심으로 개발한 해독기로 오늘날 컴퓨터의 원조 중에 하나이다. 아래 그림은 크레이연구소에 의하여 박물관에 기증된 수퍼 컴퓨터이다.

콜로서스

수퍼컴퓨터

7.1 서　　론

정보화사회란 20C 컴퓨터와 통신기술의 발달로 정보통신이 용이함으로 다양한 종류와 형태의 정보를 언제, 어디서나 접근, 검색, 활용할 수 있는 사회를 의미하며 다른 말로 지식정보사회라고도 한다. 정보화사회로의 발전과정은 아래와 같다.

유목사회 → 농경사회 → 산업사회 → 정보화사회(지식정보사회)

여기에서 말하는 **정보**(information)란 사용자 개개인에 따라 다른 것으로 사용자의 의사 결정에 도움을 주기 위하여 활용될 수 있는 형태의 자료를 의미한다. 이들 자료는 때에 따라 보이지 않는 자료일 수도 있는 등 여러 가지 형태로 나타난다.

오늘날 인터넷(internet)과 휴대전화(cellular phone)의 대중화에 의하여 모든 사람은 원하는 정보를 이들 매체를 통하여 쉽게 접근·검색하여 얻는다. 또한 정보를 얻는 방법으로 합법적인 방법과 불법적인 방법이 있다. 정보를 합법적으로 얻는 과정에서 정확한 정보를 얻는 과정은 매우 중요하다. 이를테면, 무인우주선을 통한 정확한 자료의 전송, 시끄러운 장소에서 전화 통화 또는 기지국이 먼 곳에서 이동전화로 통화할 때 정확하게 알아듣기는 쉬운 일이 아니다. 이러한 경우에 정보를 정확하게 전달하는 방법과 효율적으로 정보를 전달하는 방법은 매우 중요하다. 이들의 원리에 관하여 다루는 학문을 **부호이론**(coding theory)이라 한다. 이 원리를 최초로 학문적으로 연구한 사람이 쉐넌(C. Shannon)이다. 소음이 심한 통신로에서도 적당한 조건이 주어지면 충분히 큰 원하는 확률로 정보를 정확하게 전달할 수 있다는 이론을 그가 1948년 제시하면서 부호이론이 발전되기 시작하여 오늘에 이르렀다.

한편, 불법적인 정보누출로 국가는 물론 개인에 이르기까지 경우에 따라 상당한 손해를 입을 수 있다. 이를테면, 국가의 군사전략, 군인과 무기배치 정보, 국가의 외교전략 및 현황, 공공기관이 소유하고 있는 개인정보, 회사의 제품개발계획 및 축적기술 등은 보호되어야 할 중요한 정보이다. 또한 인터넷의 등장과 더불어 자료의 해킹 및 훼손, 바이러스 등으로부터 정보를 보호해야 함은 정보화 사회의 과제이다. 이 과제를 해결하려고 연구하는 학문을 **정보보호이론**이라 한다.

정보보호이론은 암호학을 이론적 배경으로 응용된 분야로 인류의 역사가 시작되면서 전쟁과 더불어 발전하여 왔지만, 이와는 달리 정보통신분야는 주로 20C 중반(1940년대 이후)에 이르러 시작되었다. 다음 표 7.1과 표 7.2는 정보화 사회로의 중요한 변천 역사를 설명하여 준다.

표 7.1 세계 중요 정보전달 변천사

BC 35000	크로마뇽 시대, 언어	전달방법 개발
4000	동굴 벽화, 슈멜인의 문자	장애극복(시간)
AD 1000	그리스에 서적 등장	시간극복 및 전달방법 개선
1453	쿠텐베르그 활자 발명	정보의 표준화 및 일반화
1562	최초 일간 신문(이태리)	장애극복(사회계층)
1835	모르스 전보발명	장애극복(거리)
1876	유선전화 발명(Alexander Graham Bell)	음성정보(즉시성, 양방향성)
1877	Edison 축음기	음성 저장
1895	영화	영상 저장
1895	Marconi(이태리,볼로냐지방)	Radio기술(무선통신 시스템 발명)
1920	미 최초 방송국(KDKA)	1대 다수, 동일 생활 · 환경체험
1927	BBC TV 실험방송	B/W
1957	소련 스포토닉 1호	인공위성
1962	미 Telstar I	위성통신 사업
1972	Internet 시작	
1982	USA Today	Internet신문
1984	휴대전화 상용서비스	
1992	world wide web	

표 7.2 국내 중요 정보전달 변천사

1234	고종, 금속활자 발명	정보의 표준화 및 일반화
1443	세종대왕, 훈민정음	정보의 일반화
1883	한성순보	
1896	최초 전화가설(고종 집무실)	德律風(telephone)
1927	경성 방송국(JODK)	Asia 4번째
1961	KBS TV개국	Color TV개국(1980)
1988	휴대전화 상용서비스	
1991	PC 통신시대 개막	
1999	ADSL 상용서비스 시작	무선인터넷 상용서비스 시작(2001)
2003	Convergence 시대	Ubiquitus 시대(2006)

7.2 정보이론의 소개

'인간은 사회적 동물이다'라는 말은 인간은 인간과 더불어 정보를 교환하며 산다는 의미로 생각할 수 있다. 언어가 만들어지기 전에 의사표현 즉 정보전달 수단을 상상하면, 가장 발전된 수단 중의 하나가 수화일 것이다. 역사적으로 정보의 전달에서 극복하려 했던 환경적 요소는 **시간, 거리** 및 **위치**이다. **문자의 발견**에 의하여 시간을 초월하여 정보를 전달하면서 정보 전달의 방법이 발전하기 시작한 이후 19세기 초 **전신**(telegraph)의 발명에 이어 19세기 후반 Bell의 **전화발명**을 계기로 정보의 전달에서 거리를 극복하게 되었으며, 이동전화를 포함한 **인터넷**의 발달은 정보의 전달에서 위치까지 극복하게 되여 오늘날을 정보화사회로 유도하였다.

인류의 기원과 함께 했을 것으로 추측되는 언어는 처음에는 매우 간단한 단어 몇 개로 의사소통을 하면서 시작되어 문명의 발달과 더불어 다양하고 복잡한 많은 단어로 구성되고 있다. 이들 언어를 이용하여 정보를 정확하게 전달하던 방법은 컴퓨터라는 매체를 통하여 컴퓨터가 인지하는 언어 즉 아스키코드(ASCII)를 통하여 모든 세계인이 같은 문자를 쓰고 있다.

정보를 전달하는데 있어서 가장 중요한 것은 음성으로 된 정보나 문자로 된 정보나 원래 그대로 변형되지 않게 전달하는 것이다. 이와 같이 정보의 전달에서 정보가 변형되지 않고 정확하게 전달되는 성질을 **무결성**(integrity)이라 한다. 정보의 예들 중에는 오늘날 컴퓨터 시스템에서 자주 쓰이는 아스키코드와 같이 0과 1의 나열(이들을 보통 **비트**라고 부른다)로 되어 있는 것이 많다. 이와 같이 디지털화 된 정보에서 누군가가 0과 1로 나열된 수들의 열에서, 0 또는 1 하나를 적당한 위치에 삽입하고 적당한 위치의 수를 삭제하면 원래의 정보와 상당한 차이가 일어나는 것을 알 수 있다. 이를테면, [그림 7.1]과 같은 아스키코드에서 7번째에 0을 넣고 31번째에 해당되는 수를 삭제하면, 변형된 정보는 모든 8자리 코드가 다르게 되어 원래의 정보와 전혀 다른 정보가 될 것이다.

원래의 정보 : C O M E
아스키코드 : 01100011 01101111 01101101 01100101
변형된 코드 : 01100001 10110111 10110110 10110011

[그림 7.1] 삽입과 삭제에 의한 변형된 자료

[그림 7.1]에서와 같이 의도된 변형과 달리, 정보를 전달하는 환경들 즉, 번개가 치는 상황, 교통이 혼잡한 시끄러운 장소 등에서 전화를 할 때, 흔히 상대방의 말을 알아듣지 못하는 일이 일어난다. 이러한 상황에서 현실적으로는 평범한 사람은 상대방에게 '잘 들리지 않아. 다시 한 번' 이라는 반복을 요청하므로 정확한 정보를 얻으려고 노력할 것이다. 간단한 상황에서는 이와 같이 해결되겠지만, 일반적인 경우에는 어떻게 해결하는지 알아보기 전에 [그림 7.2]와 같은 정보의 전달 체계를 설명한다.

소음 또는 특수한 환경에서 정보가 전달될 때, 오류가 일어날 수 있는 매체를 **소음통신로**(noisy channel)라고 한다. 이러한 소음통신로를 통한 정보의 전달에서 오류가 일어나지 않고 정확하게 전달될 수 있다는 이론적 연구는 쉐논에 의하여 시작되었다. 그는 소음통신로에 관한 적당한 조건이 주어지면 충분히 큰 원하는 확률로 정보를 정확하게 전달할 수 있다는 이론을 제시하고 이를 수학적으로 증명하였다.

정보란 전달할 내용으로 적당한 자료들에서 선택되며, 전달하기 위하여 선택된 자료 또는 정보를 **전문**(message)이라 한다. 이 전문은 컴퓨터나 기타 기계를 통하여 통신로가 이해할 수 있는 **신호**(signal) 또는 **부호어**(codeword)라고 하는 기호들의 열로 변환된다. 이와 같이 통신로가 이해할 수 있는 신호로 변환하는 기계를 **부호기**(encoder)라고 한다. 이 신호는 주어진 환경의 통신로를 거치면서 변환될 수도 있고 그대로 전달 될 수도 있다. 이 통신로를 거친 상태를 **수신벡터**(received vector)라고 하고, 이 수신벡터는 다시 컴퓨터 또는 적당한 기계를 통하여 받는 사람이 이해할 수 있는 전문으로 변환된다. 이와 같이 수신자가 이해할 수 있는 전문으로 변환시키는 기계를 **복호기**(decoder)라고 한다. 이때, 정보를 보내는 주체를 **송신자**라고 하고 정보를 받는 주체를 **수신자**라고 한다.

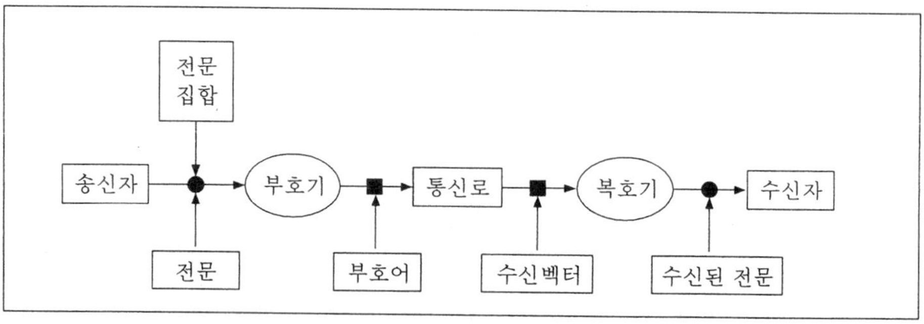

[그림 7.2] 통신로를 통한 정보전달 체계

이를테면, A가 B에게 전화를 걸고 A가 말하고 B가 들을 때, A의 전화기는 부호기가 되어 A의 정보 즉 전문을 전화선이 인지할 수 있는 형태인 신호로 변환하여 주고 B의 전화기는 복호기가 되어 신호를 다시 음성으로 변환한 수신된 정보 또는 전문을 B에게 제공한다.

정보를 전송할 때 고려하여야 하는 중요한 문제는 얼마나 신속하게 오류가 없이 정확하게 전달하느냐 하는 것이다. 이를테면, 부호어 01100011을 정확하게 전달하기 위하여, 부호어 01100011을 세 번 반복하는 방법으로 000 111 111 000 000 000 111 111과 같이 각 비트별로 세 번 반복하여 전송하면 01100011을 전달할 때보다 오류가 일어날 가능성은 줄어든다. 그러나 전송할 정보를 반복하면 할수록 전송하여야 할 자료의 양은 늘어나게 되어 같은 정보를 전송하는데 걸리는 시간이 늘어난다.

실제로 자료를 전송할 통신로의 환경에 따라 오류의 수정이 중요한 경우와 전송할 자료의 양을 최소화하는 일이 중요한 경우가 있다. 따라서 주어진 환경에서 자료를 전송하는 최적의 방법은 중요할 것이다. 즉, 정보를 부호어로 변환하는 방법에 따라서 오류의 수정이나 전송할 자료의 양이 결정된다. 이를테면, 컴퓨터에 입력된 자료를 저장하거나 출력할 때에는 그 과정에서 일어나는 오류의 문제는 거의 없으며 컴퓨터의 용량을 최소로 점유하도록 최소의 자료가 되는 것이 최선이 될 것이다. 반면에, 소음이 심한 곳에서의 통신이라든가 좋은 음악의 재생 등에는 오류의 문제가 중요한 결정 요소가 될 것이다. 이들에 관한 문제를 최적화 하는 일이 부호이론 또는 정보이론에서 연구할 중요한 문제 중에 하나이다.

[참고] 언어를 조금만 살펴보면 자주 쓰이는 정보를 표현한 단어는 일반적으로 가끔 쓰이는 정보를 표현한 단어보다 짧게 구성되어 있으며 어떤 자음 뒤에 특정한 자음은 동시에 사용되지 않거나 특정한 자음 뒤에는 특정한 모음이 자주 쓰이는 원칙이 있다. 실제로 언어에서 정보를 문자화(또는 부호화)하는 데는 앞에서 설명한대로 오류가 덜 발생하도록 구성되어 있으며 또한, 정보를 자료화할 때 자료가 최소화되도록 한다는 원칙이 있다. 역사적으로 언어를 만들 때 이와 같은 원리를 알고 만들었을까? 하는 의문은 많은 추측을 일으키지만, 일반적으로는 먼저 사용된 정보일수록 짧게 구성되어 있으며, 이 원칙이 자주 사용하는 정보와 연관성이 있다. 이와 같은 원칙으로 정보를 변환하는 방법 중 하나가 뒤에 다룰 허프만(Huffman)의 알고리즘이다.

7.3 부호의 정의

제 2 절의 [그림 7.1]과 [그림 7.2]에서 정보를 표현하는 방법과 정보를 전달하는 체계에 관하여 설명하였으며, 정보를 효율적으로 전달하기 위하여 정보를 표현하는 방법에 관하여 간단하게 다루었다. 이 절에서는 이들에 관하여 이론적인 전개를 위하여 보다 엄밀하게 정의한다.

음성정보가 유선통신 또는 이동통신을 통하여 상대방에게 전달될 때 전송매체가 인식할 수 있는 형태로 변환된 것이나 컴퓨터에서 모니터에 나타난 글과 컴퓨터의 하드 디스크에 저장될 때에 하드 디스크에서 인식되도록 변환되는 것처럼 어떤 형태의 정보가 그 정보가 전달될 전송매체가 인식할 수 있는 형태로 변환된 것을 **신호** 또는 **부호어**라 정의하였다. 실제로 전송되어야 할 대상인 정보들은 무한히 많고 이들 정보를 구별하기 위한 신호 또는 부호어는 정보의 양에 대응되는 만큼 많다. 이들 신호 또는 부호어들의 집합을 **부호**(code)라고 한다. 부호와 대응시키기 위하여 앞으로는 신호보다 부호어라는 용어를 주로 사용한다.

사람들이 대화할 때 사용하는 언어에서는 마침표, 쉼표, 감탄부호 등 문장 기호들을 따로 나타내지 않으므로, 영어로 대화할 때 모든 정보는 단어(word)들의 나열로 생각할 수 있다. 이때 정보를 나타내는 단어는 부호어이고, 사용되고 있는 모든 단어의 집합이 부호이다. 한편, 통신로를 컴퓨터로 생각하고 사람이 컴퓨터에 정보를 전달한다고 생각하면, 사용되는 정보를 나타내는 단어의 알파벳 각각의 아스키코드 값이 부호어이고, 사용되는 모든 아스키코드 값의 집합이 부호가 된다.

한편, 언어는 많은 부호어를 가지지만, 아스키코드들의 집합은 언어와 비교하여 아주 적은 부호어를 가진다. 일반적으로 특수한 목적을 위하여 사용되는 부호는 많지 않은 부호어를 가진다. 이를테면, 4지 선다형 시험을 보는 수험생은 4개의 정보만 주면 되므로 4개의 정보를 나타내는 부호어를 가지는 부호가 있으면 정보를 전달할 수 있고, 말을 할 수 없이 고개를 끄떡이거나 그대로 있으므로 의사 표현을 하는 환경에서는 2개의 정보밖에 없으므로 2개의 부호어를 가지는 부호만 필요하다. 따라서 주어진 환경에 따라 효율적인 부호를 설계하는 것이 정보이론에서 연구해야 하는 중요한 과제 중에 하나이다.

이제, 부호를 다른 관점에서 살펴보면, 언어에서는 하나의 부호어가 컴퓨터 자판에 있는 알파벳으로 이루어지는 반면에 아스키코드에서는 하나의 부호어가 8개의 0과 1

의 나열로 만들어진다. 즉, 언어에서 부호어를 구성하는 요소는 컴퓨터 자판에 있는 모든 알파벳이고 아스키코드에서 부호어를 구성하는 요소는 0과 1뿐이다. 이와 같이 부호어를 구성하는 요소를 편의상 **알파벳**(alphabet)이라 한다. 이를테면, 현대사회에서 정보의 전달에 주로 사용되는 알파벳은 주로 0과 1이다.

영어 단어가 부호어가 되는 예에서는 boy, girl, school과 같이 알파벳을 각각 3개, 4개, 6개를 쓰고 있지만, 아스키코드 값이 부호어가 되는 예에서는 모든 부호어가 0 또는 1을 8개씩 쓰고 있다. 이와 같이 모든 부호어가 알파벳을 일정한 수 l개만 사용한 부호를 길이 l인 **블록부호**(block code)라고 한다. 일반적으로, 알파벳의 집합을 Q로 나타내고 n개의 알파벳들로 이루어진 수열의 집합을 Q^n으로 나타낸다. 일반적으로, 집합 Q^n을 필요에 따라 다음과 같이 나타낸다.

$$\{a_1a_2\cdots a_n \mid a_i\in Q\}, \qquad \{(a_1a_2\cdots a_n) \mid a_i\in Q\},$$
$$\{(a_1,\ a_2,\ \cdots,\ a_n) \mid a_i\in Q\},\ \{[a_1a_2\cdots a_n] \mid a_i\in Q\}$$

이와 같은 기호들을 약속할 때, 알파벳의 집합이 Q이고 블록의 길이가 n인 부호는 Q^n의 부분집합임을 알 수 있다. 이를테면, 알파벳 0과 1을 가지는 집합을 Z_2로 나타내므로 아스키코드는 $(Z_2)^8$의 부분집합이다.

예제 7.3.1 4개의 부호어 동, 서, 남, 북을 다음과 같이 나타내는 두 부호

$$C_1=\{00,\ 01,\ 10,\ 11\},\ C_2=\{00000,\ 10110,\ 01101,\ 11011\}$$

를 생각하면,

$$C_1\subset(Z_2)^2 \text{ 이고 } C_2\subset(Z_2)^5$$

이다. 이때 C_1과 C_2는 각각 길이가 2와 5인 부호이다.

부호를 설명할 때, 부호의 길이와 더불어 부호어의 개수 및 알파벳의 개수를 나타내는 표현방법이 있다. 즉,

《정의 7.3.1》

알파벳의 집합 Q의 원소의 개수가 q개일 때, 집합 Q^n의 부분집합인 부호 C가 M개의 원소(또는 부호어)를 가질 때, C를 **q진 $(n,\ M)$-부호**라고 한다.

이를테면, 예제 7.3.1의 C_1과 C_2는 각각 2진 (2, 4)-부호와 2진 (5, 4)-부호이다.

블록의 길이가 k일 때

$$\frac{\text{부호어의 개수}}{(\text{알파벳의 개수})^k}$$

를 **부호의 분포율** 또는 **부호화율**이라고 한다. 일반적으로, 분포율이 작으면 작을수록 오류가 발생할 확률이 적어지며, 정확하게 정보를 전달할 확률은 커진다.

예제 7.3.2 예제 7.3.1의 두 부호에서 부호어의 분포 비율은 각각 C_1에서는 1이고, C_2에서는 $\frac{1}{8}$이다. 실제로, C_1에서 오류가 발생하면 잘못된 정보를 얻게 된다. 그러나, 뒤에 설명되겠지만 C_1과 달리 C_2에서는 오류가 2개까지 일어난 경우에 오류가 발생한 것을 탐지할 수 있으므로 잘못된 정보를 얻을 확률이 적어진다.

앞에서 블록부호는 집합 Q^n의 부분집합으로 정의하였다. 언어는 이와 같은 관점에서 블록부호는 아니다. 단어는 일정하지 않은 개수의 알파벳의 나열로 되어 있다. 이와 같은 언어를 기호를 사용하여 표현하면, 모든 언어는

$$\bigcup_{n=1}^{k} Q^n \ (k\text{는 적당한 양의 정수})$$

의 부분집합이다. 여기에서 영어의 경우에, Q는 알파벳의 집합이고 k는 가장 긴 단어에서 나열된 알파벳의 개수이다. 이때, 이와 같은 언어에서의 부호화율은

$$\frac{\text{길이 } k\text{이하인 모든 단어의 개수}}{\sum_{n=1}^{k}(\text{알파벳의 개수})^n}$$

로 정의된다.

[참고] 영어사전에 나오는 가장 긴 단어는 29개의 알파벳으로 구성되어 있으며, 가장 긴 영어 단어는 45개의 알파벳으로 구성되어 있다. 한편, 인터넷에서 조사한 자료에 따르면, 세계에서 가장 긴 단어는 핀란드어로 1783개의 알파벳으로 구성되어 있다.

7.4 허프만의 알고리즘

오류가 발생하지 않는 환경에서 정보를 표현(또는 부호화)하는데 필요한 최적의 알파벳의 개수 즉, 수학적 정보량의 평균값(또는 기대값)을 **엔트로피**(entropy)라 한다. 엔트로피에 관하여 수학적으로 엄밀한 정의를 하기에 앞서 구체적인 예를 살펴보자.

동전을 던지는 사건을 X라 하고 앞면과 뒷면이 나올 확률이 각각 $\frac{1}{2}$이라고 하자. 앞면이 나오면 그 결과를 1로 표현하고 뒷면이 나오면 0으로 표현하기로 한다. 즉, 앞면과 뒷면이라는 정보를 0과 1로 부호화 한 것이다. 이때 동전을 1회 던져서 얻을 수 있는 정보는 0 또는 1로 1비트 정보 2개를 얻는다. 같은 방법으로 동전을 n회 던진다면, 얻을 것으로 기대되는 정보는 n비트 정보 2^n개일 것이다. 이를테면, 동전을 3회 던졌다면, 기대되는 정보는 000, 001, 010, 011, 100, 101, 110, 111의 8가지이며, 각 3비트의 정보는 동전을 3회 던졌을 경우에 나타나는 결과를 나타낸다. 즉, 2^n개의 정보는 동전을 n회 던졌을 때 기대되는 정보의 양이며, 이때에 n회 또는 n비트의 수 n이 엔트로피이다. 이를테면, 같은 확률로 일어나는 8가지의 정보를 표현하는데 3비트를 이용하면 되므로 엔트로피는 3이다. 이 예는 어떤 정보든 같은 확률로 일어날 때 정보가 같은 비트 수로 나타나는 간단한 예이다. 그러나 실제로 모든 정보들은 같은 확률로 사용되지 않는다.

다음과 같은 예는 다소 복잡하다.

예제 7.4.1 세 정보 x_1, x_2, x_3 각각이 일어날 확률이 $\frac{1}{2}$, $\frac{1}{4}$, $\frac{1}{4}$인 정보들의 집합 X에서 X의 세 정보를 2진수로 부호화하였을 때, 정보의 평균 비트 즉 엔트로피를 살펴보자.

먼저, 0과 1이 각각 x_1과 x_2를 나타낸다고 가정하면, x_3을 1비트로 나타낼 수 없다. 또한, x_3를 10으로 나타내기로 하면, 10은 x_3를 나타내는 것인지 x_2x_1을 나타내는 것인지 혼돈되기 때문에, 두 정보 x_1, x_2를 1비트의 정보 0과 1로 나타내는 방법은 존재하지 않는다. 따라서 기껏해야 하나의 정보를 1비트로 나머지 두 정보를 2비트 이상을 사용하여 나타내는 경우와 세 정보 모두 2비트 이상을 사용하여 나타내는 경우로 나뉜다.

(1) 세 정보 x_1, x_2, x_3을 차례로 00, 01, 10으로 나타내었다면, 각 정보를 나타내는 비트 수의 평균은 2이다.

(2) 세 정보 x_1, x_2, x_3을 차례로 0, 10, 11로 나타내었다면, X의 각 정보를 나타내는 비트 수의 평균은

$$\frac{1}{2}\times 1+\frac{1}{4}\times 2+\frac{1}{4}\times 2=\frac{3}{2}$$

이다.

[참고] 세 정보 x_1, x_2, x_3을 나타낼 때 확률이 가장 큰 정보 x_1을 0으로 나타내면, 나머지 정보는 1비트로 나타낼 수 없음을 위 예제에서 설명하였다. 따라서 x_2와 x_3을 2비트로 나타낸다면, 00, 01, 10, 11중에서 나타내어야 하며, 00은 정보 x_1을 2회 나타낸 것과 혼돈되어 배제되어야 하므로 01, 10, 11중에서 2개를 사용하면 된다. 여기서는 이유는 설명하지 않지만 이때, 01과 10을 동시에 사용하지는 않는다. 따라서 복호 시스템에 따라 x_2와 x_3을 '10, 11' 또는 '01, 11'을 사용한다(참고문헌 [37]참조).

엔트로피에 관한 형식적인 정의는 다음과 같다.

《정의 7.4.1》

확률변수 $X=\{x_1, x_2, \cdots, x_n\}$의 각 사건 x_i에 대한 확률 $p(x_i)$를 확률분포로 가질 때, 수학적 양

$$H(X)=-\sum_{i=1}^{n} p(x_i)\cdot \log_2 p(x_i)$$

를 X의 **엔트로피**(entropy)라 한다.

이를테면, 예제 7.4.1의 경우에 세 정보가 일어날 확률이 각각 $\frac{1}{2}$, $\frac{1}{4}$, $\frac{1}{4}$이므로 X의 엔트로피는

$$H(X)=-\frac{1}{2}\log_2\frac{1}{2}-\frac{1}{4}\log_2\frac{1}{4}-\frac{1}{4}\log_2\frac{1}{4}=\frac{3}{2}$$

이다. 즉, 세 정보를 최적으로 표현했을 때, 하나의 정보를 나타낼 때 필요한 평균 비트의 수가 $\frac{3}{2}$임을 의미하며 예제 7.4.1의 (2)는 최적의 표현임을 알 수 있다.

예제 7.4.1과 같이 3개의 다른 정보를 표현하는 경우는 쉽게 세 정보를 0, 10, 11로 표현하고 확률이 큰 정보를 1비트로 표현함으로서 정보를 표현하는 비트 수의 평균을 최적화 할 수 있다. 그러나 표현해야 할 정보의 양이 많아지면 표현하는 방법이 다양하여 최적의 표현방법을 찾는 것이 쉽지 않다. 이와 같은 경우에 정보를 최적화하여 표현할 수 있는 알고리즘 가운데 허프만(Huffman)이 개발한 알고리즘이 있다. 여기에서는 증명 없이 알고리즘을 서술한다.

확률변수 $X=\{x_1, x_2, \cdots, x_n\}$의 각 사건 x_i에 대한 확률 $p(x_i)$를 확률분포로 가질 때, 확률 $p(x_i)$가 $p(x_1) \leq p(x_2) \leq \cdots \leq p(x_n)$를 만족할 때, 확률변수 X를 표현하는 허프만 알고리즘은 다음과 같다.

1단계 : 정보 x_1과 x_2의 첫 비트를 각각 0과 1로 표현하고 $p(x_1)+p(x_2)$를 구하고, 세 값 $p(x_1)+p(x_2)$, $p(x_3)$, $p(x_4)$의 크기를 비교하여 $p(x_1)+p(x_2)$, $p(x_3)$, $p(x_4)$ 중에 작은 두 값을 선택한다.

2단계 : 두 값 중에 작은 확률에 해당하는 정보에 0을 그 다음 확률을 가지는 정보에 1을 추가한다.

3단계 : 2단계에서 작은 두 확률을 더한 값과 나머지 값 그리고 $p(x_5)$를 추가하여 다시 확률이 작은 두 정보를 찾고 2단계와 같이 작은 쪽에 0을 큰 쪽에 1을 추가한다.

4단계 : 이와 같은 과정을 $n-1$회 반복한다.

허프만 알고리즘에 의하여 표현된 정보의 평균 비트 수를 구하는 예를 들면 다음과 같다. 위 알고리즘에서 같은 확률값이 나오면 어느 것을 작은 것으로 해도 좋다.

예제 7.4.2 유한집합 $X=\{a, b, c, d, e\}$가 다음과 같은 확률분포

$$p(a)=0.05,\ p(b)=0.10,\ p(c)=0.20,\ p(d)=0.30,\ p(e)=0.35$$

를 가진다고 할 때 정보를 비트로 표현하고 평균 비트 수와 엔트로피를 구하여 보자. 허프만 알고리즘에 의하여 구하는 과정은 [그림 7.3]과 같고 세부과정은 다음과 같다.

1단계 : a와 b에 각각 0과 1을 주고 두 확률의 합 0.15를 구한다.

2단계 : 0.15, 0.20과 추가한 0.30 중에 작은 두 값 0.15와 0.20에 대응하는 정보에 각각 0과 1을 주고 두 확률의 합 0.35를 구한다. 즉, a와 b 모두에 0을 추가하고 c에 1을 준다.

3단계 : 세 값 0.35, 0.30, 0.35중에 작은 두 값 d와 a, b, c에 각각 0과 1을 주고 두 확률의 합 0.65를 구한다.

4단계 : a, b, c, d 모두에 1을 주고 e에 0을 준다.

<table>
<tr><td>a</td><td>b</td><td>c</td><td>d</td><td>e</td></tr>
</table>

<table>
<tr><td>0.05</td><td>0.10</td><td>0.20</td><td>0.30</td><td>0.35</td></tr>
<tr><td>0</td><td>1</td><td></td><td></td><td></td></tr>
</table>

<table>
<tr><td colspan="2">0.15</td><td>0.20</td><td>0.30</td><td>0.35</td></tr>
<tr><td colspan="2">0</td><td>1</td><td></td><td></td></tr>
</table>

<table>
<tr><td colspan="3">0.35</td><td>0.30</td><td>0.35</td></tr>
<tr><td colspan="3">1</td><td>0</td><td></td></tr>
</table>

<table>
<tr><td colspan="4">0.65</td><td>0.35</td></tr>
<tr><td colspan="4">1</td><td>0</td></tr>
</table>

[그림 7.3] 허프만 알고리즘을 이용한 부호화 과정

이므로 각 정보는

$$a : 1100 \quad b : 1101 \quad c : 111 \quad d : 10 \quad e : 0$$

으로 표현된다. 따라서 정보를 표현하는 평균 비트 수를 구하면,

$$4 \times 0.05 + 4 \times 0.10 + 3 \times 0.20 + 2 \times 0.30 + 1 \times 0.35 = 2.15$$

이고, 실제로 엔트로피

$$-0.05 \log 0.05 - 0.10 \log 0.10 - 0.20 \log 0.20 - 0.30 \log 0.30 - 0.35 \log 0.35$$

의 값 2.064와 거의 같이 얻음을 알 수 있다.

7.5 오류수정부호

정보를 전달하는 과정에서 송신된 정보 0에 대하여 0을 수신했을 때에 정보는 정확하게 전달되었다고 하고 1을 수신했을 때에 오류가 발생하였다고 한다. 예제 7.3.1의 C_1에서는 수신된 부호어가 정확하게 전달된 것인지 오류가 발생한 것이지 알 수 없지만, C_2에서 10001이 수신된 경우 10001은 C_2에 없으므로 오류가 발생한 것을 알 수 있다. 이와 같이 오류가 발생한 것을 알 수 있는 부호를 **오류탐지부호**(error detecting code)라고 한다. 일반적으로 k비트의 오류가 발생한 것을 탐지할 수 있는 부호를 ***k*비트 오류탐지부호**라고 한다. 이를테면, 예제 7.3.1의 C_2는 2비트 오류탐지부호이다.

이제, k비트 오류탐지부호임을 알기 위하여 두 부호어의 거리를 정의하고 이를 이용하여 부호의 거리를 정의한다.

《정의 7.5.1》

q진 (n, M)부호 C의 두 부호어 $\boldsymbol{x}=x_1x_2\cdots x_n$와 $\boldsymbol{y}=y_1y_2\cdots y_n$에 대하여

$$\#\{i : x_i \neq y_i\}$$

를 $\boldsymbol{x}$**와** $\boldsymbol{y}$**의 해밍 거리**(Hamming distance)라 하고 $d(\boldsymbol{x}, \boldsymbol{y})$로 나타낸다. 또한

$$\min\{d(\boldsymbol{x}, \boldsymbol{y}) \mid \boldsymbol{x} \neq \boldsymbol{y}\text{이고 } \boldsymbol{x}, \boldsymbol{y} \in C\}$$

를 **부호 C의 최소거리**라 하고 기호 $d(C)$로 나타낸다. 한편, 부호의 길이가 n, 최소거리가 d이고 부호어의 개수가 M개인 부호를 **q진 (n, M, d)부호**라고 한다.

이를테면,

$$d(01101,\ 11011)=3,\ d(00000,\ 11011)=4$$

이다.

예제 7.5.1 다음과 같은 두 부호

$$C_2=\{00000,\ 10110,\ 01101,\ 11011\},\ C_3=\{00000,\ 00011,\ 01101,\ 11011\}$$

은 [그림 7.4]에 의하여 $d(C_2)=3$이고 $d(C_3)=2$인 것을 쉽게 알 수 있다. 즉, C_2와 C_3는 각각 이진 (5, 4, 3) 부호와 이진 (5, 4, 2) 부호이다.

이를테면, C_2의 00000에서 임의의 두 위치에서 0을 1로 바꾸면, 1이 2개인 벡터가 되고 이 벡터는 C_2의 원소가 아니므로 00000에서 임의의 두 위치에 오류가 발생한 벡터는 부호어로 될 수 없다. 즉, 11이 두 개인 벡터를 수신했다면 송신되었던 부호어로부터 오류가 있음을 알 수 있다. 같은 방법으로 C_2의 각 부호어에서 임의로 두 위치를 선택하여 0과 1을 바꾸어도 다른 부호어가 되지 않는다. 다시 말하면, 부호 C_2에서 정보의 전송과정에 오류가 2개 발생하면 오류가 일어난 것을 알 수 있다. 그러나, 00000에서 오류가 3개 일어나면 그 중에 2개의 벡터는 다른 부호어로 되므로 오류가 일어난 것인지 아니면 오류가 일어나지 않은 것인지를 알 수 없게 된다. 따라서, C_2는 2비트 오류탐지부호이다. 그러나, C_3의 00000에서 4번째와 5번째의 두 위치에서 0을 1로 바꾸면, C_3의 다른 부호어로 된다. 즉, C_3는 1비트 오류탐지부호이다.

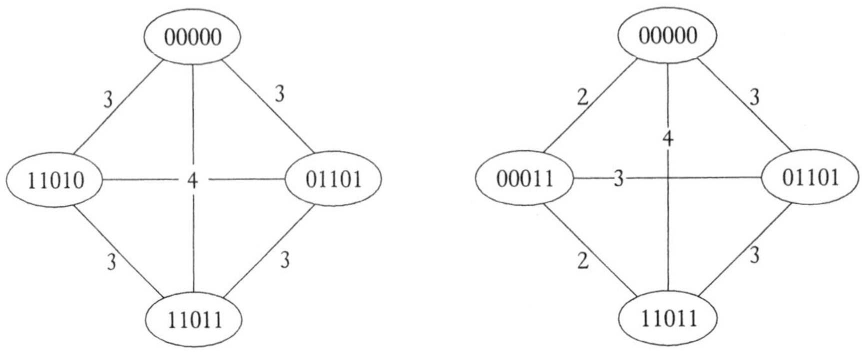

[그림 7.4] C_2와 C_3에서의 원소들간의 거리

위 예제에서 설명된 대로 $d(C_2)=3$이고 $d(C_3)=2$이며 각각은 2비트 오류탐지부호 및 1비트 오류탐지부호이다. 이를 일반화하면 다음과 같다.

《정리 7.5.2》

q진 $(n, M, k+1)$부호 C는 k비트 오류탐지부호이다.

증명 $d(C)=k+1$이므로 부호 C의 임의의 부호어 $\boldsymbol{x}$에 대하여 k비트의 오류가 일어난 벡터 $\boldsymbol{y}$는 부호 C의 원소가 아니다. 따라서 전송과정에서 벡터 $\boldsymbol{y}$를 수신하였다면, 벡터 $\boldsymbol{y}$는 부호 C의 원소가 아니므로 잘못된 것을 알 수 있다. 즉, k비트까지의 오류가 일어난 경우에 오류가 발생한 것이 탐지된다.

전송과정에서 오류를 수정하는 이론을 전개하는데 필요한 통신로는 다음과 같다.

《정의 7.5.3》

부호어가 통신로를 통하여 전달될 때 일어나는 오류가 다음의 성질을 만족하는 통신로를 **대칭통신로**(symmetric channel)라 한다.

(i) 부호어를 이루는 각각의 기호에서 오류가 발생할 확률은 같다.

(ii) 수신된 기호가 잘못 전달되었을 때, 그 기호를 제외한 다른 기호일 확률은 각각 같다.

이를테면, 기호 {0, 1, 2}를 사용하는 부호에서, 조건 (i)에서 부호어를 이루는 기호 0, 1, 2가 전송되어 오류가 발생할 확률은 각각 같으며, 조건 (ii)에서 수신된 기호 0이 오류가 발생된 것이라면 전송되었던 기호가 1과 2가 될 확률은 각각 $\frac{1}{2}$로 같다.

부호어가 통신로를 통하여 전송될 때에 오류의 수정은 확률이론에 따라 확률적으로 가능하며, 다음과 같은 가정이 필요하다.

(1) 기호가 통신로를 통하여 전달될 때에 잘못 전달되어 오류가 발생할 확률 p는 $\frac{1}{2}$보다 작은 것으로 가정한다.

(2) 부호어는 대칭통신로를 통하여 전송된다.

이와 같은 가정 아래 오류를 수정하는 과정을 살펴보자.

예제 7.5.2 두 전문 'yes' 와 'no' 를 기호 '0' 과 '1'을 반복하여 사용한 다음

$$C_1=\{0,\ 1\},\ C_2=\{00,\ 11\},\ C_3=\{000,\ 111\} \text{ 및 } C_4=\{00000,\ 11111\}$$

과 같이 같은 기호를 반복하여 사용한 **반복부호**를 이용한다고 하면,

(1) C_1에서는 부호어에 오류가 발생하면 다른 부호어가 되므로 오류의 발생 유무를 알지 못한다.

(2) C_2에서는 한 개의 오류가 발생하여 01 또는 10을 받으면 오류가 발생한 사실을 알지만 송신한 전문은 알 수 없다. 즉, 오류가 1개 발생한 경우에 오류가

발생한 사실을 알지만 수정할 수 없고, 오류가 2개인 경우에는 다른 부호어가 되므로 오류의 발생유무를 알 수 없다.

(3) (2)에서 설명한 것처럼 C_3에서는 2개까지의 오류가 발생한 경우에 오류가 발생한 사실을 알 수 있다. 이제 001을 수신하였다고 하면 오류가 발생한 것을 알 수 있으며 송신했던 부호어는 000 또는 111 중에 하나이다. 그러나 기호가 전송 중에 오류가 발생할 확률은 $\frac{1}{2}$보다 작으므로 000을 송신했을 때 001을 수신할 확률이 111을 송신했을 때 001을 수신할 확률보다 크므로 확률적으로 000으로 복호한다. 즉, 1개의 오류를 수정하여 복호할 수 있다.

(4) 같은 방법으로 판정하면, C_4에서는 4개의 오류를 탐지하고 오류가 2개까지 발생한 경우에 수정하여 복호할 수 있다.

예제 7.5.2에서와 같이 수신벡터 $\boldsymbol{y}=y_1y_2\cdots y_n$에 대하여

$$d(\boldsymbol{y}, \boldsymbol{x})\leq d(\boldsymbol{y}, C)=\min\{d(\boldsymbol{y}, \boldsymbol{z})\,|\,\boldsymbol{z}\in C\}$$

인 부호어 $\boldsymbol{x}\in C$로 복호하는 방법을 **최근방복호법**이라 한다.

또한 정의 7.5.1과 같이 정의된 해밍 거리 d는 Q^n위에서 **거리함수**(metric function)가 되고 (Q^n, d)는 **거리공간**(metric space)이다. 즉, 다음 세 조건을 만족한다 :

(i) $d(\boldsymbol{x}, \boldsymbol{y})=0\Leftrightarrow \boldsymbol{x}=\boldsymbol{y}$

(ii) 임의의 $\boldsymbol{x}, \boldsymbol{y}\in Q^n$에 대하여 $d(\boldsymbol{x}, \boldsymbol{y})=d(\boldsymbol{y}, \boldsymbol{x})$

(iii) 임의의 $\boldsymbol{x}, \boldsymbol{y}, \boldsymbol{z}\in Q^n$에 대하여 $d(\boldsymbol{x}, \boldsymbol{z})\leq d(\boldsymbol{x}, \boldsymbol{y})+d(\boldsymbol{y}, \boldsymbol{z})$

《정리 7.5.4》

부호 C가 q진(n, M, d)부호일 때,

(1) $d\geq s+1$이면 s개까지의 오류를 검출할 수 있다.

(2) $d\geq 2t+1$이면 t개까지의 오류를 수정할 수 있다.

증명 (1) 정리 7.5.2에서 증명되었다.

(2) 부호 C에서 $d\geq 2t+1$을 가정하고 임의의 부호어 $\boldsymbol{x}$가 보내질 때 t개 이하의 오류가 발생한 수신벡터를 $\boldsymbol{y}$라 하자. 즉, $d(\boldsymbol{x}, \boldsymbol{y})\leq t$. 수신벡터 $\boldsymbol{y}$에 대하여 $\boldsymbol{x}$와 다른 부호어 $\boldsymbol{x}'$이 $d(\boldsymbol{x}', \boldsymbol{y})\leq t$라면 삼각형의 세 변의 관계에서

$$d(\boldsymbol{x}, \boldsymbol{x}')\leq d(\boldsymbol{x}, \boldsymbol{y})+d(\boldsymbol{x}', \boldsymbol{y})\leq t+t=2t$$

이다. 그러나 부호의 최소거리는 $d \geq 2t+1$이므로 모순이다. 따라서 임의의 다른 부호어 $\boldsymbol{x}'$에 대하여 $d(\boldsymbol{x}', \boldsymbol{y}) > t$이다. 그러므로 $\boldsymbol{x}$가 $\boldsymbol{y}$에 가장 가까운 부호어이므로 최근방복호법에 의하여 $\boldsymbol{x}$로 수정된다.

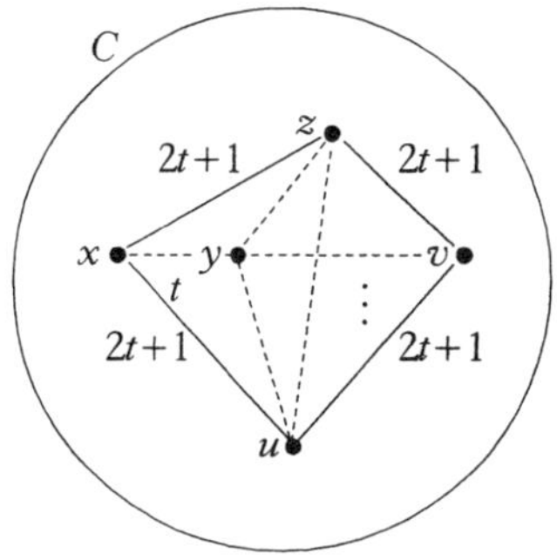

[그림 7.5] 최근방복호법

정리 7.5.4를 이용하면 다음 표 7.3을 얻을 수 있다.

표 7.3 최소거리와 오류탐지 및 수정

$d(C)$	1 2 3 4 5 6 7 8 9 …
탐지할 수 있는 오류의 개수	0 1 2 3 4 5 6 7 8 …
수정할 수 있는 오류의 개수	0 0 1 1 2 2 3 3 4 …

지금까지 부호의 최소거리에 따라 수정할 수 있는 오류의 한계에 대하여 살펴보았다. 이제, 전문이 통신로를 통하여 잘못 전달될 확률과 정확하게 전달될 확률에 관하여 알아보자. 앞에서 설명한 대로 2진 대칭통신로에서 하나의 기호가 잘못 전달될 확률을 $p\left(<\frac{1}{2}\right)$라고 하면 [그림 7.6]을 얻는다.

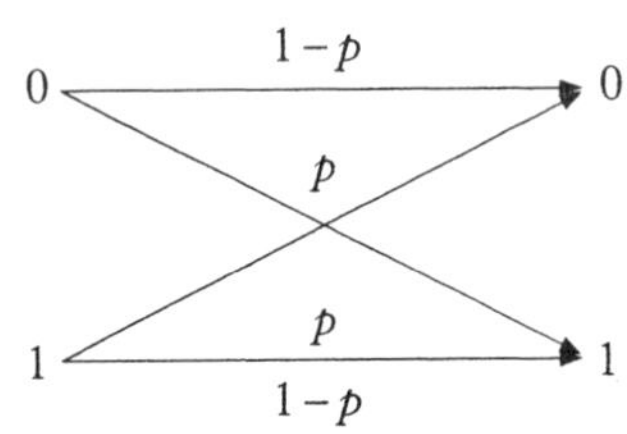

[그림 7.6] 2진 대칭통신로의 전달과정

예제 7.5.3 예제 7.5.2의 부호 C_3에서 001을 받은 경우에, 000을 전송해서 001을 수신할 확률은 $(1-p)^2 p$이고 111을 전송해서 001을 수신할 확률은 $p^2(1-p)$이다. 이때, $p=0.1$이라면, 000을 전송해서 001을 수신할 확률은 0.081이고 111을 전송해서 001을 수신할 확률은 0.009이다. 따라서 001을 받은 경우에 000으로 복호될 확률이 111로 복호될 확률의 9배이다.

예제 7.5.4 예제 7.5.2의 부호 C_1, C_2, C_3와 C_4에 대하여

(1) 먼저 각각의 부호에서 잘못된 전문을 얻을 확률은

(i) C_1에서 잘못된 전문을 얻을 확률은 기호 하나가 잘못 전달될 확률이므로 p이다.

(ii) C_2에서 잘못된 전문을 얻을 확률은 두 기호 모두가 잘못 전달될 확률이므로 p^2이다.

(iii) C_3에서 잘못된 전문을 얻을 확률은 두 기호 이상이 잘못 전달될 확률이므로

$$p^3+\binom{3}{1}p^2(1-p)=p^2(3-2p)$$

이다.

(iv) C_4에서 잘못된 전문을 얻을 확률은 세 기호 이상이 잘못 전달될 확률이므로

$$p^5+\binom{5}{1}p^4(1-p)+\binom{5}{2}p^3(1-p)^2$$

이다.

실제로 $p=0.1$이라면 잘못된 전문을 얻을 확률은 C_1에서 0.1, C_2에서 0.01, C_3에서 0.028 이고 C_4에서 0.00856이다.

(2) 각각의 부호에서 정확한 전문을 얻을 확률은

(i) C_1에서 정확한 전문을 얻을 확률은 기호 하나가 잘 전달될 확률이므로 $1-p$이다.

(ii) C_2에서 정확한 전문을 얻을 확률은 두 기호 모두가 잘 전달될 확률이므로 $(1-p)^2$이다.

(iii) C_3에서 정확한 전문을 얻을 확률은 오류를 1개는 수정이 가능하므로 세 기호 모두가 잘 전달되거나 기호 1개가 잘못 전달될 확률이므로

$$(1-p)^3+\binom{3}{1}p(1-p)^2=(1-p)^2(1-p+3p)=(1-p)^2(1+2p)$$

이다.

(iv) C_4에서 정확한 전문을 얻을 확률은 오류를 2개까지는 수정가능하므로 다섯 기호 모두가 잘 전달되거나 기호가 2개까지 잘못 전달될 확률이므로

$$(1-p)^5+\binom{5}{1}p(1-p)^4+\binom{5}{2}p^2(1-p)^3$$

이다.

실제로 $p=0.1$이라면 정확한 전문을 얻을 확률은 C_1에서 0.9, C_2에서 0.81, C_3에서 0.972이고 C_4에서 0.99144이다.

7.6 부호의 응용

이 절에서는 부호가 응용된 흥미 있는 몇 가지 실제 예를 설명한다. 언어도 일종의 부호라는 것은 앞에서 언급하였으나 이는 자연발생적으로 형성된 것으로 특별한 목적을 가지고 인위적으로 만든 것은 아니다. 이와 비교하여, ASCII 부호, 상품에 붙은 bar 부호, 도서관의 서적 분류번호, 여권번호, 주민등록번호, 지역과 관련 있는 전화번호 등은 특수한 용도로 사용하기 위하여 만들어진 부호이다. 이들 중에 역사적으로 관심을 끌었던 부호나 최근 사용되고 있는 부호 몇 가지를 자세히 설명한다.

(1) 적군영토

군대에서 작전 또는 전쟁 수행 중에 무선통신을 통하여 아군의 적진 파견 및 아군 영토로의 귀환에 사용한 부호이다. [그림 7.7]과 같은 지도에서 빗금 쳐진 부분에 적군이 위치하고 있고 아군의 본부가 있는 위치를 HQ, 작전에 파견된 부대의 위치를 X라 할 때, X로 부터 HQ에 단위 경로마다 방향을 정확하게 전송하여 파견된 부대를 본부로 무사히 귀대시키려 한다. 이 때에 필요한 전문은 동, 서, 남, 북의 네 개이다. 이를테면,

'북북서서서서북북북서서서서서북북'

이란 전문을 수신하면 무사히 귀환할 수 있다. 이제 네 개의 전문을 표현할 수 있는 즉, 네 개의 부호어를 가지는 부호에 대하여 생각하여 보자(이 문제를 **적군영토문제**(enemy territory problem)라고 한다).

아래 표 7.4와 같은 세 가지 부호를 생각할 때, 정리 7.5.4에 의하여 C_1에서는 오류를 탐지할 수 없고 C_2에서는 한 개의 오류를 검출하지만 수정할 수는 없다. 그러나 C_3에서는 두 개까지의 오류를 탐지하고 한 개의 오류를 수정할 수 있다.

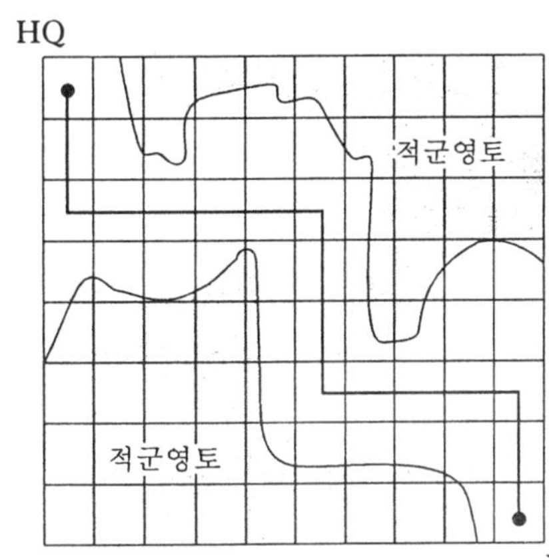

[그림 7.7] 적군영토로부터의 귀환로

표 7.4 방향을 표현하는 부호들

부호 / 전문	C_1	C_2	C_3
동	00	000	00000
서	01	011	01101
남	10	101	10110
북	11	110	11011

(2) 화성으로부터의 사진전송

무인우주선이 달에 착륙하기 시작한 이후로 항성의 사진을 전송하는 문제는 끊임없이 연구되어 1965년 화성 착륙선 마리너(Mariner) 4호에서 부호이론을 응용하게 되었다. 그 당시에 이용한 부호는 이진 (6, 64, 1)부호로서 화성의 사진을 가로와 세로를 각각 200 등분하여 한 장의 사진을 40,000개의 직사각형(점)으로 세분하고 각각의 직사각형의 밝기를 64등급으로 분류하였다. 즉, 흰색은 '000000'으로 검은색은 '111111' 등으로 밝기의 정도에 따라 이진수로 부호화하여 사진을 전송하였다고 한다. 따라서 오류를 정정할 수 있는 부호를 이용하지 못하였지만 22장의 동일한 사진을 전송함으로서 10개까지의 오류를 수정하는 효과를 보았다. 이 때에 22장의 사진이 전송되었으며 당시의 전송 능력은 초당 $8\frac{1}{3}$비트로 사진 1장을 전송하는데 걸린 시간은 8시간이 되어 총 176시간이나 걸렸다. 그후 1969년부터 1972년에 이르기까지 마리너 6, 7호(8호는 이륙 후 사라져 버림)를 발사하면서 전송기술과 부호이론의 발달은 이러한 문제점들을 보완하였다. 1972년 마리너 9호를 보낼 때는 리드와 뮐러(Reed-Müller)가 개발한 이진 (32, 64, 16)부호를 이용하였다. 화성의 사진을 가로와 세로를 각각 700등분과 832등분하여 마리너 4호 때 보다 정확한 사진을 얻었으며 오류를 7개까지 수정할 수 있었다. 이 때에는 초당 16,200비트를 전송할 수 있어 한 장의 사진을 보내는데 19분 정도 걸렸다. 1965년과 비교하여 전송속도는 2000배정도 빨라졌다.

이후 전송기술 및 부호이론의 발전으로, 1976년 바이킹(Viking) 1호를 발사하였을 때에는 천연색 사진을 얻을 수 있었고 이후 점점 더 정교한 사진을 얻을 수 있었다. 이와 같은 사진의 전송문제는 이후 컴퓨터와 통신기술의 급속한 발달로 위성에서의 일기, 물의 존재 등 다양한 정보, 디지털 방송, 디지털 사진기 및 휴대전화 등에 이용되고 있다.

(3) 국제서적표준

전화를 걸 때 번호를 잘못 기억하거나 또는 버튼을 잘못 누르는 일이 흔히 있다. 이와 같은 점에 착안하여 1자리를 잘못 기억하거나 또는 버튼 1개를 잘못 누르는 경우에도 의도한대로 연결되도록 전화번호 체제를 연구하는 과정에서 다음과 같은 11진 (10, M, 3)부호 C가 설계되었다. 부호 C는 $(Z_{11})^{10}$의 부분집합이고

벡터 $\boldsymbol{x}=x_1x_2\cdots x_{10}$가 부호일 필요충분조건

$\Leftrightarrow$(i) $x_1, x_2, \cdots, x_{10}$은 모두 0부터 9까지의 수 중에 하나

(ii) $x_1+x_2+\cdots+x_{10}$은 11의 배수

(iii) $x_1+2x_2+\cdots+10x_{10}$은 11의 배수

이다. 실제로 $(Z_{11})^{10}$의 원소의 개수는 $11^{10}\fallingdotseq 2.6\cdot 10^{10}$이고 C의 원소는 약 8.2×10^7개이다. 당시에 전화번호 시스템은 8자리이면 충분한 전화번호를 10자리를 이용하는 것이 경제적인가의 논란 속에 이 부호는 채택되지 않았으며, 이 부호를 약간 변형하여 오늘날 국제적으로 서적을 분류하는 부호로 이용하였다. 이 변형된 부호를 **국제표준서적번호**(international standard book number, ISBN)라고 한다. 즉, 10자리 부호어 $\boldsymbol{x}=x_1x_2\cdots x_{10}$가 독자들이 읽고 있는 모든 서적에 [그림 7.8]과 같은 ISBN□-□-□-x_{10}으로 첨부되어 있다. ISBN 부호에서는 위의 두 번째 조건이 제외되고 각 공란에는 1자리 이상의 숫자가 들어가고 x_{10}은 10개의 숫자와 x를 사용하여 나타낸다(단, x는 11진수에서 10을 나타낸다). 이 때에 첫 공란의 숫자는 서적에 사용된 언어를 나타내고 두 번째 공란의 숫자는 출판사의 고유번호를 나타내고 마지막 공란의 숫자는 그 출판사에서 출판된 서적의 일련번호이고 x_{10}은 이 번호가 맞는지 확인하는 검사자리이다. 이를테면, 첫자리의 0은 영어를 나타내고 89는 한국어를 나타내며, 구체적으로 [그림 7.8]의 'ISBN 89-8172-138-6'에서 이 책은 89로부터 한국어로 출판된 것과 8172로부터 교우사에서 발행된 서적임을 알 수 있다. 즉, 89-8172-138-6은

$$8\cdot 1+9\cdot 2+8\cdot 3+1\cdot 4+7\cdot 5+2\cdot 6+1\cdot 7+3\cdot 8+8\cdot 9+6\cdot 10=264$$

는 11의 배수이므로 서적번호이다. 실제로 10자리 6은 처음 9자리

$$8\cdot 1+9\cdot 2+8\cdot 3+1\cdot 4+7\cdot 5+2\cdot 6+1\cdot 7+3\cdot 8+8\cdot 9$$

를 11로 나눈 나머지와 같다.

(4) 기타 부호

앞에서 ISBN 부호를 설명하였다. ISBN부호와 같은 원리로 만들어진 부호 중에 자주 이용되는 부호가 여권번호, 주민등록번호, 상품에 표기된 [그림 7.8]과 같은 막대부호(bar code) 등이 있다.

93410

9 788981 721381

ISBN 89-8172-138-6

[그림 7.8] ISBN부호와 막대부호

주민등록번호는 1962년 주민등록법의 제정과 함께 도입되어 1975년 주민등록법 시행령과 시행규칙이 개정되면서 오늘날과 같이 13자리로 이루어진 번호를 사용하고 있다. 13자리로 이루어진 부호어 $\mathbf{x} = x_1x_2 \cdots x_{13}$이 주민등록번호인 경우는 생년 2자리, 생월 2자리, 생일 2자리, 성별 1자리, 태어난 위치 4자리, 일련번호 1자리, 검사자리 1자리로 구성되며, x_{13}은

$$2x_1 + 3x_2 + \cdots + 9x_8 + 2x_9 + 3x_{10} + 4x_{11} + 5x_{12}$$

을 11로 나눈 나머지와 같게 되도록 정해진다. 이를테면, 160312－2067514는

$$2 + 18 + 15 + 6 + 14 + 16 + 12 + 21 + 20 + 5$$

이 11로 나눈 나머지가 8이고 8은 마지막 자리 수 4와 다르므로 주민등록번호가 아니다.

[참고] 현재 인터넷 게임 등 사이버 상에서 다른 사람의 이름과 주민등록 번호를 이용하는 문제는 심각한 수준이다. 이를 방지하기 위하여 개인적으로는 주민등록번호를 잘 관리하여야 하고, 기업 및 단체는 서류에 주민등록번호를 요구하지 않는 운동을 장려해야 한다. 현재, 국가에서 현행 시스템을 바꾸는 문제와 더불어 주민등록번호의 도용에 따른 범죄 등에 강력한 처벌규정을 신설하고 있다.

7.7 부호이론의 주요문제

앞에서 부호의 복호화, 오류수정부호 및 부호의 응용 등에 관하여 설명하였다. 정보를 전달하기 위하여 정보를 부호화하는데 부호의 길이를 길게 하면 할수록 부호의 최소거리를 크게 함으로서 오류를 확률적으로 정확하게 수정할 수 있음을 설명하였다.

실제로 가장 이상적인 부호는 길이는 짧고 부호어의 개수는 많고 최소거리는 큰 부호이다. 즉, q진 (n, M, d)부호에서 n은 작을수록, M과 d는 클수록 좋은 부호이다. 그러나 이와 같은 부호는 이상적이며 실제로는 존재하지 않는다. 따라서 부호이론에서 연구하는 중요한 문제 중에 하나는 세 변수 n, M, d중에 두 변수를 고정시켰을 때 다른 한 변수의 최적값을 구하는 것이다. 이를테면, n과 d가 고정될 때 부호어의 개수 M의 최대값을 구하는 문제가 이들 중에 하나이며 기호 $M=A_q(n, d)$로 나타낸다.

예제 7.7.1 부호의 길이 n에 대하여 최소거리 d가 특수하게 주어질 때, $A_q(n, d)$는 다음과 같다.

(1) $A_q(n, 1)=q^n$: 길이가 n인 q진 부호 C는 $(Z_q)^n$의 부분집합이므로 $M \leq q^n$이고 $C=(Z_q)^n$는 최소거리가 1인 부호이므로 $M \geq q^n$이다. 따라서, $M=q^n$이다.

(2) $A_q(n, n)=q$: 길이가 n인 q진 반복부호는 부호의 최소거리가 n이고 q개의 부호어를 가지므로 $A_q(n, n) \geq q$이다. 한편, 부호의 최소거리가 n이므로 임의의 두 부호어의 각각의 위치에 다른 기호가 쓰여야 한다. 따라서 첫 번째 위치에 쓸 수 있는 기호는 q개이므로 $A_q(n, n) \leq q$이다. 따라서 $A_q(n, n)=q$이다.

일반적으로 $A_q(n, d)$를 구하는 문제는 매우 복잡하다. $d=3$인 경우를 살펴보면, $A_2(3, 3)=2$이고 $A_2(4, 3)=2$인 것은 쉽게 알 수 있다. 이제, $C=\{00000, 11100, 00111, 11011\}$는 2진 (5, 4, 3)부호이므로 $A_2(5, 3) \geq 4$이다. 실제로 $A_2(5, 3)=4$인 것을 보이려면 $M \geq 5$인 2진$(5, M, 3)$부호는 존재하지 않는 것을 보여야 한다. 이것을 보이기 위해서는 $(Z_2)^5$로부터 5개의 벡터를 선택하여 만든 부호는 최소거리가 2 이하임을 밝혀야 하며, $(Z_2)^5$으로부터 5개의 벡터를 선택하는 방법은 $\binom{32}{5} > 2 \times 10^5$이므로 매우 복잡하다. 이제부터 이들 경우의 수를 줄이는 방법에 관하여 알아본다.

《정의 7.7.1》

부호 C_1이 부호 C_2로부터 부호의 성분을 이동하는 치환과 고정된 성분의 위치에서의 기호를 바꾸어 주는 치환에 의하여 얻어질 때, C_1과 C_2는 **동치부호**(equivalent code)라고 한다.

예제 7.7.2 부호 C_1, C_2 및 C_3가 다음과 같다면

$$C_1=\begin{Bmatrix}0&0&0&0&0\\0&1&1&0&1\\1&0&1&1&0\\1&1&0&1&1\end{Bmatrix}\quad C_2=\begin{Bmatrix}0&0&1&0&0\\0&1&0&0&1\\1&0&0&1&0\\1&1&1&1&1\end{Bmatrix}\quad C_3=\begin{Bmatrix}0&0&1&0&0\\0&0&0&1&1\\1&1&0&0&0\\1&1&1&1&1\end{Bmatrix}$$

C_1의 세 번째 성분의 위치에서 기호 '0'과 '1'을 서로 교환하여 얻은 부호가 C_2이고 C_2의 두 번째 성분과 네 번째 성분을 교환하여 C_3를 얻을 수 있다. 이들 세 부호는 동치이고 최소거리는 같다.

일반적으로 정의 7.7.1에 의하여, 두 부호 C_1과 C_2가 동치이면, 그들의 최소거리는 같음을 알 수 있다. 따라서 임의의 q진 (n, M, d)부호 C에 대하여, C와 동치이고 부호어 $\mathbf{0}=00\cdots0$을 품는 q진 (n, M, d)부호가 존재한다.

예제 7.7.2의 부호 C_2에서 셋째 성분의 1을 0으로 치환하고 0을 1로 치환하면 C_1이 되며 두 부호의 최소거리는 같다. 일반적으로, $A_q(n, d)$를 구할 때에 $\mathbf{0}=00\cdots0$을 품는 q진 (n, M, d)부호의 존재성만 확인하면 된다. 따라서, $A_2(5, 3)$를 구하는데 부호어 $\mathbf{0}$을 품는 C로 고정시키면, 앞쪽에서 확인해야 할 경우의 수 $\binom{32}{5}$가지는 $\binom{31}{4}$가지로 줄게 된다. 또한 최소거리가 3임을 이용하면 훨씬 간단하게 되며 예제 7.7.3과 같다.

부호어 $\boldsymbol{x}=x_1x_2\cdots x_n$에 대하여 $d(\mathbf{0}, \boldsymbol{x})$를 $\boldsymbol{x}$의 **해밍 무게**(Hamming weight) 또는 간단히 **무게**라고 하고 $w(\boldsymbol{x})$로 나타낸다. 즉, $w(\boldsymbol{x})$는 부호어 $\boldsymbol{x}$에서 0이 아닌 성분의 개수를 의미하며, 2진 부호인 경우는 1의 개수이다. 벡터의 무게를 이용하면, 부호어 $\mathbf{0}$을 가지는 부호 C의 무게는

$$w(C)=\min\{w(\boldsymbol{x})\,|\,\boldsymbol{x}\in C-\{\mathbf{0}\}\}$$

으로 정의된다.

예제 7.7.3 $A_2(5, 3)=4$

증명 정의 7.7.1의 바로 위에서 이진 (5, 4, 3) 부호가 존재하므로 $A_2(5, 3)\geq 4$이다. 이제, $A_2(5, 3)\geq 5$인 부호 C의 존재성을 살펴보자. 위에서 C는 00000을 부호어로 가지는 부호로 제한할 수 있으므로 부호 C의 부호어를 $\boldsymbol{x}$라 하면, $d(C)=3$이므로 $w(\boldsymbol{x})\geq 3$이다.

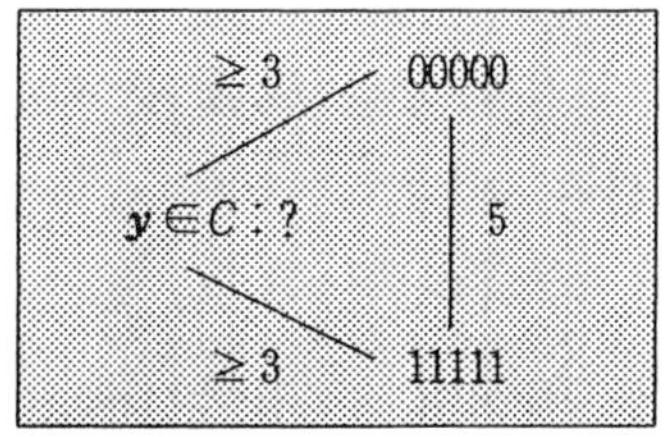

[그림 7.9] $11111\in C$

먼저, $w(\boldsymbol{x})=5$인 부호어 $\boldsymbol{x}$가 존재한다면 [그림 7.9]에 의하여 부호 C는 2개의 원소만 가지므로 모순이고 $\mathbf{0}$이 아닌 임의의 부호어 $\boldsymbol{x}$에 대하여 $3\leq w(\boldsymbol{x})\leq 4$이다. 한편, 부호 C에 1을 네 개 이상 가지는 부호어도 같은 이유에서 1개 이하이다(왜냐하면, 1을 4개를 가지는 두 벡터의 거리는 2이하이다). 따라서 1을 4개 가지는 부호어의 존재성에 따라 증명한다.

동치부호의 성질에 따라 무게가 4인 부호어를 11110로 생각한다.

(1) 부호 C가 11110을 포함하는 경우 : 무게가 3이며 11110과 거리가 3인 벡터는 11001, 10101, 01101, 10011, 01011, 00111의 6가지이다. 부호 C가 11001를 포함한다면, 다른 어떤 부호도 포함할 수 없으므로 모순이다. 또한 10101을 포함한다면, 01011만 포함되므로 모순이다. 같은 방법으로 어느 경우도 5개 이상의 부호어를 가지지 않는다.

(2) 부호 C가 11110를 포함하지 않는 경우 : 모든 부호어는 무게가 3이므로 11100을 포함하는 것으로 가정한다. 11100과 거리가 3이상인 무게 3인 벡터는 10011, 01011, 00111뿐이다. 이들 중 어느 하나를 포함하면 다른 것을 포함하지 못하므로 부호의 부호어는 3개이므로 모순이다. 따라서 5개 이상의 부호어를 가지지 않는다.

따라서 $A_2(5, 3)=4$이다.

실제로 예제 7.7.3에서 11111이 포함되는 경우, 11110이 포함되는 6가지 경우 및 11110이 포함되지 않는 경우 등 8가지 경우만 확인하면 된다.

이제 제 4 절에서 다룬 복호법에 관하여 좀더 살펴보자. 즉, 통신로를 통하여 수신된 모든 벡터가 최근방복호법에 의하여 복호 되는지를 알아보자.

예제 7.7.4 최소거리가 3인 부호 $C=\{00000, 01101, 10110, 11011\}$에서 벡터 10100을 수신했다면 수신벡터와 부호어의 거리가 각각 2, 3, 1 및 4가 되어 최근방복호법에 의하여 10110으로 복호된다. 그러나 벡터 01010을 수신했다면 수신벡터와 부호어와의 거리가 각각 2, 3, 3 및 2가 되어 오류의 개수가 2개 이상이 되어 복호할 수 없다.

예제 7.7.4에서 알 수 있는 것처럼 01010을 수신한 경우에 이 부호는 오류를 1개만 수정할 수 있으므로 복호할 수 없다. 이제 오류를 수정할 수 없는 벡터에 관하여 이론적으로 살펴본다.

n차원 공간 $(Z_q)^n$에 속하는 임의의 벡터 $\boldsymbol{u}$와 임의의 음이 아닌 정수 r에 대하여 집합

$$\{\boldsymbol{v} \in (Z_q)^n \mid d(\boldsymbol{u}, \boldsymbol{v}) \leq r\}$$

을 **중심이 $\boldsymbol{u}$이고 반지름이 r인 n차원 구**(n dimmensional sphere with center $\boldsymbol{u}$ and redius r)라 하고 기호 $S(\boldsymbol{u}, r)$로 나타낸다. 집합 $S(\boldsymbol{u}, r)$은 [그림 7.10]과 같이 나타낼 수 있다.

《정리 7.7.2》

n차원 구 $S(\boldsymbol{u}, r)$의 원소의 개수는

$$|S(\boldsymbol{u}, r)| = \binom{n}{0} + \binom{n}{1}(q-1) + \binom{n}{2}(q-1)^2 + \cdots + \binom{n}{r}(q-1)^r$$

증명 [그림 7.10]에서 반지름이 r인 n차원 구에는 벡터 $\boldsymbol{u}$와 거리가 r이하인 모든 벡터가 속하고 $\boldsymbol{u}$와 거리가 $i(\leq r)$인 벡터의 개수는 $\binom{n}{i}(q-1)^i$이므로

$$|S(\boldsymbol{u}, r)| = \binom{n}{0} + \binom{n}{1}(q-1) + \binom{n}{2}(q-1)^2 + \cdots + \binom{n}{r}(q-1)^r$$

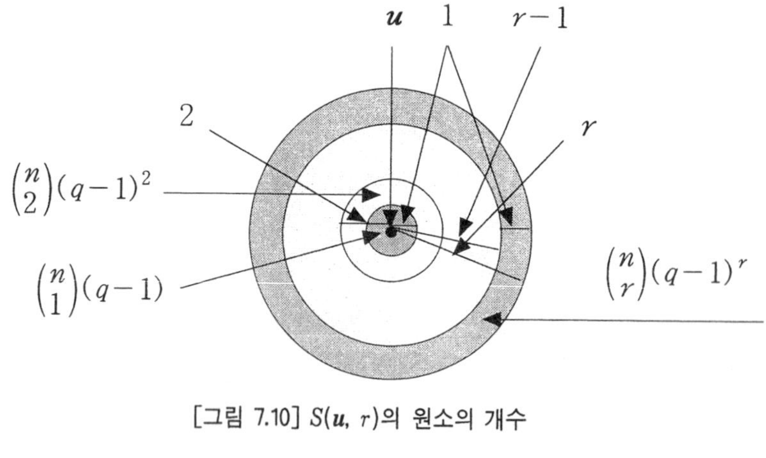

[그림 7.10] $S(\boldsymbol{u}, r)$의 원소의 개수

이제 수신된 벡터 중에 복호가 불가능한 경우를 알아보자. q진 $(n, M, 2t+1)$ 부호

C의 부호어 $\boldsymbol{u}$로 복호될 수 있는 수신벡터의 개수는 $S(\boldsymbol{u}, t)$의 원소의 개수이고 부호어의 개수가 M개이므로 부호 C에서 복호될 수 있는 수신벡터의 수는

$$M \cdot |S(\boldsymbol{u}, t)| = M \cdot \left\{\binom{n}{0} + \binom{n}{1}(q-1) + \cdots + \binom{n}{t}(q-1)^t\right\}$$

이다. 한편, 수신 가능한 총 벡터의 개수는 q^n이므로 부등식

$$M\left\{\binom{n}{0} + \binom{n}{1}(q-1) + \binom{n}{2}(q-1)^2 + \cdots + \binom{n}{t}(q-1)^t\right\} \le q^n \qquad (*)$$

을 얻는다. 이때 $(*)$를 **해밍 상계**(Hamming bound)라고 한다. 따라서, 복호가 불가능한 수신벡터의 수는 $q^n - M|S(\boldsymbol{u}, t)|$ 이다.

예제 7.7.5 예제 7.7.4의 부호 $C = \{00000, 01101, 10110, 11011\}$에서 $t=1$이고 $M=4$이므로

$$|S(\boldsymbol{u}, 1)| = \binom{5}{0} + \binom{5}{1} = 6$$

이므로 식 $(*)$의 좌변은 24이고 식 $(*)$의 우변은 $2^5 = 32$이므로 $(*)$의 등호가 성립하지 않는다. 즉, $(Z_2)^5$에서 $8(=32-24)$개의 수신벡터는 임의의 부호어와 거리가 2 이상이 되어 복호할 수 없다.

특히, q진 $(n, M, 2t+1)$부호에서 식 $(*)$의 등호가 성립하는 경우가 있다. 이때에 부호 C를 **완전부호**(perfect code)라 한다.

따라서, 완전부호에서는 모든 수신벡터가 복호되는 것을 알 수 있다. 다음 예제 7.7.6에서 설명하는 이진 (7, 16, 3)부호는 완전부호이다.

예제 7.7.6 16개의 부호어

$\boldsymbol{x}_0 = 0000000$	$\boldsymbol{x}_1 = 1101000$	$\boldsymbol{x}_2 = 0110100$	$\boldsymbol{x}_3 = 0011010$
$\boldsymbol{y}_0 = 1111111$	$\boldsymbol{y}_1 = 0010111$	$\boldsymbol{y}_2 = 1001011$	$\boldsymbol{y}_3 = 1100101$
$\boldsymbol{x}_4 = 0001101$	$\boldsymbol{x}_5 = 1000110$	$\boldsymbol{x}_6 = 0100011$	$\boldsymbol{x}_7 = 1010001$
$\boldsymbol{y}_4 = 1110010$	$\boldsymbol{y}_5 = 0111001$	$\boldsymbol{y}_6 = 1011100$	$\boldsymbol{y}_7 = 0101110$

를 가지는 부호는 최소거리가 3이고 $16 \times \left\{\binom{7}{0} + \binom{7}{1}\right\} = 2^7$이므로 완전부호이다.

7.8 선형부호

제 5 절에서 q진 (n, M) 부호 C의 최소거리를 정의하였고 최소거리에 따라 오류를 탐지하고 수정하는 방법에 관하여 살펴보았다. 부호 C에서 최소거리를 구하려면 정의에 의하여 M개의 부호어 중에 서로 다른 2개를 선택하여 거리를 구하고 이들 값 중에 최소값을 구하여야 하므로 $\binom{M}{2}$가지에 대하여 거리를 구하여야 하며, 수신벡터 $\boldsymbol{y}$에 대하여 C의 원소 중에 거리가 최소인 부호어를 찾아서 복호하여야 하므로 M개의 부호어와 $\boldsymbol{y}$의 거리를 구하여야 한다. 실제로 M의 값이 크면, 이 문제는 간단하지 않으며, 또한 부호의 부호어를 모두 나열하는 것이나 부호어에 대응되는 정보를 찾는 것 또한 간단하지 않다. 아마도 $M \geq 1000$이상인 경우에 부호어를 나열하는 문제, 최소거리를 구하는 문제 및 복호하는 문제를 상상하면 알 수 있다.

이와 같은 문제를 효율적으로 해결하는데 수학 이론은 매우 중요하게 이용된다. 이들 이론을 엄밀하게 다루는 것은 쉽지 않기 때문에 간단하게 설명만 하기로 한다. 이 절에서는 2진 부호에 관하여만 간단히 다룬다. 즉, $(Z_2)^n$의 원소인 벡터 $\boldsymbol{x}$를 필요에 따라 $x_1x_2\cdots x_n$, $(x_1, x_2, \cdots, x_n)$ 또는 $[x_1x_2\cdots x_n]$으로 표현한다. 한편, $(Z_2)^n$의 임의의 원소는 $\{(1, 0, 0, \cdots, 0), (0, 1, 0, \cdots, 0), \cdots, (0, 0, \cdots, 0, 1)\}$의 원소들 중에 몇 개를 선택하여 더하여 만들 수 있다. 이러한 의미에서 $(Z_2)^n$을 n차원 **벡터공간**이라 한다.

《정의 7.8.1》

> n차원 벡터공간 $(Z_2)^n$의 부분집합 C가 덧셈에 관하여 닫혀있을 때, C를 2진 **선형부호**(linear code) 또는 **군부호**(group code)라 한다.

선형부호 C는 $(Z_2)^n$의 부분집합이므로 그의 차원은 n차 이하이다. 한편, 선형부호는 덧셈에 관하여 닫혀있으므로 영벡터 $\mathbf{0}$을 부호어로 항상 가진다. 다음 정리는 선형부호의 최소거리를 구하는데 이용되는 성질로 증명은 생략한다.

《정리 7.8.2》

> 부호 C가 선형부호이면 $d(C)=w(C)$이다.

실제로 위 정리를 이용하면, M개의 부호어를 가지는 선형부호에서 최소거리는 $M-1$개의 무게의 최소값이므로 $\binom{M}{2}$가지를 확인해야 하는 경우와 비교하면 훨씬 쉽다.

예제 7.8.1 다음 세 부호는 모두 덧셈에 관하여 닫혀있으므로 선형부호이고 각각의 최소거리는 1, 2 및 3이다.

정보 \ 부호	C_1	C_2	C_3
동	00	000	00000
서	01	011	01101
남	10	101	10110
북	11	111	11011

예제 7.8.1에서 보는 것처럼 부호어의 개수는 모두 2의 멱승, 즉 2^k꼴이다. 2^k개의 부호어를 가지는 부호는 적당한 k개의 부호어 중에서 적당히 선택한 부호어들을 더함으로써 모든 부호어를 만들 수 있다(증명생략). 이들 k개의 부호어를 행으로 하는 $k\times n$행렬을 **생성행렬**(generator matrix)이라 하고, 특히 생성행렬 중에 $[I_k|A]$인 꼴을 **표준형**(standard form)이라 한다. 한편, 2^k개의 부호어를 가지는 선형부호를 2진 $[n, k]$부호라고 나타낸다. 따라서 선형부호를 표현할 때에는 2^k개의 부호어를 모두 나열하는 대신에 적당히 선택된 k개의 부호어만 나열하면 충분하다. 이들 부호어를 선형부호의 **기저**(basis)라고 한다.

예제 7.8.2 예제 7.8.1의 C_3의 부호어 4개를 나열하지 않고 01101과 10110을 가지는 선형부호라고 하면, 같은 부호를 더함으로써 00000을 얻고 다른 두 부호를 더함으로서 나머지 부호어를 얻을 수 있다. 이때, 생성행렬 $\begin{bmatrix}1&0&1&1&0\\0&1&1&0&1\end{bmatrix}$은 표준형이다. 한편, 예제 7.7.6에서 설명된 부호는 생성행렬이 4개의 부호어 $\boldsymbol{x}_5$, $\boldsymbol{x}_6$, $\boldsymbol{y}_1$, $\boldsymbol{x}_4$를 순서대로 나열한 4×7행렬

$$\begin{bmatrix}1&0&0&0&1&1&0\\0&1&0&0&0&1&1\\0&0&1&0&1&1&1\\0&0&0&1&1&0&1\end{bmatrix}$$

인 선형부호이다.

《정의 7.8.3》

생성행렬 $G=[I_k|A]$에 대하여 행렬 $H=[A^t|I_{n-k}]$를 부호 C의 **패리티 검사행렬**(paritycheck matrix)이라고 한다.

예제 7.8.3 2진 [5, 2, 3]-부호 C의 생성행렬 G에 대한 parity 검사행렬 H는 다음과 같다.

$$\begin{bmatrix} 1 & 0 & \vdots & 1 & 1 & 0 \\ 0 & 1 & \vdots & 0 & 1 & 1 \end{bmatrix} \qquad H=\begin{bmatrix} 1 & 0 & \vdots & 1 & 0 & 0 \\ 1 & 1 & \vdots & 0 & 1 & 0 \\ 0 & 1 & \vdots & 0 & 0 & 1 \end{bmatrix}$$

또한, 2진 [7, 4, 3]-부호 C의 생성행렬 G에 대한 parity 검사행렬 H는 다음과 같다.

$$G=\begin{bmatrix} 1 & 0 & 0 & 0 & 1 & 0 & 1 \\ 0 & 1 & 0 & 0 & 1 & 1 & 1 \\ 0 & 0 & 1 & 0 & 1 & 1 & 0 \\ 0 & 0 & 0 & 1 & 0 & 1 & 1 \end{bmatrix} \qquad H=\begin{bmatrix} 1 & 1 & 1 & 0 & 1 & 0 & 0 \\ 0 & 1 & 1 & 1 & 0 & 1 & 0 \\ 1 & 1 & 0 & 1 & 0 & 0 & 1 \end{bmatrix}$$

《정의 7.8.4》

행렬 H를 $[n, k]$-부호 C의 parity 검사행렬이라 할 때 임의의 벡터 $\boldsymbol{y}$에 대하여

$$1\times(n-k)\text{행렬 } S(\boldsymbol{y})=\boldsymbol{y}H^t$$

를 $\boldsymbol{y}$의 **오증**(syndrome)이라 한다.

선형부호에서 수신벡터를 복호할 때, 다음 성질 '선형부호에서 벡터 $\boldsymbol{y}$가 부호어일 필요충분조건은 그의 오증이 영벡터이다'이 유용하게 이용된다. 즉,

$$\text{벡터 } \boldsymbol{y}\text{가 부호어} \Leftrightarrow S(\boldsymbol{y})=\boldsymbol{y}H^t=\mathbf{0}$$

이다. 이를테면, 예제 7.8.3에서 부호어 10110의 오증을 구하면

$$S(10110)=[1\ 0\ 1\ 1\ 0]\begin{bmatrix} 1 & 0 & 1 & 0 & 0 \\ 1 & 1 & 0 & 1 & 0 \\ 0 & 1 & 0 & 0 & 1 \end{bmatrix}^t=[1+1\ \ 1+1\ \ 0]=\mathbf{0}$$

이다.

예제 7.8.4 예제 7.8.3과 같은 검사행렬을 가지는 2진 [5, 2, 3]부호 C에서 무게가 1 이하인 벡터에 대한 오증표는 표 7.5와 같다.

표 7.5 2진 [5, 2, 3]-부호의 오증표

벡터	오증 $\boldsymbol{z}=S(x)$
0 0 0 0 0	0 0 0
1 0 0 0 0	1 1 0
0 1 0 0 0	0 1 1
0 0 1 0 0	1 0 0
0 0 0 1 0	0 1 0
0 0 0 0 1	0 0 1

최소거리가 3인 부호에서 무게가 1이하인 벡터에 대한 오증표를 이용하여 수신벡터를 복호하는 알고리즘은 다음과 같다.

오증을 이용한 복호 알고리즘

1단계 : 수신벡터 $\boldsymbol{y}$의 오증 $S(\boldsymbol{y})=\boldsymbol{z}$를 계산한다.
2단계 : $S(\boldsymbol{y})=\boldsymbol{z}$에 해당되는 대표원 x를 찾는다.
3단계 : $\boldsymbol{y}$를 $\boldsymbol{y}-x$로 복호한다.

이와 같은 복호법을 **오증복호법**(syndrome decoding scheme)이라 한다.

예제 7.8.5 예제 7.8.4와 같은 2진 [5, 2, 3]부호 C에서 오증을 이용한 복호알고리즘을 이용하여 복호해 보자. 생성행렬을 이용하면 [5, 2, 3]부호는 $C=\{00000, 10110, 01011, 11101\}$이다.

(1) 수신벡터가 $\boldsymbol{y}=11101$이면 $\boldsymbol{z}=S(\boldsymbol{y})=\boldsymbol{y}H^t=\boldsymbol{0}$이므로 $\boldsymbol{y}$는 부호어이다.

(2) 수신벡터가 $\boldsymbol{y}=11110$이면 $\boldsymbol{z}=S(y)=\boldsymbol{y}H^t=011$이므로 $x=01000$이다. 따라서 부호어는

$$\boldsymbol{x}=\boldsymbol{y}-x=10110$$

(3) 수신벡터가 $\boldsymbol{y}=11000$이면 $\boldsymbol{z}=S(\boldsymbol{y})=\boldsymbol{y}H^t=101$이다. 이 경우 $S(\boldsymbol{y})$는 표 7.5에 없기 때문에 복호할 수 없다. 실제로 이 수신벡터는 부호어로부터 두 개 이상의 오류가 발생된 경우이다.

다음 예는 완전부호에서 오증을 이용한 복호과정을 보여준다.

예제 7.8.6 예제 7.8.3에서 [7, 4, 3]부호 C의 생성행렬 G에 대한 그의 parity 검사행렬은

$$H=\begin{bmatrix} 1 & 1 & 1 & 0 & 1 & 0 & 0 \\ 0 & 1 & 1 & 1 & 0 & 1 & 0 \\ 1 & 1 & 0 & 1 & 0 & 0 & 1 \end{bmatrix}$$

이다. 이 부호에 대한 무게가 1이하인 벡터는 8가지이며 그의 오증은 다음 표 7.6과 같다.

표 7.6 2진 [7, 4, 3]부호의 오증표

벡터	syndrome $z=S(x)$
0 0 0 0 0 0 0	0 0 0
1 0 0 0 0 0 0	1 0 1
0 1 0 0 0 0 0	1 1 1
0 0 1 0 0 0 0	1 1 0
0 0 0 1 0 0 0	0 1 1
0 0 0 0 1 0 0	1 0 0
0 0 0 0 0 1 0	0 1 0
0 0 0 0 0 0 1	0 0 1

이 때에 모든 부호어의 개수는 16개이므로 위의 표로 복호할 수 있는 수신벡터의 개수는 $16\times 8=128$이고 $(F_2)^7$의 원소의 개수는 128개이다. 따라서 이 부호에서는 모든 수신벡터를 복호할 수 있다.

(1) 수신벡터가 $\boldsymbol{y}=1100010$이면 $\boldsymbol{z}=S(\boldsymbol{y})=\boldsymbol{y}H^t=000$이므로 $x=0000000$이고 부호어는 $\boldsymbol{z}=\boldsymbol{y}-x=1100010$이다.

(2) 수신벡터가 $\boldsymbol{y}=1111000$이면 $\boldsymbol{z}=S(\boldsymbol{y})=\boldsymbol{y}H^t=111$이므로 $x=0100000$이고 부호어는 $\boldsymbol{x}=\boldsymbol{y}-x=1011000$이다.

(3) 수신벡터가 $\boldsymbol{y}=1010101$이면 $\boldsymbol{z}=S(\boldsymbol{y})=\boldsymbol{y}H^t=110$이므로 $x=0010000$이고 부호어는 $\boldsymbol{x}=\boldsymbol{y}-x=1000101$이다.

8 암 호 학

오늘날 인터넷과 컴퓨터 기술의 발전에 따라 유도된 정보화 사회에서 모든 단체는 물론 개인의 정보보호는 중요성의 정도를 넘었다. 정보화시대에 해킹 및 바이러스 유포 등에 따른 정보노출에 대한 부작용을 최소화하는 이론이 정보보호이론이며, 그 기본 원리가 수학인 암호학이다.

이 장에서는 암호를 이해할 수 있도록 역사적으로 사용되었던 고전암호를 몇 가지 소개하고 암호의 분류 및 공격방법 등을 다룬다. 마지막으로 현대 대칭블록암호인 DES, AES 및 SEED를 다루고 공개키암호로 RSA를 소개한다.

비밀번호를 설정하는 방법

정보화사회에 자주 이용하는 것 중에 하나가 패스워드 또는 비밀번호일 것이다. 이를테면, 은행계좌 두세 곳, 신용카드 두세 곳, 이메일 주소에 따른 두세 곳, 채팅 또는 메신저 등에서 두세 곳, 휴대전화에 한 곳, 직장 또는 자신이 가입한 각종 인터넷 정보기관 두세 곳 등 비밀번호를 사용해야 하는 곳이 10곳은 바로 넘는 것을 알 수 있다. 대개의 독자들은 비밀번호로 한 가지 또는 두 가지를 모든 곳에서 사용하고 있으며, 그들의 비밀번호가 누출되면 모든 비밀이 바로 드러나는 위험스러운 상태에서 위험을 모르고 살고 있다. 또한 비밀번호 설정 또한 주민등록번호, 학번, 군번, 결혼기념일 등 특정한 번호를 사용하는 어리석음을 범하고 있다.

여러 가지 방법이 있겠지만 자음 'ㄱ ~ ㅎ'을 '1 ~ 14'로 일대일 대응시키고 모음 'ㅏ ~ ㅣ'를 '1 ~ 10'으로 일대일 대응시킨다고 하고 편의상 8자리 비밀번호를 설정하는 방법을 알아보자.

첫 단계는 애인의 이름, 자신의 이름 등 여러분이 기억하기 쉬운 어떤 단어를 사용하여도 좋다. 이를테면 '이민섭'을 이용하여 구성 자모의 순서를 나열하면, '810-5102-736'을 얻는다. 여기서 'ㅇ,ㅁ,ㄴ,ㅅ,ㅂ'은 자음에서 각각 '8,5,2,7,6'을 나타내고 'ㅣ,ㅓ'은 모음에서 '10,3'이다.

둘째 단계에서 이들 중에 여러분이 적당히 선택하여 8자리 즉 '81051027'를 만들자(이 경우 8가지를 선택하는 방법만 45가지이다).

셋째 단계에서는 이들을 독자가 기억하기 편리한 방법으로 적당히 변형하는 것이다. 이들을 변형할 때 이용하는 수학적 개념이 제3장에서 다룬 법연산이다. 즉, 각 자리의 수를 Z_{10}의 원소로 생각하고 적당한 수를 더하거나 곱하여 얻은 8자리를 비밀번호로 사용한다.

이를테면, '81051027'의 각 자리에 3을 더하면, $3+8=1, 3+1=4,\ 3+0=3,\ 3+5=8,$ … 등이므로 비밀번호 '14384350'을 얻는다. 또, 81051027'의 각 자리에 3을 곱하면, $3\cdot 8=4, 3\cdot 1=3,\ 3\cdot 0=0,\ 3\cdot 5=5,$ … 등이므로 비밀번호로 '43053061'을 사용하면 된다. 이와 같은 변환은 일정한 수를 더하거나 곱하는 경우 외에 다양한 방법이 존재한다. 이들에 관하여는 독자 스스로 연구하여 보기 바란다.

8.1 암호의 소개

자신의 비밀정보를 보호하는 방법과 상대방의 비밀정보를 가로채어 자신에게 유리한 정보를 얻고자 하는 노력은 인류의 역사이래 매우 중요한 개념으로 인식되어 왔다. 이러한 정보의 보호와 탈취는 좁은 의미에서 군대, 외교기관, 또는 특수 목적을 가진 곳에서 이용되어 온 반면에, 넓은 의미에서는 인간의 사회활동 및 경제행위 자체에서 무의식 속에 이용되어 왔다고 볼 수 있다. 특히, 컴퓨터와 통신의 발달로 인한 정보의 폭주 속에서 정보의 관리, 전송, 폐기 등에서 정보의 보호는 절대적으로 필요하게 되었으며 국가간의 외교, 사업상의 계약 등을 준비할 때에 상대방의 정보를 가로채는 일은 매우 중요하다.

예를 들면, 옛날 군대에서 사용했던 봉화제도, 국가간에 맺어졌던 비밀조약 등은 좁은 의미의 정보보호의 예이고, 상거래에서의 원가나 식당의 음식을 만드는 비법 등은 넓은 의미의 정보보호의 예로 볼 수 있을 것이다. 수학자이며 경제학자인 존 내시를 주인공으로 한 영화 뷰우티풀 마인드(Beautiful Mind)에서 나오는 암호들이 특수 정보를 해독하는 군사적 목적의 암호로 고전암호와 근대암호의 예라면 최근 이라크와 미국의 전쟁에서 사용한 암호는 현대암호의 예이다. 또한, 컴퓨터와 인터넷 이용의 보편화에 따른 인터넷을 통한 전자투표, 전자화폐 등에서 요구하는 패스워드는 정보보호를 위한 절차들이고, 해커에 의한 자료의 위조 및 탈취, 홈뱅킹(home banking)에서의 범죄 등은 통신의 발달로 인하여 발생되는 정보탈취의 예이다. 한편, 최근 시행하려다가 연기한 전자주민등록증 제도는 개인의 정보보호에 관한 대책의 미흡 때문에 취해진 조치이고 2003년도 교육계에서 가장 쟁점의 화제가 되었던 나이스(NEIS)의 실시문제 또한 개인의 정보보호의 대책이 문제였다.

한편, 이와 같은 정보의 보호 및 상대방의 비밀정보의 획득에 관한 이론적 발전에 대한 요구는 정보를 보호하려는 노력으로부터 **암호작성**(cryptography)에 관한 연구의 동기가 된 반면에, 상대의 정보를 가로채려는 노력으로부터 **암호해독**(cryptanalysis)에 관한 연구의 동기가 되었다. 이와 같은 두 가지 관점 즉, 보통 사람이 이해할 수 있는 내용을 특정한 사람을 제외하고 이해할 수 없는 형태로의 변환과 특정한 사람을 제외하면 이해할 수 없는 형태를 보통 사람이 이해할 수 있는 형태로의 변환을 연구하는 학문을 **암호학**(cryptology)이라 한다. 암호학은 암호작성과 암호해독 양쪽을 포함하는 학문으로서 정보화시대에 이용될 수 있는 중요한 연구 및 응용분야이다.

지금부터 암호학에서 자주 나오는 기본적이고 중요한 용어를 몇 가지 설명한다.

(i) 평문과 암호문 : 평범한 사람이 이해할 수 있는 형태인 일반 문장을 **평문**(plaintext, P)이라 하고, 평문이 일반인이 이해할 수 없는 형태로 변형된 형태인 문장을 **암호문**(cryptogram 또는 ciphertext, C)이라 한다. 이들 평문과 암호문을 이루는 기본단위를 **문자** 또는 **알파벳**이라고 한다. 이를테면, 한글로 쓰인 경우에는 1음절 또는 자모단위, 영문으로 쓰인 경우 영어 알파벳, 컴퓨터나 기타 통신에 이용될 때에는 보통 이진수들로 표현된 비트들을 기본단위로 사용하고 필요에 따라 숫자, 문장기호 등이 추가 사용된다.

(ii) 암호화, 복호 및 해독과정 : 평문을 암호문으로 변환하는 과정을 **암호화과정**(encryption process)이라 한다. 역으로, 암호문으로부터 평문을 얻을 때, 암호문을 평문으로 변환하는 방법을 알고 평문으로 바꾸는 과정을 **복호과정**(decryption process)이라 하는 반면에 변환하는 방법을 모르는 상태에서 평문을 얻는 과정을 **해독과정**(analysis process) 또는 **공격과정**(attack process)이라 한다.

(iii) 암호화키와 복호키 : 평문을 암호문으로 바꾸는데 필요한 기술 또는 원리를 **암호화키**(encryption key, EK)라 하고 암호문을 평문으로 바꾸는데 필요한 기술 또는 원리를 **복호키**(decryption key, DK)라 한다. 암호화키와 복호키를 **암호키**라 한다.

(iv) 암호 알고리즘 : 암호화키와 복호키는 보통 함수로 표현된다. 이때, 암호화과정을 **암호화함수**(encryption function, E) 또는 **암호화 알고리즘**(encryption algorithm)이라 하고 복호과정을 **복호함수**(decryption function, D) 또는 **복호 알고리즘**(decryption algorithm)이라 한다. 또한 암호화 알고리즘과 복호 알고리즘을 포함한 알고리즘을 **암호 알고리즘**(crypto algorithm)이라 한다.

지금까지 설명한 용어를 도표로 나타내면 다음 [그림 8-1]과 같다.

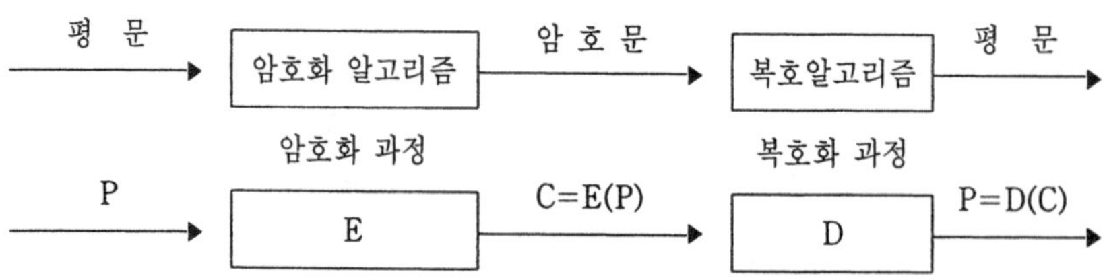

[그림 8.1] 암호화과정과 복호과정

(v) 송신자, 수신자, 도청자 : 암호화된 정보를 안전하게 보내기를 원하는 사람 또는 주체를 **송신자**(sender), 송신자로부터 합법적으로 정보를 받는 사람 또는 주체를 **수신자**(receiver)라 한다. 한편, 송신자와 수신자 사이에 전송중인 정보 또는 저장된 정보를 가로채려는 사람 또는 주체를 **도청자**(eavesdropper)라 한다. 이때, 단순히 정보를 탈취하려는 사람을 **수동적인 도청자**라 하고, 정보의 변조 또는 차단 등으로 수신자를 혼돈시키는 도청자를 **능동적인 도청자**라 한다.

지금까지 설명한 것은 다음과 같은 [그림 8.2]로 나타낼 수 있다.

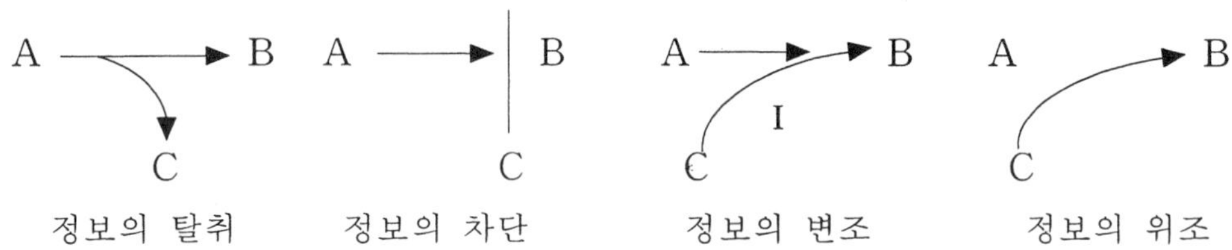

[그림 8.2] 도청자 C의 수동적 도청과 능동적 도청

(vi) 인증과 전자서명 및 부인봉쇄 : 수신자가 받은 정보가 원래의 송신자로부터 전송된 것(송신자 확인) 또는 정보 자체가 송신자가 보낸 원본인 것(원본확인)을 확인하는 개념이 **인증**(authentication)이고 부인봉쇄, 자료인증 및 송신자 확인 등을 수신자가 통신 중에 위조하지 못하도록 하는 개념이 **전자서명**(digital signature)이다. 인증 또는 전자서명의 과정과 유사한 과정을 통하여 정보의 송신 또는 수신한 사실을 송신자와 수신자가 부인하지 못하도록 하는 성질을 **부인봉쇄**(non-repudiation)라 한다.

(vii) 비밀성, 무결성 및 가용성 : 정보보호이론의 주요 목표에 해당하는 용어이다. 정보의 송신 또는 수신과정에서 자료가 노출되어도 원래의 정보가 노출되지 않는 성질로 암호화를 통하여 만들어지는 성질을 **비밀성**(security)이라 한다. 정보의 송신 또는 수신과정에서 자료가 노출되었을 때 암호화되어 있어서 정보가 노출되지는 않아도 정보를 탈취한 자가 정보를 변조함으로써 수신자에게 쓸모없는 정보를 줄 수 있다. 이와 같이 쓸모 없는 정보가 되지 않는 즉, 전송된 정보가 변조되지 않는 성질을 **무결성**(integrity)이라 한다. 한편, 비밀성과 무결성이 뛰어나도 일반인이 사용하기 어려우면 쓸모가 없는 것이기 때문에 원하는 사람들이 편리하고 쉽게 사용할 수 있도록 알고리즘을 설계하는 성질을 **가용성**(accessibility)이라 한다.

(viii) 암호화프로토콜 : 신뢰할 수 없는 두 주체 또는 다 주체간에 암호계를 이용하여 안전한 통신을 하는 절차를 **암호화프로토콜**(cryptographic protocol)이라 한다.

지금까지의 내용을 구체적으로 이해할 수 있는 실제 예를 들어보면 다음과 같다.

예제 8.1.1 상수와 영미는 내성적인 수줍음을 타는 친구로 서로 짝사랑을 하고 있던 중 어느 날 상수가 영미로부터 전자메일을 통하여 사랑을 고백하는 편지를 받았다. 원래 내성적이고 꼼꼼한 성격의 소유자인 상수는 자신도 영미를 사랑하고 있다는 편지를 전자메일로 보내려고 하는 중에 다음과 같은 고민을 하게 되었다.

(i) 이 편지를 다른 사람이 열어 보지 않았을까?

(ii) 이 편지를 영미가 보낸 것이 사실일까?

(iii) 이 편지의 내용이 사실일까?

(iv) 나의 편지를 영미만이 볼 수 있도록 답장을 보낼 수 있을까?

고민을 하던 끝에 상수는 영미에게 암호화프로토콜을 통하여 통신을 할 수 있는 시스템을 설치하여 주고 영미에게 "네가 보낸 메일이 지워져서 못 받았거든. 다시 한번 보내줄래"라고 말하고 혼자서 속으로 쾌재를 불렀다.

영미가 쉽게 사용할 수 있도록 **가용성** 있고 송신내용을 부인할 수 없는 부인봉쇄 시스템을 설계함으로서, 영미가 시스템을 통하여 메일을 보내면 자동으로 영미의 전자서명이 첨가되어 암호화되어 전달되도록 설계되어 있기 때문에 영미의 **전자서명**을 확인하고 영미가 보낸 편지임을 확인할 수 있었으며 영미의 편지를 타인

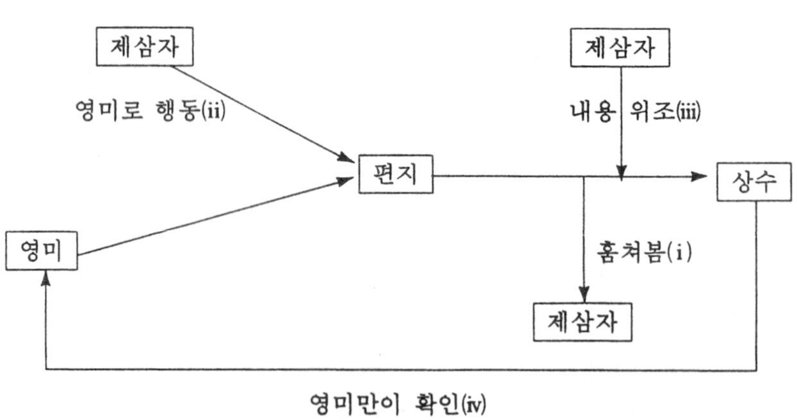

[그림 8.3] 상수의 고민

이 열어보아도 암호화되어 있으므로 무슨 내용인지 알 수 없도록 **비밀성**을 유지할 수 있어서 안심하였으며, 또한 메일의 **무결성**을 확인할 수 있어서 편지의 내용이 사실임을 알 수 있었기 때문이다. 따라서 상수는 영미가 다시 보낸 편지를 받아서 확인하고 기쁜 마음에 영미에게 사랑의 편지를 보내었다고 한다.

지금까지 암호의 필요성과 암호를 이해하기 위한 기본 용어들을 설명하였다. 실제로 과거의 암호는 정보를 허가 받지 못한 제삼자에게 노출되어도 정보가 노출되지 않도록 정보를 변형하는데서 시작되어 군사 및 외교에서 주로 사용되어 왔지만, 오늘날 인터넷과 정보통신이 발전한 요즈음 정보화시대에는 정보의 전달과정은 온라인(on line) 상에서 이루어져 개인의 프라이버시 보호는 물론 개인의 생활에 편리함을 주는데 적극적으로 활용되고 있다. 이제부터는 암호의 직접적인 응용 및 원리의 응용에 의한 구체적인 예들에 관하여 설명한다.

예제 8.1.2 (전화를 통한 동전 던지기) 생활에서 종종 동전을 던져서 앞면 또는 뒷면이 나오는 결과에 따라 의사결정을 하는 경우가 있다. 예를 들면, 친한 친구와 식사를 한 뒤에 동전을 던져서 나오는 동전 면의 결과에 따라 식사비를 낸다거나, 특별히 우선 순위가 없는 두 가지 일 중에 어떤 일을 먼저 선택할 때 동전을 던져서 나오는 동전 면의 결과에 따라 결정하는 경우이다. 이러한 일을 전화 또는 통신을 이용하여 서로 신뢰하지 못하는 사람간에 상대방이 보이지 않는 상황에서 동전을 던져서 나온 동전 면의 결과에 따라 식사비를 지출하기로 하거나 또는 어

[그림 8.4] 전화를 통한 동전던지기

떤 일을 하기로 하는 경우를 생각할 때, 동전을 던진 사람이 유리하도록 거짓말을 할 수 있으며 또한 상대방은 동전을 던져서 나온 결과에 승복하지 못하는 경우가 있을 수 있다. 이들 가능성을 배제하기 위하여 동전을 던진 사람은 속일 수 없도록 하고 상대방은 결과에 승복할 수 있도록 하는 어떤 장치가 필요하다. 이러한 장치를 만드는 과정에 암호의 원리를 이용하므로 동전을 던져서 나온 결과에 두 사람 모두가 따르게 할 수 있다. 1982년 블럼(Blum)에 의하여 제안된 이 문제를 **전화를 통한 동전 던지기**(coin flipping by phone)문제라 한다.

예제 8.1.3 (전자상거래) **전자상거래**(electronic commerce)란 인터넷이나 PC통신을 통하여 서로 신뢰하지 못하는 둘 또는 여러 사람 사이에 상품을 사고 파는 거래를 의미하며, 이때에 상품을 보내고 대금을 결제하는 일에 암호계가 이용된다. 즉, 상품을 보낸 송신자가 수신자가 상품을 수신한 것을 확인하고 또한 상품을 수신한 사람은 대금을 송금하고 송금한 현금이 송신자에게 입금된 것을 확인할 수 있게 하는 제도에서 암호를 이용하여 설계함으로서 안전한 거래가 이루어지도록 할 수 있다. 이와 같은 전자상거래는 시간과 공간의 제약이 없고 직접 매장까지 나가야 하는 번거로움을 덜 수 있는 것이 장점이며, 이때 거래대금의 결재는 신용카드나 뒤에 설명할 전자화폐에 의하여 결제될 수 있다.

예제 8.1.4 (전자화폐) **전자화폐**는 영어로 electronic money, cyber cash 또는 virtual currency로 불리고 있지만 아직까지 그 범주에 대하여 명확한 정의가 주어지지 않고 있으나 현재의 화폐를 그대로 디지털화 한 것으로 인터넷이나 PC통신을 통한 전자상거래의 지불시스템을 통괄하여 의미하며 방법에 따라 전자신용카드, 전자수표, 전자현금 등으로 구분할 수 있다. 특히, 전자현금제도는 실제 현금과 같이

(i) 지불해야할 금액에 따라 편리하게 분할할 수 있는 분할성,

(ii) 지불자 개인의 비밀을 보장할 수 있는 익명성,

(iii) 현금과 같이 타인에게 의뢰할 수 있는 양도성,

(iv) 타인이 동시에 사용할 수 없도록 하는 이중성 금지

등이 보장되어야 한다. 이 제도는 현실적으로 화폐를 만드는 비용을 절감할 뿐만 아니라 화폐를 지니고 다니지 않아도 되므로 편리성이 있으며 위조 및 도난의 우려로 인한 사회적 문제를 줄일 수 있는 장점을 가지고 있다. 인터넷에서 사용되고 있는 e-cash, 공중전화카드, 고속도로 통행카드 등도 전자화폐의 일종이나, 보다 발

전된 전자화폐란 모든 곳에서 현금과 같이 사용할 수 있으며 분실을 걱정하지 않아도 되는 화폐를 의미하며 현재 적은 금액의 전자화폐가 국소적으로 이용되고 있다.

예제 8.1.5 (영지식 증명) 일반적으로 어떤 일을 증명한다는 것은 증명과정을 모두에게 보여주고 이해시키는 것이다. 이와 같은 일반적인 증명 방법과 달리 증명과정을 알려주지 않고 상대방에게 증명자가 증명을 알고 있다는 확신을 주는 증명을 **영지식 증명**(zero knowledge proof)이라 한다. 서로 신뢰하지 못하는 두 점술가 A와 B가 있다. A는 수험자의 합격여부를 맞추는 비법을 알고 있는데 혼자서 모든 수험자의 합격여부를 맞추기는 너무 많은 사람이 찾아오기 때문에 그의 비법이 적힌 알고리즘을 B에게 팔려고 할 때 다음과 같은 일이 일어났다.

(i) B가 A에게 알고리즘을 보여달라고 하여 알고리즘만 보고 돈을 지불하지 않고 그 알고리즘을 이용하면 A로서는 속수무책일 것이다.

(ii) A가 B에게 돈을 먼저 달라고 하면, B는 이 알고리즘이 과연 합격여부를 맞출 수 있는지 믿을 수 없으므로 고민할 것이다.

이러한 상황에서, B는 A가 모르고 B만이 알고 있는 과거의 수험생 30명의 결과를 그 알고리즘을 통하여 맞춘다면, A가 전혀 모르고 30명의 합격여부를 모두 맞추는 확률은 0.000000001보다 적으므로 B는 A의 알고리즘을 믿게 된다. 즉, A는 알고리즘의 내용을 B에게 주지 않고도 알고리즘이 틀림없다고 증명하였다.

영지식 증명의 실제 적용 예로는 전화통화 또는 인터넷에서 고객 본인임을 확인하는데 사용된 다음과 같은 질문을 통하여 본인임을 확인하는 과정이 있다.

(i) 귀하의 전화번호 중에 네 번째 수는?

(ii) 귀하의 주민등록번호 중에 아홉 번째 자리의 수는?

(iii) 귀하의 e-mail 주소의 열 번째 문자는?

이 질문에 본인이 아닌 사람이 맞게 대답할 확률은 기껏해야

$$\frac{1}{10}\times\frac{1}{10}\times\frac{1}{36}\fallingdotseq 0.000278$$

이므로 본인이 거의 확실하다. 또한, 좀더 본인일 확률을 높이려면 질문을 계속하면 된다. 이때, 질문자가 질문에 대한 어떤 고객의 답 7, 6 및 n을 가지고 고객의 정보를 얼마나 알 수 있는가? 아마도 거의 알 수 없을 것이므로 영지식 증명을 응용한 예라 할 수 있다.

8.2 고전암호

(1) 전치암호

주어진 문자들의 열을 문자들의 개수의 약수인 적당한 d에 대하여 한 행에 d개의 문자들을 나열하여 n개의 행을 얻었을 때, 평문 $d \times n$행렬의 전치행렬로 $n \times d$행렬을 얻어 다시 나열하여 암호화하는 암호를 **전치암호**(transposition cipher)라 한다. 인류의 역사상 가장 오래된 암호로 알려진 **싸이테일(Scytale) 암호**는 기원전 400년경 희랍인에 의하여 사용된 암호로 곤봉에 종이를 감고 문자를 횡서한 후에 종이를 풀어놓으므로 문자가 재배열 되도록 하는 방법을 이용한 전치암호이다. 이를테면, CRYPTOG-RAPHY를 [그림 8.5]에서와 같이 3×4 행렬로 나열한 뒤 전치행렬을 구하면 4×3 행렬이 되므로 암호문은 CTAROPYGHRPY이다.

C	R	Y	P
T	O	G	R
A	P	H	Y

C	T	A
R	O	P
Y	G	H
P	R	Y

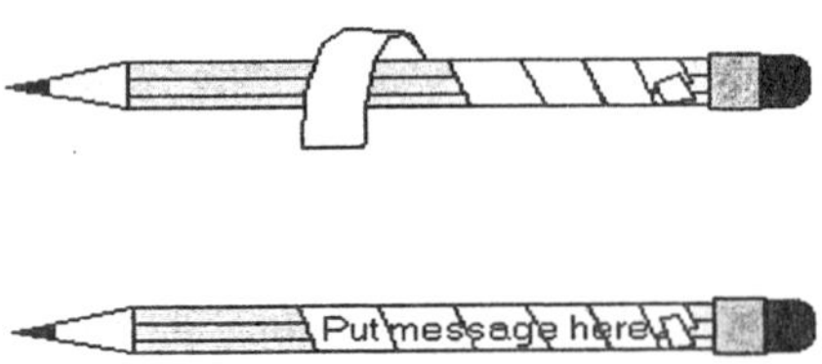

[그림 8.5] 싸이테일 암호

(2) 치환암호

고정된 주기 d에 대하여 각각의 위치를 치환(置換)시키므로 문자들이 치환됨으로써 만들어지는 암호를 **치환암호**(permutation cipher)라 하고 평문 알파벳들의 집합이 치환에 의하여 만들어지는 암호를 **대입암호**(substitution cipher)라 한다.

평문의 위치를 바꾸어줌으로써 만들어지는 치환암호의 간단한 예들은 다음과 같다. 단, 치환 $\begin{pmatrix} 1 & 2 & 3 & 4 \\ 2 & 3 & 4 & 1 \end{pmatrix}$는 첫 번째 위치한 문자를 두 번째 위치로 보내고 두 번째 위치한 문자를 세 번째 위치로 보내는 등의 전단사 함수를 의미한다. 한편, 복호과정에 필요한 이 전단사함수의 역함수, 즉 역치환은 $\begin{pmatrix} 1 & 2 & 3 & 4 \\ 4 & 1 & 2 & 3 \end{pmatrix}$이다.

예제 8.2.1 주기가 4이고 치환 $f=\begin{pmatrix} 1 & 2 & 3 & 4 \\ 2 & 3 & 4 & 1 \end{pmatrix}$를 이용하여 평문 CRYPTOGRAPHY를 암호화하면 다음과 같다.

주기 4 : C R Y P　　T O G R　　A P H Y

암호문 : P C R Y　　R T O G　　Y A P H

이 암호를 복호하려면 위 그림에서 화살표 방향을 역으로 하면 된다. 즉, 첫 번째 위치를 마지막으로 보내고 나머지를 한 위치씩 옮기면 원래의 평문을 얻는다.

[참고] 전치암호와 치환암호에서 암호문은 평문에서 나타난 알파벳의 위치만 달라졌을 뿐 각 알파벳의 개수는 불변이다. 즉, 주기와 규칙을 모르는 상태에서도 언어 지식을 이용하여 해독할 수 있다.

(3) 대입암호

평문문자 각각을 적당한 규칙에 의하여 다른 문자로 대입하여 암호화하는 방법을 **대입암호**(substitution cipher)라고 한다. 1854년 휫스톤(C. Wheatstone)이 개발하여 제 1차 세계대전시 영국에서 사용하였던 **플레이페어**(Playfair) **암호**는 표 8.1을 이용한 대입암호이다.

이 표에서 J를 제외한 25개의 문자를 표 8.1과 같은 5×5행렬로 줌으로써 이를 키로 사용하였다. 즉, 평문의 2문자 m(1) m(2)를 암호화하여 c(1) c(2)를 만드는데 다음의 원칙을 적용한다.

표 8.1 플레이페어 암호

H	A	R	P	S
I	C	O	D	B
E	F	G	K	L
M	N	Q	T	U
V	W	X	Y	Z

(i) m(1)과 m(2)가 같은 행에 있으면 c(1)과 c(2)는 같은 행의 각각의 오른 쪽에 있는 문자로 암호화한다(첫 열은 끝 열의 오른 쪽에 있는 것으로 약속한다).

(ii) m(1)과 m(2)가 같은 열에 있으면 c(1)과 c(2)는 같은 열의 각각의 아래에 있는 문자로 암호화한다(첫 행은 끝 행의 아래에 있는 것으로 약속한다).

(iii) m(1)과 m(2)가 각각 다른 행과 다른 열에 있으면 c(1)과 c(2)는 m(1)과 m(2)로 만드는 직사각형의 꼭지점으로 각각 m(1)과 m(2)와 같은 행에 있는 문자로 암호화한다.

(iv) m(1)=m(2)이면 중복을 피하기 위하여 적당한 문자 (X)를 넣고 (i), (ii)와 (iii)에 따른다.

(v) 평문이 홀수개의 문자로 되어 있으면 끝에 적당한 문자 (X)를 넣는다.

예제 8.2.2 표 8.1과 같은 키를 가지는 플레이페어 암호에서 평문 RENAIS SANCE의 암호문을 만들어 보자.

(1) 평문을 2문자씩 블록화 한다. (v)에 의하여 끝에 X가 첨가된다.

RE NA IS SA NC EX

(2) RE는 (iii)에 의하여 HG로 암호화 된다.
NA는 (ii)에 의하여 WC로 암호화 된다.
IS는 (iii)에 의하여 BH로 암호화 된다.
SA는 (i)에 의하여 HR로 암호화 된다.

(3) 따라서 암호문은 HG WC BH HR WF GV이다.

한편 암호문을 복호하는 과정은 평문을 암호화하는 과정과 유사하다. 암호문 c(1)c(2)가 같은 행에 있으면 각각의 왼쪽에 있는 문자로 복호하고 같은 열에 있으면 각각의 위에 있는 문자로 복호하며, (iii)의 경우는 같은 방법으로 복호한다. 이를테면, HG는 (iii)에 의하여 RE로 복호된다.

(4) 곱 암 호

위에서 설명한 전치암호, 치환암호 및 대입암호(여기서는 표로 주어짐)의 원리를 복합 적용한 암호를 **곱암호**(product cipher)라 한다. 이 암호의 예로는 제1차 세계대전 당시에 독일군이 사용한 ADFGVX **곱암호**가 있다.

이 ADFGVX 암호는 암호변환이

(i) 알파벳 26자와 숫자 10자를 행렬로 나열한 ADFGVX표 (표 8.2)에 의하여 **대입**하고,

(ii) (i)에 의하여 변환된 문자들을 7문자의 열로 배열하고 각 열에 DEUTSCH의 알파벳을 배정하여 DEUTSCH의 알파벳 순서대로 각 열의 위치를 정렬한 뒤,

표 8.2 ADFGVX 암호

	A	D	F	G	V	X
A	K	Z	W	R	1	F
D	9	B	6	C	L	5
F	Q	7	J	P	G	X
G	E	V	Y	3	A	N
V	8	O	D	H	0	2
X	U	4	I	S	T	M

(iii) (ii)에서 얻은 배열을 전치하는 3단계로 이루어진 암호시스템이다.

즉, ADFGVX암호는 (i)에서 대입암호, (ii)에서 치환암호, (iii)에서 전치암호의 원리를 이용하였다. 이를테면, 원문이 'PRODUCT CIPHERS'라면, 표에 의하여 P는 F행 G열에 위치하고 있으므로 FG가 된다. 같은 방법으로

FG AG VD VF XA DG XV DG XF FG VG GA AG XG

로 일차 암호문을 얻는다. 이 암호문을 7열로 나열하고 각 열에 아래와 같이 DEUTSCH를 대응시키고, 이를 D E U T S C H의 알파벳 순서대로 열들을 치환하면 [그림 8.6]과 같다.

D	E	U	T	S	C	H
F	G	A	G	V	D	V
F	X	A	D	G	X	V
D	G	X	F	F	G	V
G	G	A	A	G	X	G

C	D	E	H	S	T	U
D	F	G	V	V	G	A
X	F	X	V	G	D	A
G	D	G	V	F	F	X
X	G	G	G	G	A	A

[그림 8.6] 암호문의 나열과 열의 치환

이를 전치시키면 최종 암호문

DXGX FFDG GXGG VVVG VGFG GDFA AAXA

을 얻는다. 이 암호는 암호변환의 역순으로 변환하여 평문을 얻는다.

(5) 시져암호

시져암호는 대입암호의 한 예로 치환암호와 달리 주기에 의존하지 않고 각 알파벳이 일정한 규칙으로 바뀌면서 만들어지는 암호이다. 설명을 간단히 하기 위하여 먼저 알파벳들의 집합 $C=\{A, B, C, \cdots, Z\}$의 각 원소를 순서대로 집합 $Z_{26}=\{0, 1, 2, \cdots, 25\}$으로 대응시키고 암호변환을 Z_{26}위의 함수 f로 표현할 수 있다.

대표적인 예로는 로마의 시져(J. Caesar)에 의하여 처음 사용된 시져암호로서 암호변환함수 f가 $f(x)\equiv x+3 \bmod 26$인 암호이다. 이를테면, 평문문자는 표 8.3과 같이 암호문문자로 변환된다.

표 8.3 시져 암호변환

f
A → 0 → 3 → D
B → 1 → 4 → E
C → 2 → 5 → F
⋮ ⋮ ⋮
Y → 24 → 1 → B
Z → 25 → 2 → C

[참고] 이 암호의 성질은 같은 문자는 모두 한 문자로 변환되기 때문에 문자의 통계적 도수분포의 성질이 그대로 보존된다.

Caesar 암호의 일반적인 확장으로 암호변환함수 f가 Z_{26}에서 Z_{26}으로

$$f(x)=ax+b \ (\text{단}, \gcd(a,\ 26)=1)$$

와 같이 정의된 암호를 **아핀**(Affine) **암호**라 한다. 이 암호의 경우에 복호함수는 f의 역함수 $f^{-1}(x)=a^{-1}(x-b)$이다.

이를테면, $a=5$이고 $b=7$이라 하면 C는 $f(2)=5\times2+7=17$이므로 R로 변환된다. 한편, W의 복호는 $a^{-1}=21$이므로

$$f^{-1}(22)=21(22-7)=3$$

이므로 D이다.

한편, 이와 같은 방법은 일반화되어 고차함수를 사용할 수도 있으며 또한 행렬변환을 이용한 방법도 있다. 행렬변환을 이용한 암호로 **힐**(Hill) **암호**가 있다.

[참고] 선형암호의 해독 또한 일반적으로 같은 문자는 모두 한 문자로 변환되기 때문에 통계적 분포의 성질이 그대로 보존된다. 따라서 표 8.4-표 8.6을 이용하여 암호를 해독할 수 있다.

(6) 동음이의 대입암호

앞에서 설명한 단순대입암호는 각 문자의 도수분포로부터 어렵지 않게 해독할 수 있다. 이것을 방지하기 위하여 도수분포를 이용할 수 없도록 자주 나오는 문자들을 여러 가지 값으로 대입하여 만든 즉, 암호변환함수가 일 대 다인 암호를 **동음이의**(Homophonic) **대입암호**라 한다. 즉, 자주 나오는 문자들 E, T, A, R 등을 여러 가지 값으로 대입하여 만든 동음이의 대입암호는 암호변환 함수가 일대다 형이다.

예제 8.2.3 알파벳들의 집합 $C=\{\mathrm{A,B},\cdots,\mathrm{Z}\}$를 정의역으로 가지는 함수 $D:C\to Z_{99}$가

$$D(x)=\begin{cases} 3x & x\in C-\{E,\ A,\ R,\ T\} \\ 17,\ 19,\ 23,\ 47,\ 64 & x=E \\ 8,\ 20,\ 25,\ 49 & x=A \\ 1,\ 29,\ 65 & x=R \\ 16,\ 31,\ 85 & x=T \end{cases}$$

와 같이 정의된 암호변환 함수일 때, 평문

MANY A SLIP TWIXT THE CUP AND THE LIP

는

M A N Y A S L I P TW I X T THE C UP A N D T HE L I P

08 20 16 3185 17 25 16 19

3608397220543324451666246931852117066045253909162119332445

로 암호화된다.

(7) 다표식 대입암호

자주 나오는 문자들을 여러 값으로 대입하여 만든 동음이의 대입암호와는 다르게 주기적으로 같은 함수를 이용하여 만든 암호를 **다표식 대입암호**라 한다. 따라서 이들 암호변환함수 f는 단순대입암호와 같이 Z_{26}위에서의 치환이 아니라, 알파벳의 집합 C에서 n을 법으로 한 잉여류 $Z_n(n>26)$으로 보내는 다대다 함수이다.

다시 말하면, 주기가 d이고 다표식 대입암호변환을 E이라 할 때, 평문 $\mathrm{M}=m_1, \cdots, m_k$에 대한 암호문은 $\mathrm{E(M)}=f_1(m_1), \cdots, f_k(m_k)$이다. 단, 적당한 자연수 d와 임의의 i에 대하여 $f_{i+d}(x)=f_i(x)$이고 f_i는 단사함수이다. 이와 같이 주기적 대입의 흔한 형태가 미국의 남북전쟁 당시에 사용된 비지너(Vigenere) 암호와 뷰우포트(Beaufort) 암호이다.

예제 8.2.4 RENAISSANCE를 BAND라는 키를 이용하여 비지너암호변환하면 다음과 같다.

M= RENA	ISSA	NCE
k= BAND	BAND	BAN
C= SEAD	JSFD	OCR

이 된다. 즉, 암호변환함수는 다음 네 함수가 주기적으로 적용된다.

$$f_1(a)=(a+1) \bmod 26 \qquad f_2(a)=a \bmod 26$$

$$f_3(a)=(a+13) \bmod 26 \qquad f_4(a)=(a+3) \bmod 26$$

표 8.4 한 문자의 상대분포

문 자	상대분포	문 자	상대분포	문 자	상대분포
A	7.25	J	0.25	S	6.00
B	1.25	K	0.50	T	9.25
C	3.50	L	3.75	U	3.00
D	4.25	M	2.75	V	1.50
E	12.75	N	7.75	W	1.50
F	3.00	O	7.50	X	0.50
G	2.00	P	2.75	Y	2.25
H	3.50	Q	0.50	Z	0.25
I	7.75	R	8.50		

표 8.5 두 문자의 상대분포

문 자	상대분포	문 자	상대분포	문 자	상대분포
TH	10.00	ED	4.12	OF	3.38
HE	9.50	TE	4.04	IT	3.26
IN	7.17	TI	4.00	AL	3.15
ER	6.65	OR	3.98	AS	3.00
RE	5.92	ST	3.81	HA	3.00
ON	5.70	AR	3.54	NG	2.92
AN	5.63	ND	3.52	CO	2.80
EN	4.76	TO	3.50	SE	2.75
AT	4.72	NT	3.44	ME	2.65
ES	4.24	IS	3.43	DE	2.65

표 8.6 두 문자의 상대분포

문 자	상대분포	문 자	상대분포	문 자	상대분포
THE	10.00	FOR	1.65	ERE	1.24
AND	2.81	THA	1.49	CON	1.20
TIO	2.24	TER	1.35	TED	1.09
ATI	1.67	RES	1.26	COM	1.08

8.3 암호의 분류와 안전성

평문들의 집합과 암호문의 집합을 포함한 암호 알고리즘을 **암호계**(cryptosystem 또는 cipher system)라 한다. 암호 알고리즘과, 운영방식 및 시대에 따라 암호계는 분류된다. 현대암호 시스템은 컴퓨터에 의하여 운영되므로 평문은 ASCII 부호 등을 사용한 비트의 열로 이루어지고 이와 같은 비트의 열이 암호계를 통하여 비트의 열로 암호화되고 평문으로 복호되어 전달된다.

(i) 대칭암호와 비대칭암호 : 암호화키와 복호키의 관계에 따라 분류하는 방법으로 암호화키와 복호키가 같거나 상호간에 쉽게 얻어지는 암호를 **대칭암호**(symmetric cipher)라 하고, 그렇지 않은 암호를 **비대칭암호**(asymmetric cipher)라 한다. 따라서, 대칭암호계에서 암호화키가 알려지면 암호화된 정보는 더 이상 보호될 수 없으므로 암호화키는 비밀이 유지되어야 한다. 이러한 관점에서 대칭암호를 **비밀키암호**(secret key cipher)라 한다. 이와는 다르게 비대칭암호에서 암호화키는 일반적으로 공개되어 있고, 이 경우에는 복호키를 얻을 수 없으므로 공개된 암호화키에 의하여 암호화된 정보는 안전하다. 이러한 관점에서 이 암호를 **공개키암호**(public key cipher)라 한다. 대칭키 암호와 공개키 암호에 관한 설명은 [그림 8.6]을 보면 쉽게 이해할 수 있다.

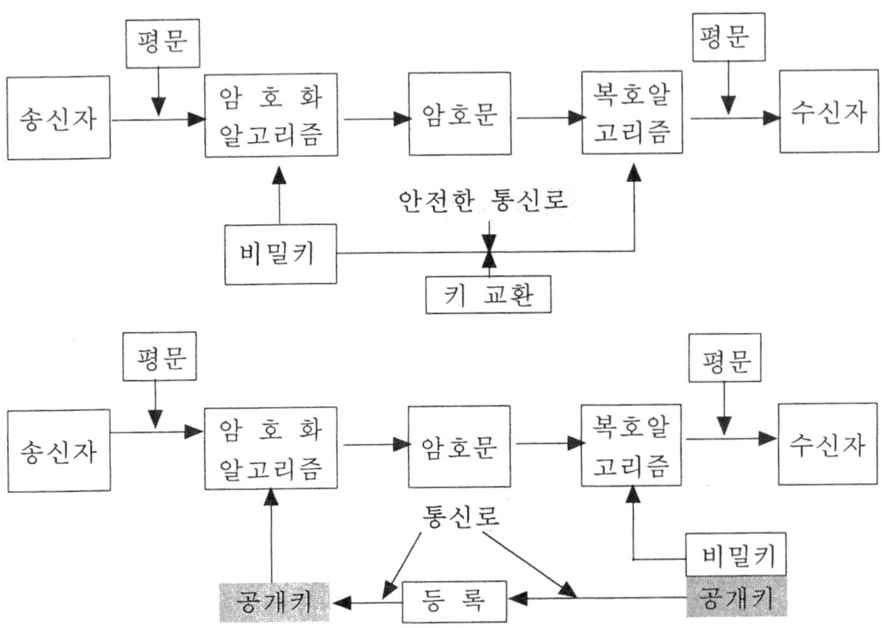

[그림 8.6] 대칭키 암호와 공개키 암호

예를 들면, 고전암호는 모두 대칭암호이고 오늘날 사용되고 있는 국제표준암호인 DES(data encryption standard)와 AES(advanced encryption standard), 한국의 표준암호로 사용되고 있는 SEED가 대칭암호의 대표적인 예이다. 한편, 비대칭암호로 자주 쓰이는 암호는 RSA, ElGamal 암호, 타원곡선암호 등이 있다.

(ii) 블록암호와 스트림암호 : 암호화하는 과정에서 암호화되는 비트의 단위에 따라 분류하는 방법으로 평문비트의 단위가 유한블록인 암호를 **블록암호**(block cipher)라 하고 평문비트의 단위가 유한이 아닌 암호를 **스트림암호**(stream cipher)라 한다. 즉, 암호함수의 정의역에 속하는 비트들의 길이가 유한인 암호는 블록암호이고 유한이 아닌 암호는 스트림암호이다. 모든 고전암호는 물론 앞에서 설명한 DES, AES, SEED, RSA 및 타원곡선 등은 블록암호이다. 참고로 DES는 64비트 단위로 암호화되고 AES와 SEED는 주로 128비트 단위로 암호화된다.

(iii) 수동암호, 기계암호 및 컴퓨터암호 : 암호화하는 도구에 따라 암호계를 분류하는 방법으로 시대에 따른 분류법과 거의 일치한다. 제 1 차 세계대전 이전까지 사용된 암호로 전치, 대입, 치환의 원리를 이용하여 적당한 표나 직접 계산하여 변환하는 암호를 **수동암호**라 하며, 대표적인 암호로는 싸이테일 암호, 시저 암호, 뷰우포트 암호, 플레이 페어 암호 등이 있다. 이와 비교하여 제 1 차 세계대전 말 무렵부터 개발되어 제 2 차 세계대전까지 주로 사용된 암호로 기계(rotor machine 이라 불리는)를 이용한 암호를 **기계암호**라 하며, 예로는 제 2 차 세계대전 당시에 연합군이 사용한 헤겔린(Hegelin 또는 M 209), 독일군이 사용한 에니그마(Enigma) 등이 있다. 한편, 제 2 차 세계대전 이후 컴퓨터의 발달과 더불어, 암호화와 복호에 과거의 암호들과는 달리 상당히 복잡한 계산량을 요구하는 컴퓨터를 이용한 암호를 **컴퓨터암호**라 한다. 현대암호의 대표적인 예로는 DES, AES, SEED, RSA 및 타원곡선 암호 등이 있다.

(iv) 고전암호, 근대암호 및 현대암호 : 수동암호는 시대적으로는 기원전 400년경 희랍인에 의하여 사용된 전치암호인 싸이테일 암호 이후 2천년이상 사용되어왔으며 이러한 관점에서 **고전암호**라고 한다. 주로 군사 및 외교상 비밀문서 전달에 의하여 제한되어 사용되어온 고전암호는 암호의 견고함에 따라 전쟁의 승패를 달리하여 왔다. 공격되지 않는 새로운 암호의 개발에 강대국들간의 치열한 경쟁은 제 1 차 세계대전 이후 새로운 암호를 개발하게 되었다. 독일은 에니그마, 스위스는 헤겔린 그리고 일본은 퍼플(Purple)이라는 암호를 개발하였다. 이들 암호는 Rotor라는 기계를 사용한 타이프라이터 모양으로 이루어져서 기계

암호라고 명명하였으며, 시기적으로는 1920년에서 1950년까지 주로 개발 및 사용되어 왔기 때문에 **근대암호**라고 한다. 이들 암호는 고전암호와는 달리 공격하는데 계산으로는 엄청난 시간이 걸렸으나 컴퓨터의 등장과 함께 더 이상 중요한 비밀정보를 전달하는데 사용할 수 없었다. 한편, 컴퓨터의 발전과 더불어 암호화 과정 및 복호 과정 등 모든 과정이 컴퓨터를 이용하는 컴퓨터 암호는 시대적으로 현재 사용하는 암호로 **현대암호**라고 한다.

한편, 암호는 현대에 이르러 모든 생활 속에서 자연스럽게 이용되면서 다양한 목적을 가지고 다양한 방법으로 개발되어 왔으나 과거에는 비밀전문을 송신자로부터 수신자에게 안전하게 전달하는 것이 목적이었다. 암호는 공격당하지 않는 정도에 따라 좋은 암호를 구별할 수 있으며, 암호가 공격당하는 것과 전쟁의 승패는 밀접한 관계가 있었다. 이를테면, 로마의 시져가 암호를 사용하여 로마를 통일시킨 일, 미국의 남북전쟁 당시에 남군이 사용한 뷰우포트 암호가 공격당하면서 북군이 승리한 것은 유명한 일이다. 기계암호 시대에는 독일이 사용한 에니그마가 연합군 측의 집요한 해독노력에 따라 튜링(A.M. Turing) 등에 의하여 1943년 전자식 해독기를 개발하면서 독일이 전쟁에 패망하게 되었고 당시의 전자식 해독기는 오늘날 컴퓨터를 개발하는데 큰 영향을 주었음 또한 잘 알려진 이야기이다. 또한 일본의 기계암호인 퍼플이 공격되어 거짓 정보를 일본군에 보내어 미드웨이(Midway) 해전을 승리로 이끌어 일본을 패망시킨 것 또한 제 2 차 세계대전 당시의 일이다. 최근 사례로는 1990년대와 2003년의 이라크와 미국을 포함한 연합군의 전쟁에서 연합군은 무기의 성능과 더불어 암호를 해독하여 적을 교란시키는 작전으로 전쟁을 승리로 이끌었다. 현대전에서 방송국을 비롯한 언론기관을 점령하려는 것은 정보전에서 유리한 고지를 점령하여 전쟁을 승리로 만들려는 목적이며 정보전에 중요한 것 중에 하나가 상대방의 비밀정보를 해독하는 일이다.

암호가 공격으로부터 견디는 정도를 암호의 **안전성**이라 하며 이론적으로 상당히 어려운 부분의 하나이다. 암호문을 해독하는 행위를 다른 말로 **암호문을 공격한다**(attack)라고 한다. 이 절에서는 이들 이론에 관한 것보다는 암호문을 공격하는 방법과 환경에 따른 공격방법에 관하여 설명한다.

암호문 공격자는 암호문을 해독하기 위하여 암호문을 공격하는 방법으로 다음과 같은 방법을 이용할 수 있다.

(i) **전수공격**(key exhaustion) : 암호화할 때 일어날 수 있는 모든 가능한 경우에 대

하여 조사하는 방법으로 경우의 수가 적을 때는 가장 정확한 방법이지만, 일반적으로는 실현 불가능한 방법이다. 이를테면, 시저 암호의 경우에 암호키들은 26가지로 비교적 간단하지만, 오늘날 사용하는 SEED나 AES의 경우에 암호화와 복호에서 사용가능한 키는 모두 2^{128}가지로 현실적으로 불가능하다.

(ii) **통계적 분석**(statistical analysis) : 자주 쓰이는 암호알고리즘이 공개된 암호에 관한 여러 가지 통계자료들이 공개되어있다. 이들 자료들을 분석하여 공격하는 방법을 통계적 분석법이라고 한다. 고전암호는 주로 암호문에 대한 평문의 각 알파벳의 빈도에 관한 모든 통계적인 자료를 이용하여 해독된다.

(iii) **수학적 분석**(mathematical analysis) : 암호알고리즘의 특성에 따른 공격방법으로 통계적 자료 등 여러 가지 상황을 고려하여 수학적 이론을 이용하여 해독하는 방법이다. 이 분석방법의 특징은 암호알고리즘마다 공격방법이 다르며 수시로 환경에 따라 기존의 분석방법을 개선하는 것이다.

일반적으로 암호문을 해독하는 공격자에게는 암호문과 평문의 정보에 관한 적당한 환경이 주어진다. 특히, 다음과 같은 4가지 환경 아래서 위에 설명한 공격방법을 이용하여 공격한다.

(i) **암호문 단독공격**(ciphertext only attack) : 암호 공격자의 입장에서는 가장 열악한 환경으로 단지 수동적으로 도청된 암호문만을 이용하여 평문을 찾아내는 공격방법이다.

(ii) **알려진 평문공격**(known plaintext attack) : 암호 공격자가 일부분의 암호문에 대응하는 평문을 알고 암호키를 찾아내는 방법이다. 평문에 해당하는 암호문이 얻어질 때까지 가능한 모든 키를 적용하여 보는 공격방법도 이에 속한다.

(iii) **선택된 평문공격**(chosen plaintext attack) : 암호 공격자가 특정한 평문을 자유롭게 선택하고 이에 대응하는 암호문을 얻을 수 있는 상황에서 암호키를 찾아내는 공격방법이다.

(iv) **선택된 암호문공격**(chosen ciphertext attack) : 암호 공격자가 특정한 암호문을 자유롭게 선택하고 이에 대응하는 평문을 얻을 수 있는 상황에서 암호키를 찾아내는 공격방법이다.

[참고] 암호문 단독공격에 의하여 공격될 수 있는 암호는 비도가 낮고 불안전한 암호로 생각하며, 선택된 평문공격으로 부터 안전한 암호는 비도가 높은 암호로 생각한다.

8.4 대칭블록암호

1970년대 초까지 사용된 암호들은 모두 암호화키로부터 복호키를 쉽게 얻을 수 있는 대칭암호로 암호화되는 단위가 블록인 암호들이다. 이들 암호는 암호화 및 복호가 편리하기 때문에 많은 단체에 의하여 이용되어 왔다. 그러나 비밀성을 유지하기 위하여 암호 알고리즘이 공개되지 않았으며, 암호리즘이 공개되면 비밀성을 유지하기 어렵기 때문에 비밀통신을 원하는 여러 사용자가 공동으로 한 알고리즘을 사용할 수 없었다. 컴퓨터와 통신기술의 발달에 의하여 많은 단체들이 암호알고리즘을 사용하게 되면서 표 8.7에서와 같이 어떤 회사 A가 여러 회사들과 내부적인 약속으로 여러 가지 암호알고리즘을 사용하여야 하기 때문에 불편하고, 또한 많은 자료를 처리하고 저장하기에는 어려움을 가지게 되었다.

표 8.7 A회사의 암호관리체계

거래회사	암호알고리즘	암호키
1	A1	KA1
2	A2	KA2
3	A3	KA3
⋮	⋮	⋮
n	An	KAn

⇒

거래회사	암호알고리즘	암호키
1	표준화된 알고리즘	K1
2		K2
3		K3
⋮		⋮
n		Kn

이와 같은 어려운 상황에서 공인된 안전한 암호알고리즘이 있어서 표 8.7과 같이 거래하는 회사마다 암호키만 달리하면 편리하고 간단하게 비밀통신을 할 수 있는 표준화된 암호알고리즘이 필요하게 되었다.

이 절에서는 현재 널리 쓰이고 있는 표준화된 대칭블록암호에 관하여 설명한다.

(1) DES

많은 민간단체들 사이에 공인된 표준 암호알고리즘의 필요성을 인식하면서 미국 상무성의 국립표준국(NBS, National Bureau of Standards)은 1973년 5월 국가기밀이 아닌 일반인이 문서의 저장과 전송에 경제적으로 널리 사용될 수 있는 암호 알고리즘을 공모하게 되었다. 1975년 IBM의 연구원 투크만(W. Tuchman)과 메이어(C. Meyer)는 DES(Data Encryption Standard)를 제안하게 되었다. 이후 IBM은 1976년까지 DES를 표준암호로 채택하면 지적소유권과 사용료를 포기한다고 선언하였고, NSA(National Security Agency)의 검토를 거쳐 NBS는 1977년 1월 미국표준암호알고리즘으로 채택하였다.

DES는 초기에 5년마다 공개적인 검토를 거쳐 재인증하는 과정을 거침으로써 공개적으로 암호를 연구하고 토론하여 오늘날과 같이 암호학을 발전시키는 계기가 되는 암호가 되었으며 아직까지 여러 곳에서 사용되고 있다.

DES는 암호화되는 블록의 길이가 64비트이고 56비트 키로 구성된다. 따라서 가능한 전체 키의 개수는 $2^{56} \fallingdotseq 7 \times 10^{18}$으로 당시에는 키에 관한 지식 없이 해독하기 어려웠다. 최근까지 DES는 가장 신뢰를 얻고 널리 사용되어 왔던 대표적인 대칭블록암호로 미국 외에서도 널리 사용되어 왔다. DES 알고리즘의 구조를 간략하게 설명하면 다음과 같다.

표 8.8과 같은 **초기치환**이라고 하는 단계에서 64비트의 평문블록을 적당히 위치를 바꾸어 준 결과로 얻은 64비트를 가지고 다음에 설명하는 과정(**1회전**(round)이라고 함)을 16회 시행한 다음에 초기치환의 역 즉, 초기치환에서 원래의 위치를 바꾸어 준 것을 역으로 바꾸어 준 것이 최종 64비트 암호문 블록이다. 이러한 의미에서 DES는 16회전 암호이다. 이때 각 회전마다 사용되는 48비트의 키는 처음 주어진 56비트 비밀키로부터 적당한 키생성 방법에 의하여 얻어진다.

초기치환 표 8.8은 58번째 비트를 첫 번째 위치로 이동, 50번째 비트를 2번째 위치로 이동, …, 7번째 비트를 64번째 위치로 이동하는 것을 의미한다.

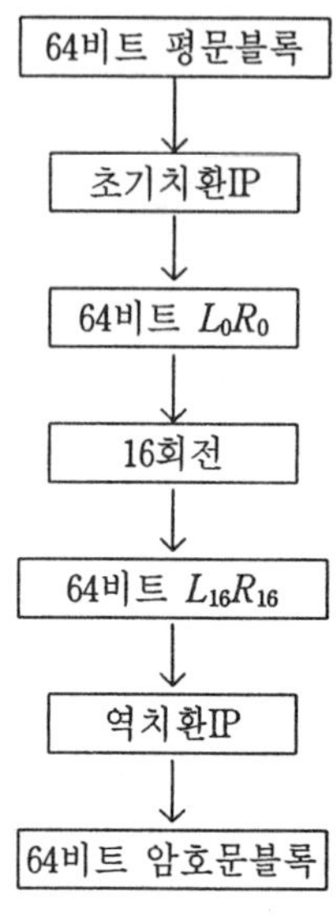

[그림 8.7] 암호화과정

표 8.8 초기치환 IP와 역치환 IP^{-1}

58	50	42	34	26	18	10	2
60	52	44	36	28	20	12	4
62	54	46	38	30	22	14	6
64	56	48	40	32	24	16	8
57	49	41	33	25	17	9	1
59	51	43	35	27	19	11	3
61	53	45	37	29	21	13	5
63	55	47	39	31	23	15	7

40	8	48	16	56	24	64	32
39	7	47	15	55	23	63	31
38	6	46	14	54	22	62	30
37	5	45	13	53	21	61	29
36	4	44	12	52	20	60	28
35	3	43	11	51	19	59	27
34	2	42	10	50	18	58	26
33	1	41	9	49	17	57	25

1회전의 과정은 [그림 8.8]과 같으며 그림에 대한 설명은 다음과 같다.

(i) 64비트를 32비트씩 나누어 첫 32비트를 L_i로 그리고 다음 32비트를 R_i로 나타낸다.

(ii) 1회전 뒤의 첫 32비트는 원래 R_i로 한다.

(iii) 오른쪽 32비트는 다음에 설명하는 변환 결과인 새로운 32비트와 L_i를 비트별로 더하여 얻는다.

① 오른쪽 32비트 R_i를 확장 표 8.9의 치환 E를 이용하여 48비트로 만들고 이미 얻은 48비트 키와 비트별로 더한다.

② 48비트를 8개로 구성된 주어진 함수 S(S-box라고 함)를 이용하여 32비트로 변환한다.

③ 32비트를 적당히 위치를 바꾸는 표 8.10의 치환 P을 통하여 새로운 32비트를 얻는다.

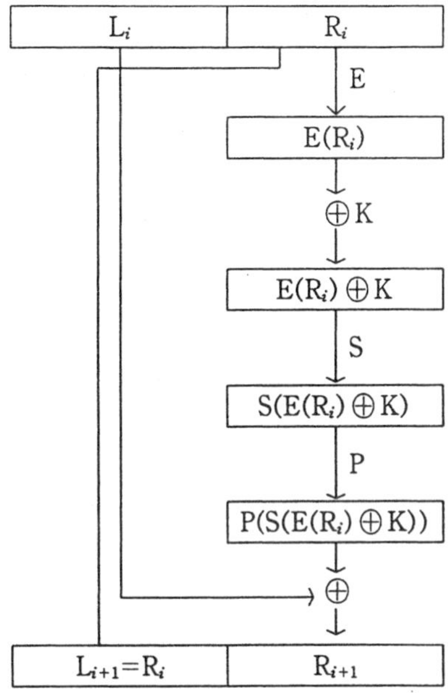

[그림 8.8] DES의 1회전

여기서 비트별 덧셈은 0+0=1+1=0이고 0+1=1+0=1을 의미한다.

(iii)의 과정을 자세하게 설명하면, 표 8.9의 의미는 32번째 비트를 첫 번째 위치로 이동, 첫 번째 비트를 2번째 위치로 이동, …, 첫 번째 비트를 48번째 위치로 이동하는 등 16 위치는 확장치환에서 2회 나타난다.

표 8.9 확장치환 E

32	1	2	3	4	5
4	5	6	7	8	9
8	9	10	11	12	13
12	13	14	15	16	17
16	17	18	19	20	21
20	21	22	23	24	25
24	25	26	27	28	29
28	29	30	31	32	1

표 8.10 치환 P

16	7	20	21
29	12	28	17
1	15	23	26
5	18	31	10
2	8	24	14
32	27	3	9
19	13	30	6
22	11	4	25

한편, 48비트를 32비트로 변환하는 S함수는 6비트를 4비트로 변환하는 표 8.10에 주어진 8개의 함수로 구성되며, 48비트는 6비트씩 8개의 블록으로 나누어 8개의 함수를 통하여 32비트로 변환된다. 이를테면, 6비트 101011의 첫 비트와 마지막 비트로 만들어진 수 11의 10진수 즉, 3을 행으로 하고 나머지 비트로 된 수 0101의 10진수

즉, 5를 열로 하는 S-함수의 (3,5) 성분을 택하여 2진 표현으로 만들어 4비트를 얻는다. 이를테면, S1에서는 9이므로 1001이고 S4에서는 1이므로 0001이다.

한편, i회전에서의 입력블록의 왼쪽 32비트를 L_i, 오른쪽 32비트를 R_i라 하고 1회전의 전체과정에 의한 변환을 F라고 하면,

$$L_i = R_{i-1},\ R_i = L_i \oplus F(R_{i-1}) \ :\ i=1,\ 2,\ \cdots,\ 15$$
$$L_{16} = L_{15} \oplus F(R_{15}),\ R_{16} = R_{15}$$

이다.

표 8.11 S-함수

함수 \ 행 \ 열		0	1	2	3	4	5	6	7	8	9	10	11	12	13	14	15
S1	0	14	4	13	1	2	15	11	8	3	10	6	12	5	9	0	7
	1	0	15	7	4	14	2	13	1	10	6	12	11	9	5	3	8
	2	4	1	14	8	13	6	2	11	15	12	9	7	3	10	5	0
	3	15	12	8	2	4	9	1	7	5	11	3	14	10	0	6	13
S2	0	15	1	8	14	6	11	3	4	9	7	2	13	12	0	5	10
	1	3	13	4	7	15	2	8	14	12	0	1	10	6	9	11	5
	2	0	14	7	11	10	4	13	1	5	8	12	6	9	3	2	15
	3	13	8	10	1	3	15	4	2	11	6	7	12	0	5	14	9
S3	0	10	0	9	14	6	3	15	5	1	13	12	7	11	4	2	8
	1	13	7	0	9	3	4	6	10	2	8	5	14	12	11	15	1
	2	13	6	4	9	8	15	3	0	11	1	2	12	5	10	14	7
	3	1	10	13	0	6	9	8	7	4	15	14	3	11	5	2	12
S4	0	7	13	14	3	0	6	9	10	1	2	8	5	11	12	4	15
	1	13	8	11	5	6	15	0	3	4	7	2	12	1	10	14	9
	2	10	6	9	0	12	11	7	13	15	1	3	14	5	2	8	4
	3	3	15	0	6	10	1	13	8	9	4	5	11	12	7	2	14
S5	0	2	12	4	1	7	10	11	6	8	5	3	15	13	0	14	9
	1	14	11	2	12	4	7	13	1	5	0	15	10	3	9	8	6
	2	4	2	1	11	10	13	7	8	15	9	12	5	6	3	0	14
	3	11	8	2	7	1	14	2	13	6	15	0	9	10	4	5	3
S6	0	12	1	10	15	9	2	6	8	0	13	3	4	14	7	5	11
	1	10	15	4	2	7	12	9	2	6	1	13	14	0	11	3	8
	2	9	14	15	5	2	8	12	3	7	0	4	10	1	13	11	6
	3	4	3	2	12	9	5	15	10	11	14	1	7	6	0	8	13
S7	0	4	11	2	14	15	0	8	13	3	12	9	7	5	10	6	1
	1	13	0	11	7	4	9	1	10	14	3	5	12	2	15	8	6
	2	1	4	11	13	12	3	7	14	10	15	6	8	0	5	9	2
	3	6	11	13	8	1	4	10	7	9	5	0	15	14	2	3	12
S8	0	13	2	8	4	6	15	11	1	10	9	3	14	5	0	12	7
	1	1	15	13	8	10	3	7	4	12	2	6	11	0	14	9	2
	2	7	11	4	1	9	12	14	2	0	6	10	13	15	3	5	8
	3	2	1	14	7	4	10	8	13	15	12	9	0	3	5	6	11

이제 56비트의 주어진 비밀키를 이용하여 각 회전키를 생성하는 방법을 알아보자.

주어진 56비트 비밀키 K를 8×7행렬로 나열하고 8열을 빈 공간으로 추가하여 8×8행렬로 생각하고 8의 배수의 위치는 고정된 자신의 위치로 보내고 나머지는 표 8.12에 주어진 PC-1으로 치환하여 8의 배수의 위치를 없애고 남은 56비트를 두개의 28비트로 나누어 각각 C_0, D_0라 하고 이들 각각을 표 8.14에 주어진 대로 좌측 쉬프트(left shift)시킨 두 블록을 각각 C_1, D_1이라 하고 이를 표 8.13에 주어진 PC-2에 의하여 치환하여 만들어진 48비트를 K_1으로 한다. 같은 방법으로 C_1, D_1 각각을 표 8.14에 주어진 대로 좌측 쉬프트시킨 두 블록을 각각 C_2, D_2라하고 이를 PC-2에 의하여 치환하여 만들어진 48비트를 K_2로 하며, 같은 방법으로 계속하여 K_i를 얻는다.

표 8.12 PC-1

57	49	41	33	25	17	9
1	58	50	42	34	26	18
10	2	59	51	43	35	27
19	11	3	60	52	44	36
63	55	47	39	31	23	15
7	62	54	46	38	30	22
14	6	61	53	45	37	29
21	13	5	28	20	12	4

표 8.13 PC-2

14	17	11	24	1	5
3	28	15	6	21	10
23	19	12	4	26	8
6	7	27	20	13	2
41	52	31	37	47	55
30	40	51	45	33	48
44	49	39	56	34	53
46	42	50	36	29	32

표 8.14 회전수라 따른 좌측 쉬프트

회 전 수	1	2	3	4	5	6	7	8	9	10	11	12	13	14	15	16
좌측 쉬프트 수	1	1	2	2	2	2	2	2	1	2	2	2	2	2	2	1

이제, 16진수로 나타낸 64비트 평문 636F6D7075746572를 주어진 비밀키 K=70726F6772616D를 이용하여 암호화 해보자.

56비트의 원래의 비밀키 K를 이진수로 표현하면,

01110000 01110010 01101111 01100111 01110010 01100001 01101101

이고 이를 8×7행렬로 나열하면 표 8.15와 같고, 공간을 8열로 추가하여 8×8행렬로 생각하고 8의 배수의 위치는 고정된 자신의 위치로 보내고 나머지는 PC-1을 이용하여 치환하면 표 8.16과 같다.

표 8.15 8×7 행렬

0	1	1	1	0	0	0
0	0	1	1	1	0	0
1	0	0	1	1	0	1
1	1	1	0	1	1	0
0	1	1	1	0	1	1
1	0	0	1	0	0	1
1	0	0	0	0	1	0
1	1	0	1	1	0	1

표 8.16 8×8 행렬

1	1	1	0	1	1	0
0	1	0	0	1	1	0
0	1	0	0	0	1	1
0	1	1	1	0	1	1
1	0	1	1	0	1	0
0	0	1	0	1	1	0
0	0	1	0	0	0	1
1	1	0	0	1	1	1

이제 8의 배수의 위치를 없애고 남은 56비트를 두 개의 28비트로 나누어 각각 C_0, D_0라 하면

C_0 : 1 1 1 0 1 1 0 0 1 0 0 1 1 0 0 1 0 0 0 1 1 0 1 1 1 0 1 1

D_0 : 1 0 1 1 0 1 0 0 0 1 0 1 1 0 0 0 1 0 0 0 1 1 1 0 0 1 1 1

이고 이들 각각을 표 8.13에 주어진 대로 좌측 쉬프트 시킨 두 블록을 각각 C_1, D_1이라 하면

C_1 : 1 1 0 1 1 0 0 1 0 0 1 1 0 0 1 0 0 0 1 1 0 1 1 1 0 1 1 1

D_1 : 0 1 1 0 1 0 0 0 1 0 1 1 0 0 0 1 0 0 0 1 1 1 0 0 1 1 1 1

이다. 이를 표 8.13에 주어진 PC-2에 의하여 치환하여 만들어진 48비트를 K_1으로 한다.

K_1 : 001111 011000 111111 001101 001101 110011 111101 001000

같은 방법으로 C_1, D_1 각각을 표 8.14에 주어진 대로 좌측 쉬프트시킨 두 블록을 각각 C_2, D_2라 하고 이를 PC-2에 의하여 치환하여 만들어진 48비트를 K_2로 하며, 같은 방법으로 계속하여 회전키 K_j를 얻는다.

또한, 주어진 64비트의 평문블록은

01100011 01101111 01101101 01110000 01110101 01110100 01100101 01110010

이 되므로 DES 알고리즘을 이용한 암호화 과정을 살펴 보자.

(i) 전문을 표 8.8에 의하여 치환하고 32비트씩 나누면

L_0=11111111 10111000 01110110 01010111

R_0=00000000 11111111 00000110 10000011

이므로

$$L_1=R_0=00000000\ 11111111\ 00000110\ 10000011$$

이다. R_1을 구하기 위하여 표 8.9를 이용하면 $R_0'=E(R_0)$은

$$R_0'=100000\ 000001\ 011111\ 111110\ 100000\ 001101\ 010000\ 000110$$

이고 위에서 구한 회전키

$$K_1=001111\ 011000\ 111111\ 001101\ 001101\ 110011\ 111101\ 001000$$

을 이용하여 $R_0'\oplus K_1$의 48비트를 구한 다음 S-함수를 이용하여 32비트를 구하고 표 8.11과 표 8.13을 이용하여 $S(E(R_{j-1})\oplus K_j)$과 $P(S(E(R_{j-1})\oplus K_j))$을 구한다. 즉,

$$R_0'\oplus K_1=101111\ 011001\ 100000\ 110011\ 101101\ 111110\ 101101\ 001110$$

대응되는 성분 값은

(3, 7) (1, 12) (2, 0) (3, 9) (3, 6) (2, 15) (3, 6) (0, 7)

이므로 S-함수 S1, S2, …, S8의 대응값은 각각

7 6 13 4 2 6 10 1

이므로

$$F(R(R_{j-1})\oplus K_1)=0111\ 0110\ \ 1101\ 0100\ \ 0010\ 0110\ \ 1010\ 0001$$
$$P(F(E(R_{j-1})\oplus K_1))=0100\ 0100\ 0010\ 0001\ \ 1001\ 1111\ 1001\ 1011$$
$$R_1=L_0\oplus F(R_0'\oplus \mathrm{K}_1)=1011\ 1011\ 1001\ 1001\ 1110\ 1001\ 1100\ 1100$$

이다.

(ii) 이와같은 과정을 16회 계속 시행함으로서 (L_i, R_i), $i=1, 2, 3, \cdots, 16$을 얻을 수 있으며 그 값 L_{16}과 R_{16}에 IP^{-1}을 시행하여 암호문

00100100 01100001 00000010 10011011 01011001 10001000 11001111 10110100

을 얻는다.

(2) AES와 SEED

DES가 탄생한 이후 상당 기간동안은 안전한 암호로 신뢰되어 왔으나 컴퓨터 속도의 개선과 암호해독 기술의 발전으로 1993년 이후 공격가능성에 관한 연구발표가 이

어지며 더 이상 안전하다고만 생각하지 않게 되었으며, 실제로 DES는 1999년 22시간 만에 해독되었다. 이에 앞서 미국의 국립표준국(NIST)은 DES를 대체할 새로운 암호 알고리즘 AES(advanced encryption standard)를 공모하여 2000년 레인달(Rijndael)을 최종 선정하였으며, NIST는 2001년 11월 26일 AES에 대하여 연방정보처리표준국(Federal Information Processing Standard, FIPS)이 승인을 공표(FIPS-197)하였다. 현재 여러 곳에서 사용되고 있다. 이 알고리즘은 벨기에 수학자 리만(Rijman)과 대만(Daemann)에 의하여 설계되었으며 암호화되는 블록단위 길이와 키블록의 길이가 128비트-256비트로 가변적이다. 암호화되는 블록의 길이와 키블록의 길이에 따라 10회전에서 14회전까지 시행한다. 가장 많이 사용되고 있는 128비트 블록을 128비트의 키를 사용할 때에는 10회전만 하는 암호로 알고리즘의 암호화과정이 수학적이고 간단하다는 특징을 가지고 있으며 작은 메모리를 가지는 칩을 사용할 수 있어 스마트카드 등 다양한 분야에 이용이 가능하다.

이제 AES의 암호화과정과 키생성과정에 관하여 간단하게 설명한다. AES의 암호변환은 바이트 단위에서의 변환 함수 ByteSub, 행변환 함수 ShiftRow, 열변환 함수 MixColumn, 키에 의한 변환 함수 AddRoundKey의 합성함수로 이루어진다. 즉, 각 회전은 뒤에 설명될 ByteSub, ShiftRow, MixColumn, AddRoundKey의 연속된 4변환으로 이루어지며, 마지막 회전에서는 이들 중에 MixColumn만 생략된 형태로 이루어진다.

주어진 평문블록을 32비트의 워드 단위로 나누어 a_0, a_1, a_2, …를 얻고 각 워드 a_j를 4개의 바이트 $a_{0,j}$, $a_{1,j}$, $a_{2,j}$, $a_{3,j}$로 나누어 각 바이트 a_{ij}를 원소로 가지는 행렬로 만든다. 이를테면, 128비트의 평문블록 $P=p_1p_2\cdots p_{128}$은 8비트(1 Byte) 단위의 16개의 블록 $a_{0,0}\ a_{1,0}\ a_{2,0}\ a_{3,0}\cdots a_{0,3}\ a_{1,3}\ a_{2,3}\ a_{3,3}$으로 나타내지고 표 8.17과 같다. 같은 방법으로 192비트의 평문블록은 표 8.17과 같이 나타난다. 각 함수의 정의역에 해당되는 원소를 **상태벡터**(state)라 한다.

표 8.17 128비트 평문블록과 192비트 평문블록

$a_{0,0}$	$a_{0,1}$	$a_{0,2}$	$a_{0,3}$
$a_{1,0}$	$a_{1,1}$	$a_{1,2}$	$a_{1,3}$
$a_{2,0}$	$a_{2,1}$	$a_{2,2}$	$a_{2,3}$
$a_{3,0}$	$a_{3,1}$	$a_{3,2}$	$a_{3,3}$

$a_{0,0}$	$a_{0,1}$	$a_{0,2}$	$a_{0,3}$	$a_{0,4}$	$a_{0,5}$
$a_{1,0}$	$a_{1,1}$	$a_{1,2}$	$a_{1,3}$	$a_{1,4}$	$a_{1,5}$
$a_{2,0}$	$a_{2,1}$	$a_{2,2}$	$a_{2,3}$	$a_{2,4}$	$a_{2,5}$
$a_{3,0}$	$a_{3,1}$	$a_{3,2}$	$a_{3,3}$	$a_{3,4}$	$a_{3,5}$

(i) 변환함수 ByteSub : 8비트 $p_0p_1\cdots p_7$을 원시다항식 $m(x)=x^8+x^4+x^3+x+1$에 의하여 생성되는 갈로와 체 F_{2^8}의 원소 $p_0x^7+p_1x^6+\cdots+p_7$로 대응시키고 이 원소

의 역원(표로 주어짐)을 구하여 이를 비트화 한 8비트를 $x_0x_1 \cdots x_7$이라 할 때, 이를 다음 아핀변환을 시행하여

$$\begin{bmatrix} y_7 \\ y_6 \\ y_5 \\ y_4 \\ y_3 \\ y_2 \\ y_1 \\ y_0 \end{bmatrix} = \begin{bmatrix} 1&0&0&0&1&1&1&1 \\ 1&1&0&0&0&1&1&1 \\ 1&1&1&0&0&0&1&1 \\ 1&1&1&1&0&0&0&1 \\ 1&1&1&1&1&0&0&0 \\ 0&1&1&1&1&1&0&0 \\ 0&0&1&1&1&1&1&0 \\ 0&0&0&1&1&1&1&1 \end{bmatrix} \begin{bmatrix} x_7 \\ x_6 \\ x_5 \\ x_4 \\ x_3 \\ x_2 \\ x_1 \\ x_0 \end{bmatrix} + \begin{bmatrix} 1 \\ 1 \\ 0 \\ 0 \\ 0 \\ 1 \\ 1 \\ 0 \end{bmatrix}$$

8비트 $y_0y_1 \cdots y_7$를 구하는 과정까지를 ByteSub이라 한다. 이제, ByteSub$(a_{i,j})=b_{i,j}$로 나타내면, 표 8.17의 상태벡터를 ByteSub한 결과는 표 8.18과 같이 나열된다.

표 8.18 ByteSub$(a_{i,j})=b_{i,j}$

$b_{0,0}$	$b_{0,1}$	$b_{0,2}$	$b_{0,3}$
$b_{1,0}$	$b_{1,1}$	$b_{1,2}$	$b_{1,3}$
$b_{2,0}$	$b_{2,1}$	$b_{2,2}$	$b_{2,3}$
$b_{3,0}$	$b_{3,1}$	$b_{3,2}$	$b_{3,3}$

$b_{0,0}$	$b_{0,1}$	$b_{0,2}$	$b_{0,3}$	$b_{0,4}$	$b_{0,5}$
$b_{1,0}$	$b_{1,1}$	$b_{1,2}$	$b_{1,3}$	$b_{1,4}$	$b_{1,5}$
$b_{2,0}$	$b_{2,1}$	$b_{2,2}$	$b_{2,3}$	$b_{2,4}$	$b_{2,5}$
$b_{3,0}$	$b_{3,1}$	$b_{3,2}$	$b_{3,3}$	$b_{3,4}$	$b_{3,5}$

(ii) 행변환함수 ShiftRow : 표 8.18을 ShiftRow한 결과는 표 8.19와 같다.

표 8.19 ShiftRow한 결과

$b_{0,0}$	$b_{0,1}$	$b_{0,2}$	$b_{0,3}$
$b_{1,1}$	$b_{1,2}$	$b_{1,3}$	$b_{1,0}$
$b_{2,2}$	$b_{2,3}$	$b_{2,0}$	$b_{2,1}$
$b_{3,3}$	$b_{3,0}$	$b_{3,1}$	$b_{3,2}$

$b_{0,0}$	$b_{0,1}$	$b_{0,2}$	$b_{0,3}$	$b_{0,4}$	$b_{0,5}$
$b_{1,1}$	$b_{1,2}$	$b_{1,3}$	$b_{1,4}$	$b_{1,5}$	$b_{1,0}$
$b_{2,2}$	$b_{2,3}$	$b_{2,4}$	$b_{2,5}$	$b_{2,0}$	$b_{2,1}$
$b_{3,3}$	$b_{3,4}$	$b_{3,5}$	$b_{3,0}$	$b_{3,1}$	$b_{3,2}$

(iii) 열변환함수 MixColumn : 32비트 워드 $b_{0,j}$, $b_{1,j}$, $b_{2,j}$, $b_{3,j}$을 MixColumn한 결과를 $d_{0,j}$, $d_{1,j}$, $d_{2,j}$, $d_{3,j}$라 하면, 다음 식이 만족된다.

$$\begin{bmatrix} d_{3,j} \\ d_{2,j} \\ d_{1,j} \\ d_{0,j} \end{bmatrix} = \begin{bmatrix} \text{'02'} & \text{'03'} & \text{'01'} & \text{'01'} \\ \text{'01'} & \text{'02'} & \text{'03'} & \text{'01'} \\ \text{'01'} & \text{'01'} & \text{'02'} & \text{'03'} \\ \text{'03'} & \text{'01'} & \text{'01'} & \text{'02'} \end{bmatrix} \begin{bmatrix} b_{3,j} \\ b_{2,j} \\ b_{1,j} \\ b_{0,j} \end{bmatrix}$$

여기서, $b_j = p_0p_1p_2p_3p_4p_5p_6p_7$일 때,

$$‘01’b_j = b_j$$

$$‘02’b_j = \begin{cases} p_1p_2p_3p_4p_5p_6p_7\,0 : p_0 = 0 \\ p_1p_2p_3\overline{p_4}\,p_5\overline{p_6}\,\overline{p_7}\,1 : p_0 = 1 \end{cases},\ \text{단}\ \overline{0}=1\text{이고}\ \overline{1}=0\text{이다.}$$

$$‘03’b_j = ‘01’b_j + ‘02’b_j$$ (단, 여기서 덧셈은 비트단위의 덧셈이다.)

(iv) 키에 의한 변환함수 Add Round Key : 키생성에서 얻은 128비트 회전키와 128비트 상태벡터를 비트단위로 XOR하는 변환을 Add Round Key과정이라 한다.

이제 주어진 128비트키 $k_1k_2\cdots k_{128}$를 이용하여 암호화에 필요한 회전키를 생성하는 방법을 설명한다. 128비트를 순서대로 16바이트 $k_{0,0}$, $k_{0,1}$, $k_{0,2}$, $k_{0,3}$, $\cdots$, $k_{3,0}$, $k_{3,1}$, $k_{3,2}$, $k_{3,3}$로 나열하고 4개의 워드

$$W(i) = k_{0,i} \| k_{1,i} \| k_{2,i} \| k_{3,i},\ i = 0,\ 1,\ 2,\ 3$$

를 정의한다. 이제 $i \geq 4$인 경우를 정의하기 위하여 다음 세 함수

$$SByte(B_1\|B_2\|B_3\|B_4) = ByteSub(B_1)\|ByteSub(B_2)\|ByteSub(B_3)\|ByteSub(B_4)$$

$$Rot(B_1\|B_2\|B_3\|B_4) = B_2\|B_3\|B_4\|B_1$$

$$RCon(j) = \begin{cases} ‘01’\|‘00’\|‘00’\|‘00’ : j = 1 \\ ‘02’^{i-1}\|‘00’\|‘00’\|‘00’ : j > 1 \end{cases}$$

$$W(i) = \begin{cases} SByte(Rot(W(i-1))) \oplus RC(i/4) & : i \equiv 0 \bmod 4 \\ W(i-1) \oplus W(i-4) & : i \not\equiv 0 \bmod 4 \end{cases}$$

를 정의하면, 제 i 회전의 열쇠는

$$K_i = W(4i)\|W(4i+1)\|W(4i+2)\|W(4i+3)$$

으로 128비트의 상태벡터와 비트단위로 XOR 함으로 암호화한다.

한편, 우리나라에서는 비슷한 시기에 국제적인 흐름에 따라 전자상거래에서 활용 가능한 암호 알고리즘을 개발할 필요성을 느껴 한국정보보호진흥원(KISA)의 주도 아래 1999년 SEED를 개발하였다. SEED의 암호알고리즘은 파이스텔 구조로 이루어진 128비트 블록암호이며 키비트의 길이 또한 128비트인 16회전 암호이다.

8.5 공개키 암호

제 4 절까지 다룬 모든 암호는 암호화키와 암호화한 과정을 알면, 암호화키로부터 쉽게 복호키를 구하여 암호문으로부터 평문을 구할 수 있었다. 그러나 암호화키로부터 복호키를 쉽게 얻을 수 없는 비대칭암호계에서는 암호화키를 공개하여도 암호문을 가지고 평문을 얻을 수 없다. 즉, 암호화키가 공개되어도 암호화된 정보가 노출되지 않는다. 따라서, 비밀정보를 수신 받기를 원하는 사용자는 이와 같은 암호화키를 공개하여 자신에게 비밀전문을 보내기를 원하는 사람이 사용할 수 있도록 할 수 있다. 이와 같은 암호를 **공개키암호**(public key cipher)라고 한다. 이 절에서는 공개키 암호가 탄생하게 된 배경과 공개키 암호의 원리에 관하여 설명하고 대표적인 예로 비밀키 교환방법과 RSA 암호를 다룬다.

(1) 공개키암호의 원리

암호 사용이 일반화됨에 따라 많은 회사들 또는 회원들로 구성된 단체들이 회사 또는 회원 상호간에 비밀통신을 위하여 암호를 사용하는 기회가 늘어났으나 1970년대 초반까지 암호 방식은 복호키를 암호화키로부터 어렵지 않게 얻을 수 있는 대칭암호만이 존재하는 것으로 알려져 있었다. 당시에 상호간에 신뢰하는 두 회원간에는 서로 만나서 암호키를 설정하여 교환할 수 있지만, 서로 모르는 두 회원간에는 암호키를 설정하여 교환하기 어렵기 때문에 대부분 단체는 회원들을 위한 암호키를 설정하여 배분해 주고 관리해 주는 역할을 하는 기관이 필요하게 되었다. 이때 키를 배분하는 과정을 **키분배**라고 한다. 이를테면, 어떤 단체에 n명의 회원이 있을 때, 이 단체는 각 회원에게 $n-1$개의 암호키를 주어야 하고 이 단체는 $\frac{n(n-1)}{2}$개의 암호키를 설정하여 관리하여야 한다(n명이 서로 악수하는 방법을 상상하면 이해하기 쉽다). 따라서 각 회원은 많은 암호키를 관리하여야 하고, 또한 상호간에 신뢰하지 못하는 두 회원 사이에 한 회원이 분실 및 기타 사유로 암호키를 노출하였을 때에 문제가 발생하게 된다.

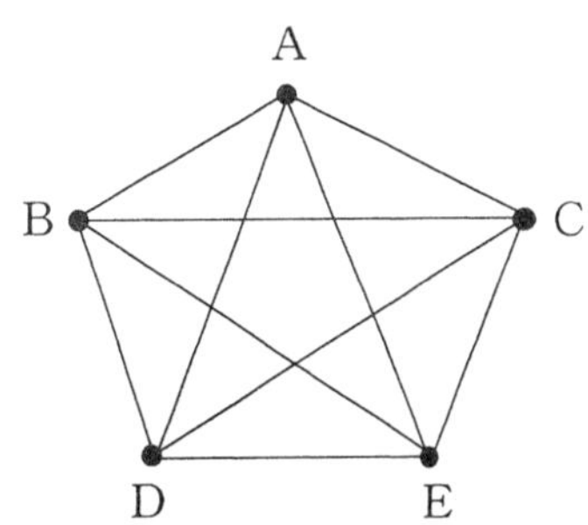

[그림 8.9] 5명이 악수하는 방법

이와 같은 문제를 해결하는 과정에서 암호화키로부터 복호키를 얻을 수 없는 시스템에 관한 연구가 시작되어 1976년 디피(W. Diffie)와 헬만(M. Hellman)에 의하여 해결되기 시작하였다.

암호화 과정을 함수 f로 표현한다면 복호과정은 f^{-1}로 표현할 때, 평문 m에 대한 암호문을 $f(m)=c$이라면 암호문 c에 대한 평문은 $f^{-1}(c)=m$이다. 함수 f가 공개되었을 때 평문 m에 대한 값 c는 구하기 쉽지만 암호문 c에 대한 평문 m을 구하기 어려운 함수 f가 대칭키 문제를 해결하는 아이디어이다. 이와 같이 함수값은 구하기 쉽지만 역함수의 값은 구하기 어려운 조건을 만족하는 함수를 **일방향함수**(one way function)라고 한다. 공개키암호는 이와 같은 일방향함수를 이용하여 설계된다.

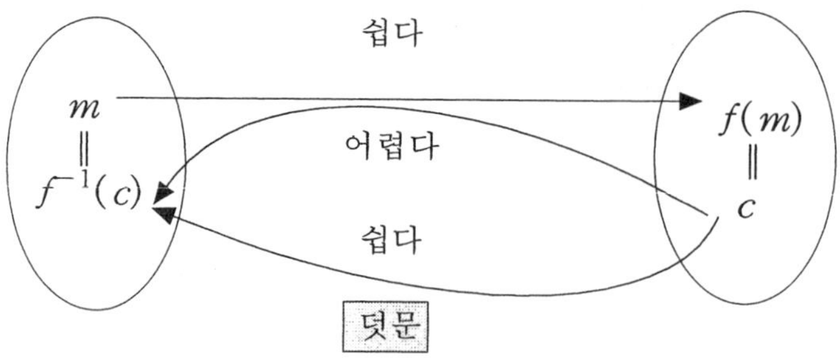

[그림 8.10] 일방향함수와 덧문일방향함수

어떤 단체에 n명의 회원이 있을 때, 이 단체는 각 회원에게 1개의 암호화키와 일방향함수를 설정하고 공개하여 모든 회원이 사용할 수 있도록 한다. 어느 회원에게 비밀 통신을 하려면, 그 회원에 해당하는 공개된 암호화키와 일방향함수를 이용하면, 모든 회원이 암호화는 할 수 있지만 복호는 할 수 없으므로, 회원 본인이 복호하는 방법만 알 수 있도록 하면 된다. 즉, 일방향함수로서 본인이 복호할 수 있는 어떤 장치가 필요하다. 이 장치를 가진 일방향함수를 **덧문일방향함수**(trapdoor one way function)라고 한다.

(2) 일방향함수

공개키암호를 설계하는데 필요한 덧문일방향함수는 주로 정수의 성질들을 이용하여 만들어진다. 몇 가지 예를 나열하면 다음과 같다.

소인수분해 문제를 이용한 일방향함수 : 두 소수의 곱셈 115979×135979을 구하는 문제와 15770708441을 소인수분해하여 두 소수 115979와 135979을 찾는 문제 중에 어느 것이 쉬울까? 이 문제는 특별한 경우를 제외하면 두 소수의 곱셈 115979×135979이 쉽다고 대답할 것이다. 즉, 두 소수를 곱하는 것은 두 소수의 곱인 정수를 소인수분해하는 것보다 쉬우며, 두 소수의 자리수가 커질수록 소인수분해는 곱셈보다 비교할 수 없을 만큼 어렵다. 어떤 함수의 정의역을 두 소수의 쌍으로 주고 두 소수의 쌍에 대한 함수값을 두 소수의 곱으로 주면 역함수는 두 소수의 곱을 소인수분해하는 문제가 되어 일방향함수가 된다. 이 원리를 이용하여 소인수분해를 덧문으로 하는 덧문일방향함수를 설계할 수 있다. 즉, 소인수분해를 아는 사람만이 암호문을 복호할 수 있도록 만드는 암호계를 설계할 수 있으며, 예로 RSA 암호, 라빈(Rabin) 암호 및 루카스(Lucas) 암호 등이 있다.

다음 그림은 바이스타인(E. Weisstein)이 2003년에 RSA 576에 이용되는 174자리 합성수를 소인수분해하여 10000달러의 상금을 받은 합성수와 그의 소인수이다. 현재 이용되고 있는 RSA 1024에 이용되는 309자리 합성수에는 10만 달러의 상금이 그리고 RSA 2048에 이용되는 617자리 합성수에는 20만 달러의 상금이 걸려 있다.

1881 9881292060 7963838697 2394616504 3980716356 3379417382 7007633564
2298885971 5234665485 3190606065 0474304531 7388011303 3967161996 9232120573
4031879550 6569962213 0516875930 7650257059
=3980750 8642406493 7397125500 5503864911 9906436234 252608406 3851895759
4638895726 1768583317×4727721 4610743530 2536223071 9730482246 3291469530
2097116459 8521711305 2071125636 3590397527

[그림 8.11] 174자리 자연수의 소인수분해

배낭문제를 이용한 일방향함수: 양의 정수의 집합 $S=\{x_1, x_2, \cdots, x_n\}$가 주어졌을 때, 임의의 정수 x를 S의 부분집합의 합으로 나타내는 문제, 즉 $x=\sum_{i=1}^{n} m_i x_i$을 만족하는 이진벡터 $(m_1, \cdots, m_n)$를 구하는 문제를 **배낭(knapsack) 문제**라고 한다. 실제로 이와 같은 이진벡터의 개수는 총 2^n이므로 n의 값이 적을 때에는 전수조사로 이 문제를 해결하기 쉬우나 n의 값이 커지면 불가능하다. 이를테면,

$$S=\{x_1, x_2, \cdots, x_8\}=\{1086, 708, 259, 589, 871, 1836, 82, 1746\}$$

에서 덧셈 708+1836+1746을 구하는 문제보다 4290이 S의 어떤 원소들의 합으로 이루어졌는지를 구하는 문제가 어려울 것이다. 배낭 문제를 이용하여 덧문일방향함수

를 만드는데는 제 3 장에서 다룬 법(modulo)에 관한 이론이 필요하며 여기에서 생략한다. 이 원리를 적용한 공개키암호로서 머클-헬만(Merkle-Hellman) 암호와 코-리베스트(Chor-Rivest) 암호 등이 있다.

이산로그 문제를 이용한 일방향함수 : 제 3 장에서 잉여환 Z_n에서의 덧셈과 곱셈에 관하여 간단히 다루었다. 다음 예제 8.5.1을 살펴보자.

예제 8.5.1 잉여환 Z_{37}에서 5^{17}을 간단히 하면,

$$5^{17}=(((5^2)^2)^2)^2\times 5=((25^2)^2)^2\times 5=((33^2)^2\times 5=16^2\times 5=34\times 5=22$$

이다. 역으로, $5^x=22$를 만족하는 x를 구하는 과정은 다소 복잡하다. 실제로 5의 지수승을 구하는 과정에서 x를 구하여야 하므로 x 대신에 정수값을 대입하여 17을 찾을 때까지 계속 계산을 하여야 한다.

예제 8.5.1에서와 같이 지수승을 계산하는 것은 어렵지 않게 할 수 있지만 지수승의 역을 구하는 것은 n이 커질수록 어렵다. 이 문제를 **이산로그 문제**라고 하고, 이를 이용한 암호계로 엘가말(ElGamal) 암호, 마세이-오무라(Massey-Omura) 암호 등이 있고 디피-헬만 키교환 방법이 있다.

지금까지 설명한 일방향함수 외에도 격자이론을 이용한 일방향함수, 브레이드(braid)군을 이용한 일방향함수 등이 있으며, 오늘날 활발하게 연구되고 있다.

(3) 디피-헬만 키교환 방법

비밀통신을 원하는 사람들은 먼저 사용할 암호시스템을 결정하고 암호키를 설정하여 공유하여야 한다. 암호시스템을 결정하는 과정은 노출되어 암호시스템이 알려져도 큰 문제가 없으나 암호키가 노출되어서는 않되므로 도청될지 모르는 상황에서 통신을 이용하여 암호키를 교환할 수 없으며 또한 서로 만나서 암호키를 교환할 수 없는 환경에서 암호키를 결정하여야 할 때 이산로그 문제를 이용하면 편리하다.

디피와 헬만(Diffie-Hellman)에 의하여 제안된 이 방법의 실제 예는 100자리 이상의 매우 큰 n에 대하여 컴퓨터에 의하여 계산하여야 하나 이해를 돕기 위하여 작은 n에서 설명한다. 다음에는 세 사람이 키를 설정하는 방법을 설명하지만, 이 방법으로 n명이 상호간에 키를 설정할 수 있다.

예제 8.5.2 세 사람 A, B, C가 통신을 통하여 암호키를 교환하는 과정은 [그림 8.12]와 같다.

(i) 세 사람 A, B, C는 $n=37$과 5를 결정하여 **공개**하고, 각각 11, 7, 15를 선택하고 본인만이 알고 **비밀**을 유지하고 $5^{11}\equiv 2 \bmod 37$, $5^{7}\equiv 18 \bmod 37$, $5^{15}\equiv 29 \bmod 37$을 계산한 뒤에 2, 18, 29를 공개한다.

(ii) A와 B가 공유할 암호키를 구하기 위하여 A는 B가 공개한 수 18을 이용하여 $18^{11}\equiv 17 \bmod 37$을 구하고 B는 A가 공개한 수 2를 이용하여 $2^{7}\equiv 17 \bmod 37$을 구하므로 그들의 암호키 17을 설정할 수 있다. 같은 방법으로 A와 C는 그들의 암호키 23을, 그리고 B와 C도 그들의 암호키 8을 설정할 수 있다.

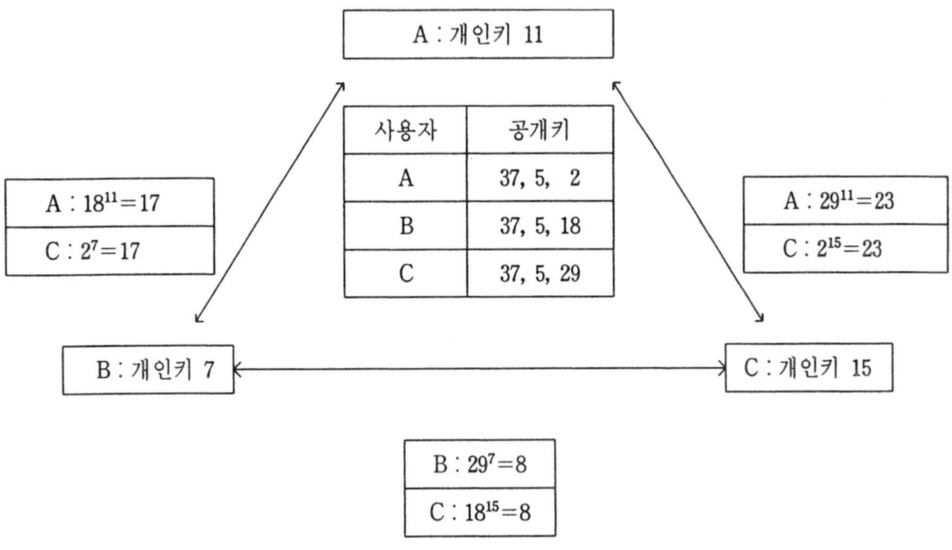

[그림 8.12] 디피 · 헬만 키교환

예제 8.5.2에서 37과 5가 공개되어 있는 조건에서 2, 18, 29로부터 11, 7, 15를 구할 수 없다는 이산로그 문제를 이용하였다. 실제로 11, 7, 15를 모르면 암호키를 얻을 수 있는 방법이 없기 때문에 통신상에서 안전하게 암호키를 설정할 수 있다.

(4) RSA 암호

RSA 암호는 소인수분해 문제를 이용한 공개키 암호로 1978년 세 명의 수학자 리베스트(Rivest), 쉐미르(Shamir), 애들만(Adleman)이 개발하여 현재까지 가장 널리 사용되고 있는 공개키암호이다. 자세한 원리는 이 책의 정도를 넘으므로 생략하고 암호화 과정과 복호과정을 간단하게 소개한다. A가 본인에게 비밀전문을 송신하려는 모든 사람에게 자신이 선택한 두 소수 p와 q의 곱 n과 e를 공개하고 자신은 n이 두 소수의 곱임을 이용하여 d를 구하고 비밀리에 보관한다. 평문과 암호문 각각에 대응되는 자연수를 m과 c라 하면 Z_n위에서 암호화 및 복호 과정은 다음과 같다.

$$\text{암호화 과정}: c=m^e \qquad \text{복호과정}: m=c^d$$

단, 복호키 d는 n의 소인수분해를 모르면 구할 수 없는 수이다. 이때, e를 **공개키**(public key)라고 하고 d를 **비밀키**(secret key) 또는 **개인키**(private key)라고 한다. 현재 은행의 인터넷뱅킹 등에서 일반적으로 사용되는 RSA 암호는 1024비트(309자리) 크기의 자연수 n을 사용하고 있으나 여기서는 간단한 수를 사용한 예를 소개한다.

예제 8.5.3 사용자 A가 $p=41$과 $q=53$을 선택하여 $n=41\times53=2173$을 구하고, $e=207$을 선택하여 (2173이 41과 53의 곱임을 이용하여) $d=623$을 구하고, $n=2173$과 $e=207$을 공개한다. 한편, 전문을 ASC Ⅱ코드로 변환하고 블록으로 나누어 암호화하기 위하여 2173보다 적은 2의 가장 큰 멱을 구하면 11이므로, 11자리 블록의 수는 2173을 법으로 유일한 표현을 가지며 암호화는 다음과 같은 과정에 의하여 된다.

평 문	JABBERWICKY			
ASC Ⅱ	4A 41 42 42 45 52 57 49 43 4B 59			
(Binary)	0100 1010	0100 0001	0100 0010	0100 0010
	0100 0101	0101 0010	0101 0111	0100 1001
	0100 0011	0100 1011	0101 1001	
11Block	01001010010	00001010000	10010000100	10001010101
	00100101011	10100100101	00001101001	01101011001
10 진수	594 80 1156 1109 299 1317 105 857			
암호문	$594^{207}=1566$	$80^{207}=1963$	$1156^{207}=1150$	
	$1109^{207}=702$	$299^{207}=145$	$1317^{207}=881$	
	$105^{207}=2013$	$857^{207}=1861$		

을 이진법으로 고친 다음 88비트이다.

11000100010 11110101101 10001111110 01010111110
00010010001 01001010001 11111011101 11101000101

9 패러독스와 문제들

일상생활에는 일반의 판단에 반하는 결과를 유도하는 논설에 반론할 정당한 근거를 찾아내기 어려운 패러독스의 예들이 많이 있으며, 흥미로 또는 의도적으로 논쟁의 대상으로 삼는 경우가 자주 있다.
이 장에서는 예들을 통하여 패러독스에 대한 정의를 알아보고 우리에게 웃음을 주는 패러독스의 예들이 어떤 원리로 구성되어 있는지 분석하여 살펴보았으며, 수학적으로 패러독스가 일어나는 원인을 알아보고 수학적 패러독스에 관한 예들을 살펴본다. 마지막 절에서는 패러독스는 아니지만 일상생활에서 생각해 볼 만한 흥미있는 문제들을 나열하여 보았다.

어려운 문제들

대부분의 사람들이 수학을 어려워하는 것처럼 실제로 수학자에게도 어려운 문제들이 있다. 이러한 문제들 중에 1994년 해결된 페르마의 마지막 정리(6장에 소개)는 문제가 제기된 후 수백년 만에 해결된 유명한 문제이다.

20세기의 수학은 그를 빼놓고는 이야기할 수 없다는 독일의 힐버트(Hilbert, 1862-1943)는 1900년 8월 8일 파리에서 개최된 제2회 국제수학자회의에서 [수학의 미래 문제에 대하여] 라는 강연을 통하여 23개의 기본문제를 제시함으로써 수학 연구의 목표를 설정하였다. 한편, 21세기 벽두인 2000년 5월 미국 동부 매사추세츠 주에 있는 클레이수학연구소(Clay Mathematics Institute)는 새 천년을 기념하기 위하여 7개의 수학문제에 각 100만 달러씩 총 700만 달러의 상금을 걸었다고 발표하였다. 7개의 미해결 문제는 지금의 수학을 대표하고 있는 영역에서 수학계의 거장들이 엄선한 것이다.

그런데 왜 갑자기 수학 문제를 해결하는 데 거액의 상금을 내걸었을까? 그것은 정보화 시대에 컴퓨터를 이용한 신속한 정보의 전달과 처리에 수학의 발전이 중요하다고 인식하기 시작했기 때문이다. 이를테면, 2004년 벽두 국내언론에 화제가 된 국내 모교수가 해결했다는 100만 달러의 상금이 걸린 P와 NP 문제는 정보화사회에서 꼭 필요한 암호이론에 핵심이 되는 문제이다.

수학자들은 페르마의 마지막 문제를 수 백년에 거친 노력 끝에 해결한 것처럼 오늘도 과거처럼 문제해결을 위하여 끊임없이 노력하고 있다. 이러한 과정 중에는 해결되었다고 발표된 것이 거짓으로 판정 난 경우와 증명과정이 틀리지만 해결의 원인을 제공한 경우도 있다. 와일즈가 1993년 페르마의 마지막 문제를 증명했을 때에 오류가 발견되어 오류 발견자의 도움을 얻어 1년 뒤에 증명을 완료하였다. 이와는 달리 '힐버트 문제' 해프닝 즉, '힐버트의 기본문제' 16번의 해법을 스웨덴의 한 여대생이 풀었다는 2003년 11월 27일 영국 BBC 인터넷판 기사는 한 달이 지난 2004년 1월 초 지도교수가 증명에 오류가 있다는 사실을 발표함으로서 끝났다.

9.1 서　　론

패러독스(paradox)는 우리말로는 역리라든가 역설이다. 원래 패러독스는 그리스어에서 유래한 말로서 통설(doxa)에 반하는(para) 것을 의미하고 있다고 한다. '일반의 판단에 반하는 결과를 유도하는 논설이 있고 그 설에 반론할 정당한 근거를 찾아내기 어려울 때 그 설을 **역리**(또는 **역설**)라 한다. 특히, 어떤 명제와 그 부정명제가 함께 논리상 동등하다고 생각되는 논거를 갖고 주장되고 그에 이르는 추론 속에서 잘못을 명확히 지적할 수 없을 때 이것을 **이율배반**(antinomy)이라 한다. 그러나 이율배반과 역리는 일반적으로 엄밀히 구별하여 사용되는 말은 아니고 동의어로서도 사용된다.

이제 몇 가지 황당한 예를 들어보기로 한다.

(1) 찻잔 이야기

어떤 사람이 선물을 사려고 백화점에 갔습니다. 마음에 드는 찻잔세트가 있었으므로 "이 찻잔은 얼마지?"라고 물으니 "1만원입니다."라고 해서 그것이 포장되어 있는 것을 받았습니다. 찻잔세트를 들고 쇼윈도를 들여다보고 있다가 갑자기 마음이 바뀌었는지 "저 꽃병은 얼마지?"라고 물었습니다. "네, 역시 1만원입니다."라고 하기에 "그러면 찻잔 대신에 그것을 주세요."라고 부탁했습니다. 꽃병을 받은 사람은 "자, 찻잔 대신에 꽃병을 가지고 가기로 하지. 찻잔은 여기에 되돌려 놓을 테니까요."라 말하고 가게를 나가려고 했다. 놀란 것은 점원입니다. "여보세요, 손님. 꽃병 값을 받지 않았는데요." 그 사나이는 놀란 얼굴을 하면서 "뭐? 꽃병 값? 그 대신 찻잔을 되돌려 주지 않았나? 어느 쪽도 1만원이지 않은가?" 난처해진 점원이 말하기를 "네, 그렇습니다만, 그 찻잔 값을 아직 받지 않았습니다." 그 사나이는 점점 이상하게 생각하여 "찻잔을 사는 것을 그만 두지 않았나. 이 가게에서는 사지도 않은 물건값까지 청구하는 거야?"라고 외쳤다고 합니다.

이 내용은 손님이 물건값을 잘못 계산해서 점원이 난감해진 패러독스이다. 이 문제를 해결하려면 각자의 위치에서 생각하면 쉽게 설득할 수 있다. 즉, 손님의 입장을 보면 손님은 꽃병을 얻었지만 자신은 돈을 지불하지 않았으므로 꽃병을 가져가면 안된다. 주인의 입장은 이와 반대임을 알 수 있다. 유사한 유형의 예로 다음과 같은 상황을 살펴보자.

어떤 사나이가 철물가게에 식칼을 사러 갔습니다. 근사한 모양의 칼이 두 종류가 있는데 상급이 10만원이고 중급이 5만원이었습니다. 그래서 사나이는 중급을 사기로 하고 5만원을 주고 샀습니다. 그런데 집에 돌아와 보니 아무래도 상급을 살 걸 하는 생각이 들어 그 이튿날 다시 그 가게에 갔습니다. 그래서 상급으로 바꾸고 대금의 부족분도 지불하지 않고 그냥 돌아가려고 했습니다. 점원이 "손님! 값을 지불하고 가야지요"라고 하면서 붙잡았습니다. 그런데 이 사나이 말이 "어제 식칼 값으로 5만원 드렸고 지금 또 5만원 짜리 식칼을 드렸으니 합계 10만원이 되지 않소. 그러니 10만원 짜리 식칼을 가지고 가는 건 당연한데 값을 더 내라고요?"라고 말하고 그냥 갔습니다. 점원은 그런 것 같아 그 사나이를 잡을 수 없었다고 합니다. 무엇이 문제일까요?

(2) 여관 이야기

세 사람이 여관에 묵었을 때의 이야기입니다. 하루에 1인당 1만원이라고 하여 각자가 1만원씩 합계 3만원을 거둬 지불했습니다. 그런데 여관 주인이 서비스로 5천원을 깎아 주었는데 여자 종업원이 세 사람이 있는 곳에 5천원을 가지고 오는 도중에 2천원을 자신이 갖고 3천원만 되돌려 주었습니다. 각자 1만원씩 냈는데 1인당 1천원이 되돌아 왔으므로 1인당 9천원 입니다. 9천원을 세 사람이 낸 것이므로 2만 7천원이 됩니다. 여자 종업원이 2천원을 슬쩍 하였으니까 도합 2만 9천원입니다. 1천원이 모자라는 것은 어째서 일까요?

이 문제는 여관 측과 손님 측의 계산을 한데 섞어서 오는 패러독스가 되는 것이다.

(3) 거짓말쟁이 이야기

'내가 지금 말하고 있는 것은 거짓말입니다.'라는 문장이 옳은 것인가 아니면 잘못된 문장인가를 생각하여 보자. 이 문장이 옳다고 할 때에는 지금 말하고 있는 것이 거짓말이 되는 것이고 그렇게 되면 지금 말하고 있는 이 문장은 거짓말이 된다. 만약에 이 문장이 거짓말이라고 하면 지금 말하고 있는 것이 거짓말이 아닌 정말이 되어 버린다. 즉, 거짓말이라고 하면 정말이 되어 버리고 정말이라고 하면 거짓말이 되어 버린다.

9.2 웃음과 패러독스

(1) 거짓말과 웃음

패러독스와 거짓말과의 사이에는 밀접한 관계가 있다. 특히 웃음과 관련을 생각할 때 거짓말은 아무리 해도 간과할 수는 없다. 논리적인 패러독스와 관련이 깊은 거짓말은 진리에 대립되는 허위로 생각되어 진리가 아닌 것, 옳지 않은 것이 거짓말이다. 이러한 거짓말은 속담 중에서는 '자기 모순'이 되고 있는데도 그렇다고는 알아차리지 못하고 있는 부분에서 생기는 우스꽝스러움으로서 나타난다. 결국 웃음 속에 생기는 거짓말의 타입을 분류하면 허풍, 속임, 자기 모순의 세 가지 유형으로 나뉘며 패러독스와 관계가 있는 것은 자기 모순이다. 이들 유형의 예를 살펴보면 다음과 같다.

(ㄱ) 허풍

1) 옛날에 서울의 뺑쟁이가 시골의 뺑쟁이와 뺑 시합을 할 작정으로 시골에 찾아왔더니 시골 뺑쟁이는 부재중이고 그의 자식만이 빈집을 지키고 있었다. 아버지는 어디 갔느냐고 물었더니 '아버지는 백두산이 무너질 것 같다 하여 삼베 끈 세 가닥을 가지고 버티러 갔다'고 대답했다. 그러면 어머니는?이라 물었더니 '어머니는 천축의 8일장에 모기의 가죽 1천매와 파리의 가죽 1천매를 가지고 장사하러 갔다'라고 대답했다. 아이조차도 이 정도의 뺑쟁이니하고 두려워하여 그냥 돌아갔다고 한다.

2) 어떤 구두쇠가 벚나무 열매를 먹는데 씨까지도 아깝다 하여 함께 삼켜 버렸더니 씨가 뱃속에서 싹이 트고 차츰 자라서 머리를 뚫고 나와 훌륭한 벗 나무가 됐다. 봄에는 멋진 꽃이 피어 꽃 관광객이 많이 모여서 마셔라, 불러라 등 대소동이다. 매일매일 머리 위가 시끄러워서 밤에도 안심하고 잘 수 없으므로 이윽고 그 벚나무를 뽑아 버렸다. 그런데 뽑아 버린 다음에 그 곳에 큰 연못이 생겨 유원지가 되었기 때문에 어린이들이 매일 놀러와서 보트를 탄다, 고기를 낚는다 하므로 하루종일 시끄러워 견딜 수 없어 노이로제에 걸려 <u>자기 머리의 연못에 투신 자살했다.</u>

(ㄴ) 속임

속일 작정은 전혀 아니었는데도 불구하고 결과로서 거짓말을 한 것이 되는 일이 종종 있다. 예를 들면, 일기예보가 틀린 경우나 데이트 약속을 했지만 부득이한 사정이 있어 약속을 지킬 수 없었던 경우가 있다. 일기예보가 틀린 경우에 약간의 비난은 있겠지만 큰 책임을 전가하지는 않으며 데이트 약속을 못 지킨 사정을 알게 되면 용서받을 수 있다. 즉, 속일 의도가 아니었던 거짓말은 허용된다고도 생각할 수 있다. 그런데 무지 때문에 거짓말을 거짓말인지 모르면서 가르치는 선생님, 이것은 속일 작정이 아니었다 하더라도 용서될 수 있을까. 이 경우는 거짓말을 하는 것이 비난의 대상이 되는 것이 아니고 무지라는 쪽이 비난되어야 할 것이다.

1) 어떤 귀인이 2층에서 아래층에 있는 소년을 불러서 말했다. "너는 사람을 잘 속인다고 하는데 나를 멋지게 속여서 아래층으로 내려가게 할 수 있을까?"라고 묻자 소년은 "2층에 계시는 당신을 속여서 아래층으로 내려오시게 하다니 그러한 일은 속여서 할 수 없습니다. 혹시 당신께서 아래층에 계신다면 속여서 2층으로 올라가시도록 할 수는 있습니다만."이라 대답했다. 귀인이 "좋아, 그러면 해봐."라 말하고 내려와서 "자, 어떻게 해서 나를 2층으로 올라가게 하지?"라 말하니 소년은 "보세요. 당신을 속여서 아래층으로 내려오게 했잖아요."라고 말했다.

2) 제자에게 논어를 가르치고 있는 선생, 갑자기 졸음이 와서는 그만 꾸벅꾸벅 졸다가 문득 정신이 들어 당황하면서 "나는 꿈에 주공을 보고 왔다."하고 말했다. 다음날 이번에는 제자가 앉아서 졸고 있었다. 선생이 회초리로 책상을 두들겼더니 제자는 잠이 깨서 "저도 꿈에 주공을 보고 왔습니다."하고 대답했다. "그러면 묻겠는데 주공이 너한테 무어라고 말씀하셨는고?" "네. 어제 선생님을 만나지 않았다고 말씀하셨습니다."라고 말했다.

(ㄷ) 자기 모순

논리적인 허위로서의 거짓말을 들 수 있다. 이제까지의 허풍 이야기라든가 사람을 속이는 이야기는 인간 관계 속에 생기는 거짓말이다. 그러나 거짓말 중에는 인간 관계와는 관계없이 생기는 객관적인 거짓말, 논리적인 허위를 의미하는 거짓말이 있다. '2 더하기 3은 4이다'라는 것은 거짓말이고 객관적인 거짓말이다. 또 '가짜 증명' 등은 허위이고 그 허위의 원인을 규명시키는 것은 교육적 의미가 있다.

1) 어떠한 말이건 말을 하는 것만으로 자기 모순이 될 때

(a) 세 사람이 모여서 '새벽까지 말을 하지 않고 달을 보고 있자'라고 약속하였다. 한 사람이 하품을 하고 "말을 하지 않고는 견딜 수 없어."라 말했더니 또 한 사람이 "무언의 약속을 하고 말을 하는 것이 아니야."라고 나무랐다. 그러자 나머지 한 사람이 "아직 말을 하지 않은 것은 나 하나 뿐이다."

(b) 벙어리 거지가 어떤 집 앞에서 구걸하고 있는 것을 보고 어떤 사람이 "저 사람은 가짜 벙어리지요."라 말했다. 주인이 그말을 듣고 "그렇게 말하면 안됩니다. 저 사람은 진짜 벙어리입니다."라고 말하였더니 그 벙어리가 "예, 예."라 말했다.

2) 말하고 있는 내용이 지금 자기의 행동과 모순되고 있을 때

(a) 어떤 무사가 산길을 막 지나갈 때 소나무 밑에 한 무사가 웃통을 벗고 앉아 있었다. 그 무사가 말을 걸어 "부탁이 있습니다. 실은 부득이한 사정이 있어 할복자살을 하지 않을 수 없게 되었습니다. 매우 죄송하지만 할복 후에 목을 쳐주시기를 부탁드립니다."라 말한다. 사무라이가 거절할 수도 없어 "그렇다면 목을 쳐드리겠지만 결코 발설해선 안됩니다."

(b) 중매꾼 노릇을 하는 것을 아주 좋아하는 친구가 있습니다. 연령에 관계하지 않고 독신자라는 말을 들으면 정말 재빨리 상대자를 찾아옵니다. 그런데 그녀의 남편이 죽었기 때문에 어떤 사람이 선을 보라고 말했습니다. 그녀가 말하기를 "이 세상에는 정말 공연한 참견을 하는 사람이 있군요. 내 버려 두세요."라고 하더랍니다.

3) 자기가 말하고 있는 말속에 서로 모순되는 내용이 있을 때

(a) 초나라 사나이가 방패와 긴 창을 팔고 있다. 방패를 손에 들고 말하기를 "이 방패의 튼튼함으로 말할 것 같으면 어떠한 창으로도 이것을 꿰뚫을 수 없다." 또 창을 손에 들고 말하기를 "이 창의 날카로움으로 말할 것 같으면 어떠한 방패도 꿰뚫을 수 있다."고 하였다. 이것을 보고 있던 사람이 "그렇다면 당신의 그 창으로 당신의 그 방패를 찌른다면 도대체 어떻게 되는 것인가?"

(b) 자네는 존경할 만한 사람이야. 우리 집에도 많은 사람들이 찾아 오는데 이야기만 하면 남의 이야기를 하고 있네. 그에 반해서 자네는 조금도 남의 이야기를 하지 않으니 말야. "네, 저는 남의 이야기를 하지 않도록 명심하고 있습니다. 이웃의 톰처럼 남의 이야기를 하는 것은 볼꼴 사나우니까요."

(c) "우리 집에 잘 오던 그 ○○군이 죽었어." "뭐, 그 튼튼해 보이는 사나이가? 확실히 어제도 여기에 와있었잖아." "그래, 오늘 아침까지 아무렇지도 않았는데 갑자기 죽었어." "더구나 남의 신세는 지지 않고 꼴깍 죽고 싶다고 언제나 말하고 있었느니 흡족하겠지. 살아 있었으면 필시 기뻐했을텐데."

4) 소용이 없다는 것이 분명한데도 그것을 알아차리지 못할 때

(a) 죽지 않는 기술을 터득하고 있다는 사람이 있었다. 어느 왕이 사람을 보내서 그 기술을 공부시키려 했는데 꾸물거리는 동안에 기술을 터득한 자가 죽어 버렸다. 이때, "네가 꾸물거렸기 때문이다."라고 왕은 노여워하며 그 사람을 죽이려 했다.

(b) 산에서 기거하며 수행하는 중이 여우에 홀려 논두렁에서 말똥을 먹고 있는 것을 데리고 와서 간호를 해주었더니 가까스로 제정신으로 돌아왔다. 이 중은 모두를 향해서 "덕분에 살았습니다. 답례로 부적을 드리지요."라고 말했다.

5) 모순이라고까지는 말할 수 없으나 본말이 전도되어 있을 때

(a) "지난번 설치해준 선반이 벌써 떨어졌어요."라고 불만했더니 목수가 말하기를 "글쎄요, 그럴리 없을텐데 아마 무언가 물건을 올려 놓았겠지요."

(b) 어린애가 연을 날리고 있는데 좀처럼 뜨지 않는다. 아버지가 나와서 "어디, 내가 날려 줄게."하고 말하고 잠깐 달려가니까 잘 뜬다. 아버지가 재미가 나서 당기거나 늦추거나 하느라 여념이 없다. "아버지, 나도 할께."하고 졸라대니 "에이, 시끄러워. 너를 데려 오지 않았으면 좋았을 걸 그랬다."

(2) 궤변과 역설

궤변이란 일반적으로는 옳다고 생각되고 있는 통설에 반하는 견해를 말하는 것이다. 여전히 이 통설 쪽이 옳은 경우에는 그것에 반하는 견해 쪽이 잘못되어 있는 것이 된다. 이 경우가 '정말과 같은 거짓말'로 분류한 패러독스이다. 역설이란 상식에 반한다고 생각된 견해 쪽이 역으로 옳았던 경우에는 이제까지의 상식이 잘못되어 있었던 것으로 될 것이다. 이러한 때가 '거짓말과 같은 정말'로서의 패러독스이다. 마지막으로 통설에 반하는 견해도 모두 옳은 것처럼 생각되고 또 어느 쪽도 잘못되어 있다는 근거를 지적할 수 없는 이율배반이라 일컬어지는 패러독스이다.

정말과 같은 거짓말 : 흑을 백이라 주장하는 경우 가지각색의 말을 가지고 상대방을 자기의 생각에 동조시키려고 사는 논리가 안에 포함되어 있는 말을 궤변이라 하고, 상대방이 어떻게 생각할 것인가에 대한 것은 전혀 고려하지 않고 자기만의 생각을 억지로 관철하려는 말을 강변이라 한다.

거짓말과 같은 정말 : 얼핏 보기에 잘못되어 있는 것처럼 생각되는데 잘 생각해 보면 거기에서 진리가 발견되는 것 같은 경우로서 역설적 진리와 새로운 학설이 있다.

1) 역설적 진리 : 많은 사람들이 고집스럽게 품고있는 편견을 타파하는데 가장 효과적인 방법으로 통상의 발상을 역전시키는 부분에 역설의 재미가 포함되어 있음과 동시에 거기에는 숨겨진 진리도 포함되어 있으며 문학이나 철학의 주요 테마이다.

2) 새로운 학설 : 이전의 학설과 대립하는 새로운 학설이 나온 경우 옛 이론이 뿌리깊게 정착되어 있으면 있을수록 새로운 이론은 받아들여지기 어렵게 된다. 이러한 것은 과학의 역사에서 쉽게 찾아볼 수 있다.

정말이라고도 거짓말이라고도 할 수 없는 말 : '지금 내가 말하고 있는 것은 거짓말입니다.'라는 문장이 제일 좋은 예이다. 이 문장은 거짓말이라고 하면 정말이 되어 버리고 정말이라고 하면 거짓말이 되기 때문에 진위을 결정할 수 없는 이율배반이 된다.

9.3 수학과 패러독스

학문 중에서 가장 논리적으로 엄밀하다고 생각되는 수학에서 패러독스가 발생할 것이라고는 꿈에도 생각할 수 없었기 때문에 집합론에서 생긴 패러독스는 많은 수학자나 철학자들에게 적지 않은 충격을 주었다. 예컨대 수학적 논리학자의 한 사람인 프레게는 패러독스의 출현에 대단한 충격을 받고 수학의 기초 부여를 하려고 생각하고 있던 저서 '대수의 기초' 제2권의 발행을 중지할 정도였다.

집합론에 생긴 패러독스에 대해서 수학자가 취한 입장을 크게 둘로 나눌 수 있다. 하나는 이러한 패러독스의 출현을 그대로 받아들이지 않고 패러독스가 생길 것 같은 논법만을 회피하여 지나가기로 한 보통의 수학자들이 취한 입장이다. 즉, 패러독스가 나타날 것 같은 집합의 경우는 어느 것도 보통 수학 속에서 사용되고 있는 집합과는 상이하고 게다가 터무니없이 큰 집합뿐이라 거역할 수 있는 집합에 어떤 일정한 제한을 설정하기로 하면 기존의 패러독스는 모두 배제할 수 있을 것이란 생각인 공리적 집합이론의 입장이다. 또 다른 입장은 위와 같은 임시 방편의 패러독스의 배제가 아니고 금후에도 어떠한 패러독스도 생길 수 없는 것 같은 보증이 있는 수학 체계를 얻으려고 하는 입장이다. 이들 입장은 크게 나누어서 논리주의, 직관주의, 형식주의 세 가지가 된다.

(1) 논리주의

논리주의란 수학을 논리학의 한 분과로 간주하는 입장으로 영국의 러셀이 그 대표적인 사람이다. 그의 입장은 수학사의 여러 개념을 모두 논리적인 개념에만 의해서 정의하고 수학의 여러 정리는 모두 논리적인 공리로부터 논리적 추론 규칙만을 사용해서 연역되는 것 같은 체계를 구성하는 것이었다. 이 견해에 따르면 논리학과 수학의 사이에는 분명한 경계선을 그을 수는 없고 '논리학은 수학의 청년 시대이고 수학은 논리학의 장년 시대이다.'라는 것이 된다. 이러한 입장에서 수학을 구성하면서 러셀은 다음과 같이 생각하였다. 일상 사용하고 있는 말은 오류를 초래하기 쉬운 것이기 때문에 논리학=수학에서 사용하는 데에는 부적당하기 때문에 기호를 사용한다. 즉, 수학을 기호논리로서 구성하게 되면 패러독스가 생기지 않는데 논리적인 공리라고 말할 수 없는 '무한집합의 존재를 보증하는 공리'를 채용함으로서 패러독스 발생의 원인이 되었다.

(2) 직관주의

직관주의란 어떠한 대상도 그것을 구성하는 수단이 구체적으로 주어져 있지 않는 한 수학적 대상으로 될 수 없다는 입장으로 네덜란드의 브로우베르가 대표적인 사람이다. 그에 따르면 우리들의 사고 중의 정확한 부분이 수학이고 어떠한 학문도 정확한 사고를 포함하고 있는 한 수학을 포함하고 있다고 생각한다. 따라서 어떠한 학문도 철학 또는 논리학조차도 수학의 기초로서 가정할 수는 없다. 이러한 의미에서 수학에는 그밖에 그것의 가정이 되어야 할 과학이 없으므로 수학의 개념 구성이나 그것의 증명이 근거를 주는 것으로서는 '직관' 이외에는 없다. 브로우베르는 수학에서의 근원적 직관으로서 2·1의 직관은 이미 얻어져 있는 자연수에 1을 더함으로써 새로운 자연수를 만든다는 생성원리의 근본이 되는 직관이어서 이 직관에 의해서 1이나 2뿐 아니고 온갖 자연수나 유리수도 구성할 수 있다. 거듭 개개의 실수도 유리수에 의해서 얼마든지 정밀하게 근사시킬 수 있는 것으로서 생각할 수 있다. 즉 개개의 자연수나 실수는 사고할 수 있어도 자연수 전체, 실수 전체 등을 만들어 내는 생성원리는 없기 때문에 그것들은 수학의 대상으로 될 수 없다라고 하고 있다.

직관주의의 공적은 이러한 근원적 직관으로부터 수학을 구성적으로 인간의 정신과의 관계 속에서 쌓아올려 보여준 부분에도 있으나 그것 이상으로 비구성적인 대상을 안이하게 인정해온 이제까지의 수학에 대해서 날카로운 비판을 한 점에 있다고 할 수 있다. 이를테면, 자연수 전체라든가 실수 전체라 하는 것 같은 무한 집합이 마치 강압적으로 주어져 있다고 생각하는 종전의 무한에 관한 관점과 달리 무한이란 인간이 생성하는 프로세스에 있다고 생각하여 파악하는 것이 브로우베르의 입장이다. 즉 수학을 신의 세계에서 인간의 세계로 되돌려 주었다고도 할 수 있다.

직관주의에서는 '명제 P가 옳다는 것이 확인되어 있는' 또는 'P가 옳았다는 것을 보이기 위한 유한적 수단이 있는' 때만 'P이다.'라는 것을 주장할 수 있다고 생각하고 있다. 'P이거나 Q이다.'라는 명제라 해도 'P가 옳다는 것이 확인되어 있거나, Q가 옳다는 것이 확인되어 있거나 어느 쪽인가 확인되어 있을 때'만 옳은 것이다. 이러한 입장에 서면 배중률—임의의 명제는 성립하거나 성립하지 않거나의 어느 쪽이다.—조차 일반적으로 성립하지 않는다. 따라서 배중률은 반드시 성립하고 있는 것은 아니라는 것을 알 수 있다. 직관주의에서는 직관주의에서 파악된 극히 명료한 사항만을 출발점으로 하고, 그것들에 의해서 직접 구성된 것만이 수학의 대상이 되는 것이므로 그 속에 모순은 생기지 않을 것이다라는 것에 대해서 누구도 의심하지 않는다.

반면 직관주의는 친숙하여온 수학 중 매우 많은 부분을 정정하지 않으면 안되고 수학을 매우 좁은 범위로 만들어 버리는 치명적인 결점을 가지고 있다.

(3) 형식주의

형식주의의 대표자는 독일의 힐베르트이다. 그는 먼저 논리주의자가 논리도 포함한 수학을 공리적으로 건설하려고 한 것과 같은 입장에 서기로 하였다. 그러나 논리주의에서는 모순을 포함하지 않는 수학체계를 만들기 위해 순수하게 논리적인 개념만을 토대로 하려고 의도하였으나 결과는 반드시 논리적이라고는 단정할 수 없는 무한공리 등을 기초로 두지 않을 수 없었다. 그런데 힐베르트는 이러한 무한 공리도 적극적으로 공리로서 채용한 것이다. 어떠한 공리를 채용하든 그 공리계가 모순만 포함하고 있지 않으면 자체로 좋을 것이라고 생각한 것이다. 즉 하나의 공리계를 채용한 경우 그 공리계가 모순을 포함하지 않는다는 증명—무모순성의 증명—이 힐베르트의 주요 테마가 된다.

힐베르트의 이 구상이 실현되면 논리주의처럼 모순이 나타날지도 모르는 불만족스러운 공리계가 아니고 앞으로 절대로 모순이 일어날 수 없는 것까지의 보증이 있는 것이므로 당연히 안심이 될 것이다. 또 직관주의처럼 모순을 두려워한 나머지 수학을 극단적으로 좁은 것으로 만들어 버리는 우를 범하지 않아도 된다. 즉 현재 수학자가 생각하고 있는 수학 그 자체를 충실히 공리화하여 그 공리계가 모순을 갖고 있지 않음을 증명하기만 하면 되기 때문이다.

그런데 힐베르트의 구상에 대하여 브로우베르는 다음과 같은 의문을 던졌다. '논리도 포함한 수학의 공리계가 모순을 갖지 않는다는 것을 증명한다고 하지만 그 증명에 사용되고 있는 논리에 모순이 없다는 것에 대한 증명은 어디에 있는가?' 이 의문에 대해서 힐베르트는 다음과 같이 생각하였다. 형식화된 공리적 수학의 체계에 대해서 연구하는 학문 —공리계가 모순을 갖고 있는지 어떤지 등을 연구하는 학문—을 초수학이라 하기로 한다. 이 초수학 안에서 사용되는 논법은 모순이 나타날 염려가 전혀 없는 구성적이고 게다가 유한적인 입장 —유한의 입장—에 서서 추론을 진행시키는 것으로 하면 될 것이다. 그렇게 하면 공리계의 무 모순성을 증명하기 위해 사용되는 논리는 절대로 안전한 모순을 갖지 않는 것이 된다. 이 초수학에서 유한의 입장은 직관주의가 취하고 있는 입장에 매우 가까운 것으로 오히려 그것보다 엄격하고 좁은 입장이라 할 수 있다.

9.4 수학적 농담과 기담

⑴ 바보같은 놈!

아이들과 미개인과는 상당히 비슷한 점이 있는가 보다. 초등학교 어린이나 하는 엉뚱한 말은 미개인에게도 많이 있다고 한다.

㈀ 독일의 트른바르트라는 학자가 열대지방 원주민에게 백이라는 수를 가르치려고 무척 애를 먹으며 그 실례로 돼지 마리 수를 상상시켜 보려고 했다. "돼지가 여기에 열 마리 또 저기에 열 마리…" "아니 그렇게 많은 돼지가 한꺼번에 있다니, 그런 바보 같은 일이 어디 있어?"

㈁ 또 어떤 사람이 아메리카 인디언에게 어학을 공부시키려고, "양키가 오늘 여섯 마리의 곰을 사살했다."라는 문장을 번역해 보게 하려는데, 그 아메리카 인디언이 "백인이 하루에 곰을 여섯 마리나 잡다니, 그게 될 말인가. 바보 같은 소리 집어쳐요"라고 말하면서 '말도 되지 않는 소리를 하는 바보 같은 놈의 말은 번역해서 무엇해'라고 퉁겨버렸다고 합니다. 그들 미개인의 눈에는 서양사람이 엄청난 바보들로 밖에 보이지 않았다.

아이들이 어른을 아이 취급해서 우쭐대며 좋아하는 일이 흔히 있는 것처럼 역시 속물 같은 인간이 천재를 괴짜로 생각하는 일이 있고, 온 세상이 미쳐 돌아갈 때는 정상인이 바보 같은 놈으로 보일 수도 있다. 이런 경우 어느 쪽이 정말 바보 같은 놈이고 어느 쪽이 현명한 사람인지 분별하는 일은 어렵지 않다. 현명한 사람은 바보 같은 놈이 말하는 것을(또 그 틀린 것도) 모두 이해할 수 있지만, 바보 같은 놈은 현명한 사람이 말하는 것에서 아주 조금밖에 이해할 수 없거나, 또는 전혀 이해할 수 없다는 점이다.

⑵ 5000년과 7년

어떤 박물관에서 일어난 일이다. 안내인은 정확하게 계산하였는가 생각해 보자.

안내인 : "이 미이라는 5007년이 된다고 합니다."

참관인 : "그래요. 아주 오래된 것이군요. 그런데 어떻게 그처럼 정확하게 압니까?"

안내인 : "예, 그건 말이지요. 제가 이 박물관에 고용될 때, 들은 이야기로는 이 미이라가 5000년이 되었다고 했으니까 그로부터 올해는 7년이 되었기에 이 미이라는 5007년이 된 것이라는 계산이 나오지요."

(3) 분수문답

다음과 같은 대화를 생각하여 보자.

교사 : "한 조각의 고기를 2등분하면 각각 얼마가 되겠어요?"

학생 : "2분의 1입니다."

교사 : "그 각각을 또 2등분하면?"

학생 : "4분의 1입니다."

이와 같이 해서 차차 계속해 나가다가 마침내

교사 : "32분의 1을 다시 2등분하면?"

학생 : "그것은 너무 작아서 자를 수 없어요.!"

이 대화에서 분수의 계산과 실제로 고기를 자르는 문제와의 차이를 설명해 준다. 수학적인 계산은 계속 진행할 수 있지만 실제로 고기를 자르는 것은 불가능한데서 오는 대화이다.

(4) 천원짜리 지폐의 $\frac{2}{3}$는 얼마인가?

천원짜리 지폐가 찢어져서 그 반이 되었을 때 그것이 무효가 되는지 어떤지 한국은행에 물어보아야 하겠지만, 은행에서 꼭 반이라면 오백원, 반보다 작으면 무효, $\frac{2}{3}$보다 크면 천원 전액으로 바꾸어준다고 한다. 이것이 분수의 문제가 되는지요? 또한, 인간이 '반죽음'이 되었다고 할 때, '$\frac{1}{2}$ 산 인간'은 어떤 인간인가? 세상의 모든 곳에서 분수가 성립하지는 않는다. 수학적 대상일 때에만 가능하다.

(5) 하루걸러

다음과 같은 두 대화를 생각해 보자.

"자네, 투기란 위험한 것이야. 오늘 벌었다고 하더라도 내일은 손해 보는 것이야."

"그렇습니까? 그럼 나는 하루걸러 해야겠군요."

"선생님 내 병은 낫겠습니까?"

"아! 낫고 말고. 걱정 없어요. 통계에 따른다면 이 병은 100사람에 한 사람 살 수 있다고 하지요. 지금까지 내게 온 사람이 99명인데 모두 죽었지만, 100명째인 당신이 바로 그 나을 순번이요."

(6) 사각선생의 봉변

라이프치히의 대학에 한 때 사각선생(Professor Vierecker)이라고 하는 교수가 있었다. 그는 너무 엄격했기 때문에 학생들이 미워했다고 한다. 어느 날 이 선생님이 하흐레의 성에 자주 간다는 소문을 들은 몇 사람의 학생이 매우 지독한 장난을 생각했다. 그들은 미리 잘 짜고서 선생님보다 앞서 성문 가까이 갔다. 거기에는 성문지기 군인이 총을 들고 성문을 지키고 있었다. 먼저 한 학생이 성문에 가서 성문지기 군인에게 통과 허가를 구했다.

"수고하십니다. 통과 허가를 바랍니다."

"이름이 뭐야."

"일각(Einecker)입니다."

"좋아."

그로부터 십 분쯤 지나서 두 번째 학생이 또 문지기 군인에게 가서,

"좀 들어가겠습니다."

"이름이 뭐야."

"이름은 이각(Zweiecker)입니다."

문지기는 눈을 동그랗게 뜨며 어처구니없어 했지만 그래도 잔말 않고 통과시켜 주었다. 그런데 또 십 분쯤 지나서 세 번째 학생이 성문에 와서

"좀 들어가겠습니다."

"이름이 뭐야."

"내 이름은 삼각(Dreiecker)이라 합니다."

"야, 네가 나를 조롱하는 거야? 맛 좀 봐라. 이 녀석 두고 봐!"하면서 감방에 넣으려고 했다. 이 학생은 크게 낭패해서 변명을 했지만 문지기 군인은 좀처럼 용서하지 않았다. 이 학생은 독일의 역사상 있는 사건을 인용하면서 우연이란 것이 있을 수 있다는 것이 얼마나 많은 지를 도도하게 지껄여대었고 그리스의 데모스테네스로부터 로마의 키케로에게도 지지 않을 만큼 웅변을 30분쯤 해서 겨우 문지기도 기분을 풀고 마지못해 이 '삼각'군을 통과시켜 주었다. 하여튼 문을 통과한 세 학생은 이제부터 어떤 재미있는 희극이 벌어질지 희희낙락 바라보고 있었다. 그런데 5분도 안되어 「사각」선생이 성문 앞으로 왔다.

"당신 이름은 무엇입니까?"하고 문지기는 정중하게 물었다.

"사각이라 합니다."

"아니, 너도 나를 조롱하는구나."
아무리 '사각'선생이 변명을 해도
"아무래도 네가 나를 놀리고 있어. 이제는 용서 못해."
불쌍하게도 사각선생은 곧바로 감방에 들어갔다고 한다.

(7) 나는 부재란 말이지

프랑스의 물리학자 앙빼르에게도 시계에 관한 실패담이 있다.

앙빼르는 암산의 천재로 어릴 때부터 늘 돌맹이를 써서 암산을 연구하고 있었는데, 어느 날 그것을 학교 가던 길바닥에서 시작했다. 세느강의 어떤 다리가 있는 곳에서 몰두하고 있다가 학교 생각이 얼핏 나서 시계를 보니 학교에 지각한 것 같았다.

"어이쿠 야단났군."
하면서 돌맹이를 강에 던져버리고 시계를 쥔 채 학교로 급히 갔다. 그런데 얼마 후에 생각이 나서 보니 시계는 강에 수장되고 요긴한 돌맹이들만 앙빼르의 손아귀에서 함께 학교를 가고 있었다고 한다.

뒷날 훌륭한 학자가 되어서도 앙빼르는 아주 덜렁이고 성급했다고 한다. 학생들에게 강의하다가 열중되면 손수건으로 칠판을 닦기도 하고 칠판닦이로 얼굴을 닦는 일도 종종 있었다고 한다. 뉴톤과 마찬가지로 말이 도망가도 몰랐다는 적도 있었다.

또 한 번은 어떤 문제를 생각해서 그 문제와 그에 관계된 공식들을 어떤 널판지에 잔뜩 써두었는데 갑자기 그 널판지가 달리기 시작했다. 알고 보니 그것은 마차 뒤에 붙어 있는 널판지였던 것이다.

앙빼르는 연구에 방해가 되기 때문에 방문객이 많이 오는 것을 싫어했기 때문에 자기 연구실의 문에

앙빼르 부재

라는 표찰을 붙이곤 했다. 어느 날 앙빼르가 외출해서 돌아와 자기 연구실로 오면서 여느 때처럼 열심히 생각하고 있다가 방에 들어 가려고 문을 바라보니 눈앞에 표찰이 붙어있고 거기에 무엇인가가 쓰여져 있었다.

앙빼르 부재

라는 예의 그 표찰이었다.

"아! 그래. 부재라면 할 수 없군. 다시 와야지."

이렇게 중얼거리면서 다시 슬금슬금 되돌아갔다고 한다. 암산의 천재였던 앙빼르도 실제 생활상의 금전 계산에는 무관심해서 아주 엉망이었다고 한다.

(8) 2500만년의 외상값

근대의 유명한 아일랜드의 천문학자이자 수학자이며 캠브리지 대학의 교수였던 보올 경이 어느 날 친구와 함께 음식점에 점심을 먹으러 갔다. 평생 별 세계나 수학 계산에만 열중하던 그는 맛있는 요리를 먹고 기분이 몹시 좋았다. 마침내 식사가 끝나고 계산해야 할 때가 되었는데 그는 잠시 무엇인가 생각하더니,

"주인 아주머니, 이 세상의 일들은 모두가 2500만년을 한 바퀴로 해서 일어나요. 다시 말해서 그만큼 세월이 지나면 그때마다 모두가 원상태로 되돌아오지요. 그래서요. 우리들은 이제부터 2500만년 지나면 또 지금과 마찬가지로 여기 와서 점심을 먹게 될 터인데."

이렇게 말하고서는 일부러 가다듬어 진지한 얼굴로 주인 아주머니의 얼굴을 바라보았다.

"계산은 그때까지 외상으로 해둘 수 없을까요?"

"아, 그렇습니까. 좋아요. 그런데 바로 지금부터 2500만년 전에도 역시 지금처럼 선생님들은 우리 가게에 와서 점심을 드셨는데 그때도 역시 지금처럼 말씀하시면서 외상을 하셨습니다. 그때의 외상값은 지금 갚아 주셔야 되겠습니다."

이렇게 하여 보올 교수는 음식점 주인 아주머니에게 참패를 당했다고 한다.

(9) 이발사의 머리를 잘라 주는 사람

어느 마을에 들린 나그네가 이발사에게 경쟁 상대가 있는지를 물었다. 이발사는 머뭇거리지 않고 이렇게 대답하였다. "아닙니다. 경쟁 상대는 없습니다. 이 마을 사람 중에서 스스로 수염을 깎는 사람 외에는 모두 내가 수염을 깎아줍니다". 이 대답을 들은 나그네는 새로운 궁금증이 생겼다. '이 이발사는 자신의 수염을 누가 깎는가?

9.5 문 제 들

이 절에서는 수학에 관한 흥미 있는 문제를 생각하여 보기로 한다.

(1) 천국과 지옥으로 가는 문을 지키는 수위가 각각 1명씩 근무하고 있습니다. 한 수위는 항상 진실만 말하고, 다른 수위는 거짓만 말한다고 한다. 어느 문지기가 진실만 말하는지 모르는 상황에서 한 번의 질문으로 천국으로 가는 문을 알고자 한다면 어떻게 물어보면 될까?

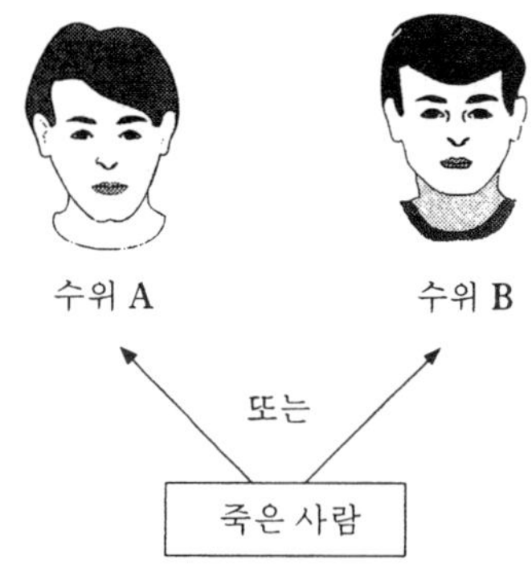

[그림 9.1] 1회의 질문

(2) 금년에 다같이 80세가 된 노부부가 있다. 이들은 결혼 이후 오늘까지 하루도 빠지지 않고 집 옆에 있는 교회에 새벽 기도를 나가고 있다. 그런데 작년 2월 한 달 동안에는 꼭 10번만 새벽 기도를 나갔었다고 한다. 새벽 기도를 한 번도 안 빠지고 나갔다고 했는데 어떤 이유로 작년 2월은 10번만 나갔을까?

(3) 한 청년이 그의 아버지와 함께 차를 몰고 달리다가 교통 사고를 당했다. 아버지는 현장에서 사망하고 청년은 뇌에 중상을 입고 병원으로 옮겨졌다. 병원에서 외과 과장인 의사가 뇌수술을 하려고 환자를 보는 순간 깜짝 놀랐다. 중상을 입은 그 청년은 틀림없는 그의 아들이었다. 어떻게 된 일인가?

(4) 한 아랍노인에게 두 아들이 있었는데, 그들은 가장 아끼는 말을 각각 가지고 있었다. 이 노인이 죽을 때가 되어 나눌 수 없는 보물을 유산으로 물려주려고 두 아들에게 다음과 같은 제안을 하였다.

"여기서 4km 떨어진 오아시스에 다녀오는데 늦게 도착하는 말의 임자에게 보물을 주겠다"

그러나 내기를 시작한 이후 끝이 나지 않았다. 어떠한 명령을 내리면 위의 제안을 바꾸지 않고 내기가 성립할까?

(5) 현재 일본에 살고 있는 한국 교포는 그와 그의 가족이 모두 원한다고 하여도 그의 고국인 한국 땅에 매장할 수가 없다. 무슨 이유일까?

(6) 지구의 종말이 닥쳐와서 많은 사람이 죽어갔다. 마침내 지구상에서 단 한 사람 남은 최후의 남자가 죽을 때가 되었다. 그는 혼자 외롭게 조용히 죽음을 기다리고 있는데 밖에서 그의 이름을 부르고 있는 사람의 목소리가 들려왔다. 어떤 사람일까?

(7) 어느 학교에서 시험 날짜를 발표하였는데, 시험은 다음 주 월요일에서 금요일 사이의 5일 중 어느 하루에 실시될 것이라고 공고되었다. 그러면서 덧붙이기를 "시험은 그날 오후 1시에 실시되는데 부정행위를 방지하기 위하여, 학생 여러분은 시험이 치게 되는 날 오전 8시에 가서야 시험 날짜를 알게 될 것이다."라고 하였다. 그러자 학생들은 결코 시험은 실시되지 않을 것이라며 매우 좋아하였다.

왜 학생들은 시험을 치지 않을 것이라고 좋아했을까?

(8) 흰색의 모자 세 개와 검은 색 모자 두 개가 있는 것을 아는 세 사람이 그림과 같이 눈가리개를 하고 임의로 모자를 하나씩 선택하여 쓰고 벽을 향해서 선 다음 눈가리개를 떼었다. 세 사람은 각각 앞만 보기 때문에 앞사람은 뒤에 서 있는 사람의 모자를 볼 수가 없으며 또한 자신이 쓴 모자의 색을 볼 수 없다고 가정한다. 질문의 순서를 벽에서 멀리 떨어진 사람부터 자신이 쓴 모자 색을 아느냐는 질문에 자신이 쓴 모자 색을 모른다는 첫 대답을 들은 가운데 선 사람도 자신이 쓴 모자의 색을 모른다고 대답하였다고 할 때, 마지막에 두 대답을 들은 벽에 제일 가까이 선 사람은 자신의 모자의 색을 알았다고 한다. 제일 앞에선 사람이 쓴 모자의 색은 무엇일까?

[그림 9.2] 세 사람과 모자

(9) 어떤 옷가게에 한 낯선 손님이 와서 3만원 짜리 스웨터를 샀다. 가게 주인은 돈을 지불할 때 그 손님은 10만원 짜리 수표를 내고 거스름돈을 달라고 했는데 마침 현금이 없어서 점원이 이웃 가게에 가서 10만원 짜리 수표를 만원 짜리 현금으로 바꾸어서 거스름돈으로 7만원을 손님에게 주었다. 그 손님이 가고 난 후 이웃 가게 주인이 쫓아와서 자기가 받은 수표는 가짜라고 해서 그 옷가게 주인은 10만원을 이웃 가게 주인에게 변상해 주었다. 이 옷가게 주인은 앞서 손님에게 준 거스름돈 7만원, 스웨터 3만원과 이웃가게 주인에게 준 10만원을 합해서 합계 20만원을 손해본 계산이 되었다. 그런데 그 손님은 거스름 돈 7만원과 스웨터까지 합해 10만원을 벌었다. 옷가게는 정말 얼마나 손해 봤을까? 무엇 때문에 이와 같은 차이가 발생하였을까?

(10) 가로, 세로의 길이가 각각 15cm인 정사각형의 판에 10원짜리 동전을 두 사람이 교대로 하나씩 놓아 가는 놀이가 있다. 이 놀이의 규칙은 동전을 놓을 때 다른 동전에 닿거나 빈자리가 없어서 놓지 못하거나 동전이 판에서 떨어지면 지는 것이다. 이 놀이에서 당신이 먼저 놓을 수만 있다면 당신이 반드시 이길 수 있다. 어떻게 이길 수 있는가를 설명하여라.

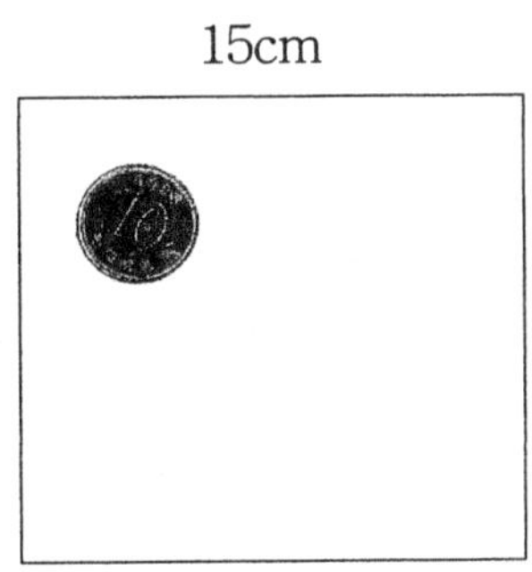

[그림 9.3] 판에 동전 놓기

(11) 바둑돌 19개 속에 1개는 흰 바둑돌이고 18개는 검은 바둑돌이다.

두 사람이 교대로 검은 바둑돌을 주워 가는데 한 번에 1개에서 3개까지 주울 수 있고 마지막에 흰 바둑돌 1개를 남기는 사람이 이긴다고 한다. 곧, 흰 바둑돌을 줍게 되는 사람이 진다. 당신이 먼저 줍는다고 하면 반드시 이길 수 있는 방법이 있다. 어떤 방법으로 주우면 될까?

(12) 어느 학교의 선생님은 체조를 가르칠 때마다 30명의 학생을 다섯 사람씩 나누어서 6열로 나란히 세우고는 하였다. 그런데 어느 체조 시간에 6명의 학생이 한꺼번에 쉬게 되었다. 그러나 이 선생님은 평상시와 같이 각 열을 다섯 사람씩으로 하여 6열을 만들려고 하였는데 과연 그렇게 할 수 있었을까?

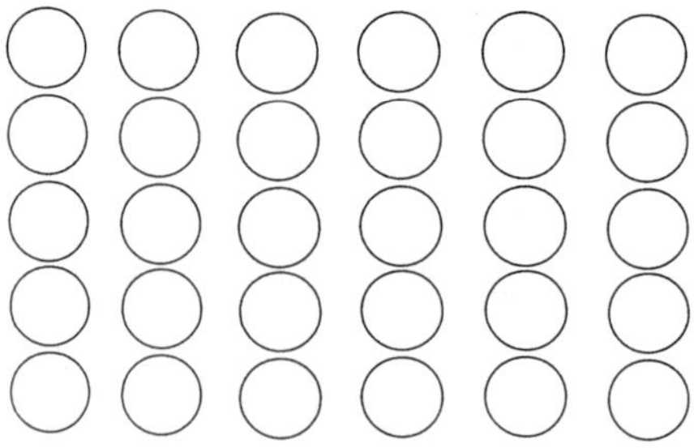

[그림 9.4] 6열 만들기

⒀ 한국에서 미국으로 관광을 하고 있는 어떤 아가씨가 어느 한 호텔에서 1주일간 방을 빌리려고 한다. 방 값은 하루에 100달러씩 매일 지불해야 하는데 지금 당장 현금이 없다고 한다. 1주일 후면 현금을 구할 수 있는데 그 동안 1주일간 현금 대신에 아래 그림과 같은 6개의 고리로 연결되어 있는 금팔찌의 고리를 절단하여 하루에 하나씩 맡기고 1주일 후에 현금과 교환하기로 했다고 한다. 고리를 다시 연결하는데는 비용을 지불해야 하기 때문에 효율적으로 고리를 절단해야 손해가 적다. 절단해야 할 최소 고리의 수를 구하여라.

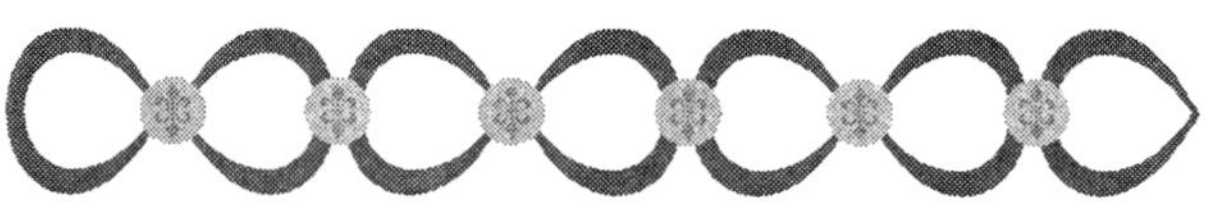

[그림 9.5] 금팔찌

⒁ A, B, C, D 네 사람 중에 어떤 사건의 범인이 한 사람 있었다. 그런데 네 사람 중에 세 사람은 거짓말을 하는 사람이고 참말을 하는 사람은 단 한 사람이 있다고 한다. 다음의 주장에서 범인 한 사람과 참말을 하는 사람은 누구일까?

· A : 범인은 B이다.

· B : 범인은 D이다.

· C : 나는 범인이 아니다.

· D : B는 거짓말쟁이다.

⒂ 어떤 사람이 죽기 전에 재산 분배 방법으로서 다음과 같은 유언을 하였다.

(ㄱ) 4명의 아들에게 평등하게 분배할 것.

(ㄴ) 어떤 한 사람의 은인에 대해서는 아들 한 명의 배당에 1000만원을 더한 금액에, 그 위에 전 재산의 3분의 1에서 아들 한 명분의 배당을 뺀 금액의 4분의 1을 더

한 금액을 드릴 것.

그러면 아들 한 명분의 배당과 은인에게 드릴 금액은 얼마인가?

(16) 어떤 사람이 똑같은 크기와 무게의 다이아몬드 17개를 가지고 있다. 조상님으로부터 자녀를 셋을 낳으면, 17개의 다이아몬드 모두 나누어 주는데, 첫째 아이에게는 $\frac{1}{2}$을 주고, 둘째 아이에게는 $\frac{1}{3}$ 을 주고, 셋째 아이에게는 $\frac{1}{9}$ 을 주라고 전해 내려왔다고 한다. 단, 다이아몬드는 깰 수 없다고 가정하면 어떻게 나누어주면 되겠는가?

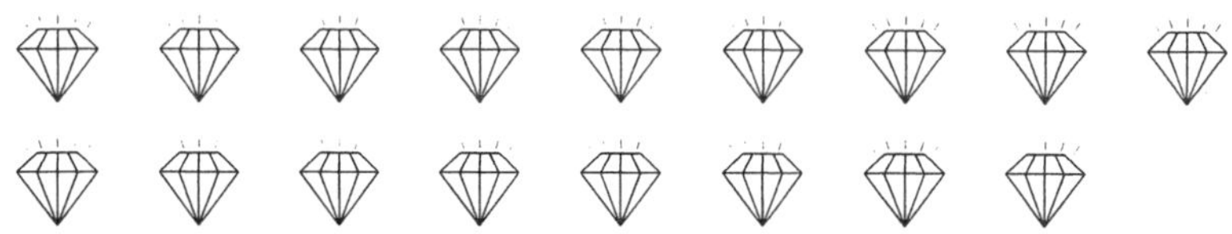

[그림 9.6]

(17) 1명의 농부가 1마리의 여우와 1마리의 산양과 양배추를 갖고 여행하고 있었다. 강을 만났으나 다리가 없었다. 강을 건너려면 한 가지 밖에 가지고 갈 수 없었다. 그러나 여우와 산양을 남겨두면, 산양은 여우에게 먹히게 된다. 또 산양과 양배추를 남겨두면 산양은 양배추를 먹어버린다. 어느 것도 먹히지 않도록 무사히 건너려면 어떻게 해야 할까?

[그림 9.7] 무사히 강을 건너는 방법

⒅ 8리터의 포도주가 들어있는 항아리가 있다. 그리고 5리터 되와 3리터 되밖에 없으며, 이 두 개의 되를 사용하여 4리터씩 나누고 싶다. 정확히 4리터씩 나누려면 어떻게 해야 할까?

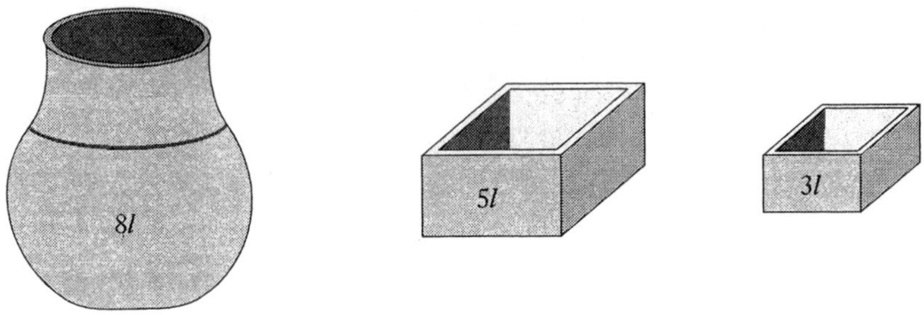

[그림 9.8] 4리터를 만드는 방법

⒆ 어느 농부가 동전 100개를 주고 돼지 250마리를 샀다. 250마리의 돼지를 125마리의 살찐 돼지와 마른 돼지로 구분하고, 마른 돼지는 동전 한 개당 세 마리 비율로 120마리를 팔아 동전 40개를 받았고, 살찐 돼지는 동전 한 개당 두 마리의 비율로 팔아 120마리를 팔았으므로 동전 60개를 받았다. 결국 이 농부는 살 때와 같이 동전 2개에 돼지 다섯 마리의 비율로 팔았는데 동전은 100개 그대로 있으나, 살찐 돼지 다섯 마리와 마른 돼지 다섯 마리가 남았다. 왜 그럴까?

⒇ 같은 문자는 같은 숫자를 나타낼 때, 다음 식을 성립하게 만들어 보라.

$$\begin{array}{r} S\ E\ N\ D \\ +\ M\ O\ R\ E \\ \hline M\ O\ N\ E\ Y \end{array}$$

(21) 아래 수들은 어떤 원칙에 의하여 나열된 수들이다. 빠져있는 수를 채워 보라.

10, 11, 12, 13, 14, 15, 16, 17, 20, 22, 24, 31, [?], 121, 10000

(22) 금화를 넣은 주머니가 5개 있는데, 그 중의 2개의 주머니는 모두 가짜 돈이다. 진짜 돈과 가짜 돈은 눈으로 식별할 수 없으나, 무게가 조금 다르다. 진짜 돈은 한 개의 무게가 50g이고, 가짜 돈은 한 개가 49g이다. 단 한번의 측정으로 두 개의 가짜

돈주머니를 찾아내어라. 금화는 몇 개를 얹어도 좋으나, 가급적 적은 개수로 하여라.

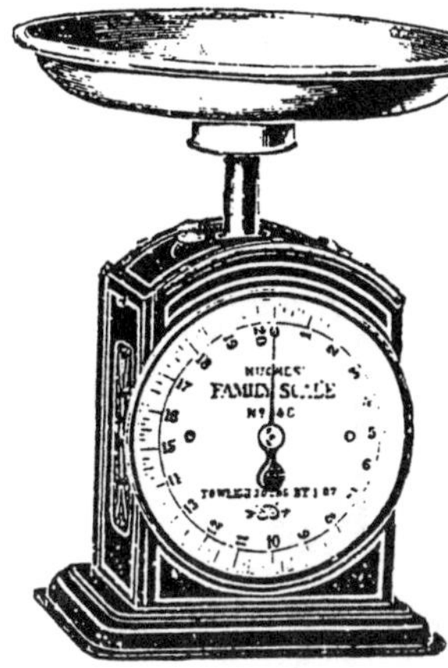

[그림 9.9] 금화주머니와 저울

(23) 선장을 포함한 15명의 A교 신도와 15명의 B교 신도로 구성된 30명이 타고 있던 배가 난파당했다. 선장은 30명 가운데 15명을 희생시키지 않으면 이 배는 침몰할 것이라고 선언하였다. 그래서 전원을 둥글게 세워놓고, 시계방향으로 세어나가 9번째의 사람을 바다에 던지고, 그 다음부터 세어나가 다시 9번째의 사람을 바다에 던지는 것으로, 9번째 만나는 사람마다 희생하는 것으로 결정하였다. 나쁜 지혜를 발휘한 선장은 B교 신도만 희생되도록 30명을 배열했다고 하면, 어떻게 배열한 것일까?

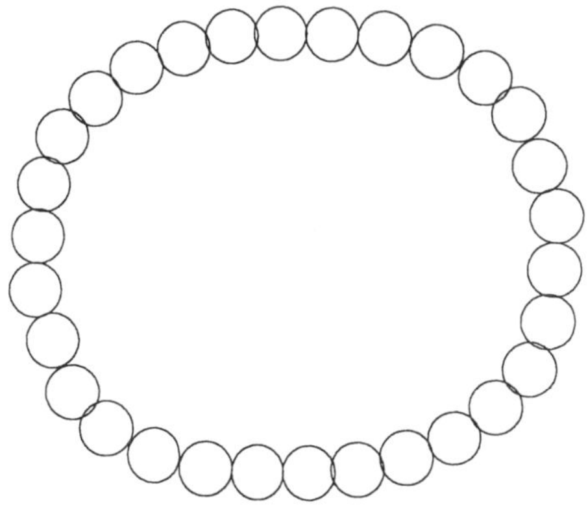

[그림 9.10] 30명을 원형으로 세우는 방법

(24) 아주 먼 옛날 인도의 갠지스 강기슭에 브라만교의 대사원이 있었다. 그곳에는 세계의 중심임을 나타내는 큰 탑이 있는데 그 아래에는 구리로 만든 판자 위에 높이가 약 50㎝ 정도인 다이아몬드 기둥이 세 개 세워져 있고 그 중 한 기둥에는 위로 올라갈수록 작아지는 원뿔대 모양으로 64개의 원판이 끼워져 있다.

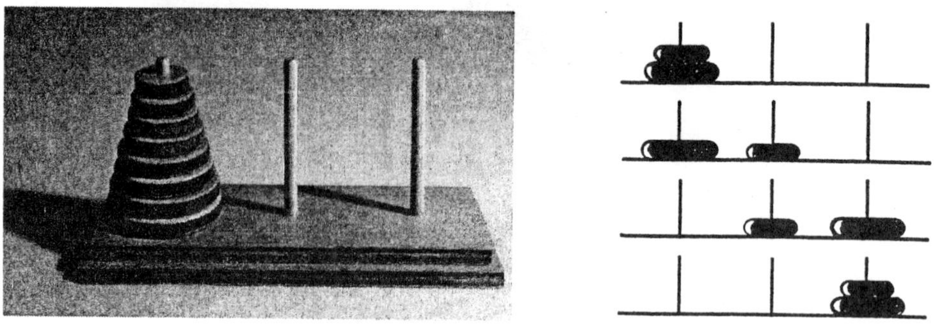

[그림 9.11] 브라마 탑

원판을 한 번에 1개씩 옮기되 큰 것을 작은 것 위에 옮길 수 없을 때, 이 세 기둥을 적당히 써서 한 기둥에 끼워진 원판을 모두 다른 기둥으로 옮기면, 브라만교의 창시자가 재현한다고 계시하였다면, 창시자는 옮기기 시작한 얼마 후에 재현할까?

(25) '간식거리를 살 때 누가 낼까 또는 누가 얼마나 덜 내고 더 낼까'를 결정할 때 사다리 타기를 자주한다. [그림 9.12]와 같이 사다리의 한 선을 선택하여 나온 만큼 돈을 내기로 할 때, 왜 두 사람이 겹치지 않고 항상 결정이 되는지 이유를 설명하여 보아라.

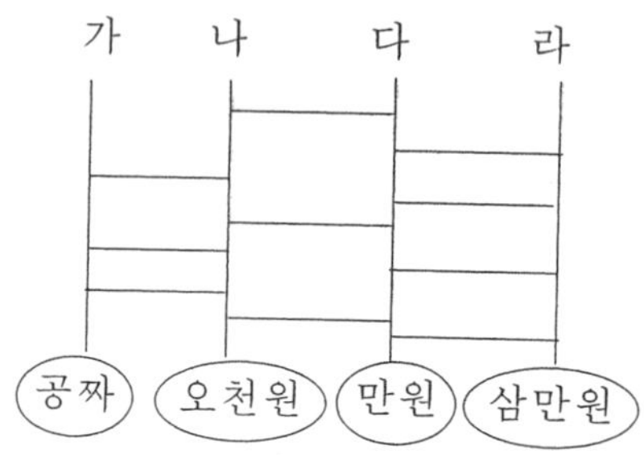

[그림 9.12] 사다리 타기

(26) 영수가 근무하고 있는 호텔은 무한개의 객실을 가지고 있는 세계에서 유일한 호텔로서 언제 손님이 와도 항상 투숙을 시킬 수 있는 장점을 자랑하고 있다고 한다. 영수가 어느 날 전임자와 교대를 할 때에 전임자가 말하기를 이 호텔에는 현재 무한개의 객실에 손님이 투숙하고 있다고 하였다. 폴이 근무하는 동안에 처음에 5명의 손님이 와서 객실을 배정하여 주었다. 잠시 후 무한히 많은 손님이 찾아와서 영수는 생각하다가 모든 손님에게 객실을 배정하였다. 영수는 어떤 방법으로 배정하였을까?

10 수학과 예술

수학과 연관되지 않은 학문이 존재할까? 하는 물음에 대한 답은 '어느 수준의 수학이냐 또는 어떤 관점에서 볼 것이냐'에 따라 다른 답이 나올 것이다. 그러나 아주 좁은 의미의 학문분야가 아니라면 이와 같은 물음에 '존재하지 않는다' 라고 답할 수 있다. 모든 과학이 수학이론을 바탕으로 발전하고 있음은 모든 과학자가 긍정하고 있다. 다시 말하면, 인문 사회분야를 포함한 모든 과학은 수학이론과 연관된다고할 수 있다.

이 장에서는 주로 수학과 관련이 없어 보이는 예술분야와 수학의 관계에 관하여 설명한다. 먼저 건축 및 디자인 분야에 응용되는 프랙탈 이론에 관하여 알아보고 수학과 예술분야의 관련성에 관하여 간단히 살펴본다.

국화꽃과 석굴암

이 장에서는 프랙탈에 관한 그림과 수학과 다른 학문의 관계를 설명하는 많은 작품들이 나온다. 다음 국화꽃은 수학 프로그램 중에 하나인 매스매티카(Mathematica)를 이용하여 그린 그림과 디지털사진기로 찍은 사진이다. 밑에 있는 그림은 수학과 건축과의 관계를 설명하는 석굴암이다.

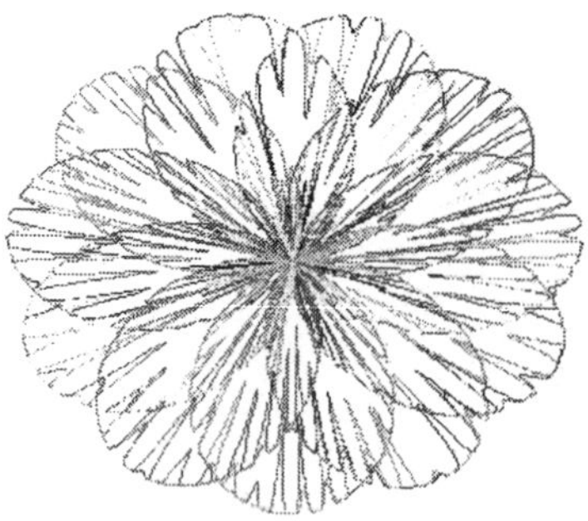

국화꽃

경주 불국사에 있는 석굴암

10.1 프 랙 탈

1967년 멘델브로트(B. Mandelbrot)는 영국에서 발행되는 잡지 사이언스(Science)에 '영국을 둘러싸고 있는 해안선의 길이는?' 이라는 글에서 **'해안선의 길이**는 해안선의 길이를 잴 때 **사용하는 자의 종류에 따라 달라진다'**는 이론을 주장하였다. 이 이론은 발표 당시에는 다른 학자의 시선을 끌지 못하였으나 뒤에 많은 학자들에 의하여 연구되었으며 다양한 응용을 가지게 되었다. 멘델브로트는 자신의 연구결과를 발표하면서 1975년 라틴어 frangere(부서지다)에서 파생한 형용사 fractus로부터 영어이면서 동시에 불어인 형용사인 단어 fractal을 만들어 사용하기 시작하였다.

프랙탈의 학문적 특징은 해안선, 산맥, 구름, 나무, 신경조직 등과 같이 전체와 부분이 유사하게 닮은 모양에서 찾아진다. 이론적으로는 같은 시도를 지속하면서 만들어지는 집합에 관한 연구로서 수학이론 자체로는 물론 오늘날 건축 및 디자인 이론에 많은 응용을 가진다.

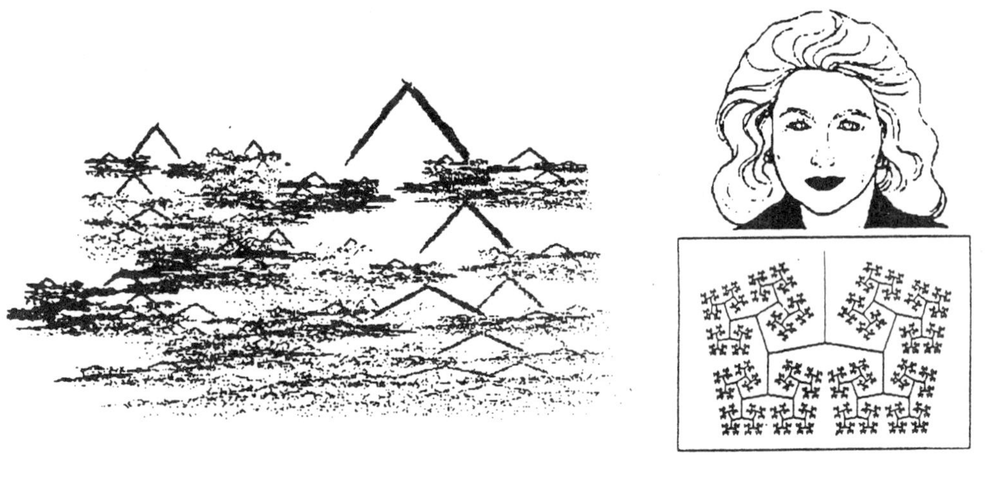

[그림 10.1] 프랙탈의 예

먼저 수학적으로 이해하기 쉬운 프랙탈의 예를 살펴본다.

예제 10.1.1 단위구간을 3등분하여 중앙부분을 제거하고 남은 집합을 P_1이라 하고, P_1의 두 구간을 3등분하여 중앙부분을 제거하고 남은 집합을 P_2라 하고 이와 같은 일을 계속 시행하여 얻는 집합을 생각하여 보자. 제 n회 시행하여 얻는 집합 P_n을 그림으로 나타내면 [그림 10.2]와 같이 되며 집합으로 표현하면 다음과 같다.

0회 시행 : $P_0=[0, 1]$

1회 시행 : $P_1=\left[0, \frac{1}{3}\right]\cup\left[\frac{2}{3}, 1\right]$

2회 시행 : $P_2=\left[0, \frac{1}{9}\right]\cup\left[\frac{2}{9}, \frac{1}{3}\right]\cup\left[\frac{2}{3}, \frac{7}{9}\right]\cup\left[\frac{8}{9}, 1\right]$

$\vdots$

n회 시행 : $P_n=\left[0, \frac{1}{3^n}\right]\cup\left[\frac{2}{3^n}, \frac{1}{3^{n-1}}\right]\cup\cdots\cup\left[\frac{3^{n-1}-1}{3^{n-1}}, \frac{3^n-2}{3^n}\right]\cup\left[\frac{3^n-1}{3^n}, 1\right]$

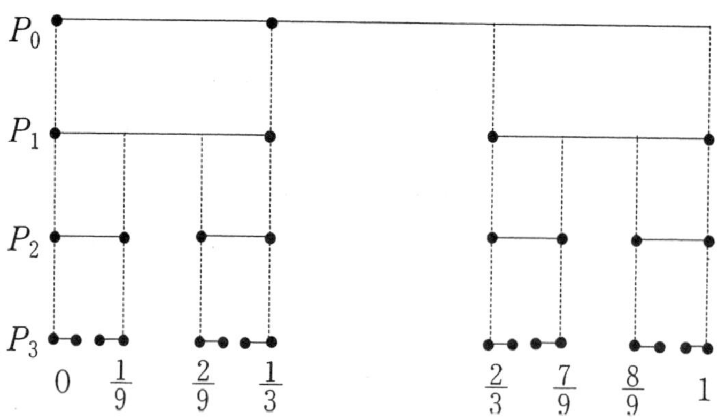

[그림 10.2] 칸토 집합을 만드는 과정

이제, 이 결과를 그림으로는 불가능하지만 수학적으로 무한히 계속 시행하여 얻은 결과를 **칸토 집합**이라고 하고 기호 P로 나타낸다. 위 [그림 10.2] 또는 집합에서 $P=\lim_{n\to\infty}\bigcap_n P_n$을 얻을 수 있다.

간단히 증명할 수 있는 몇 가지 성질을 살펴보면 다음과 같다.

《정리 10.1.1》

예제 10.1.1에서 정의한 P_n은 다음을 만족한다.

(1) P는 자기유사성을 가진다. 즉, P는 프랙탈 집합이다.

(2) P_n에는 길이가 $\frac{1}{3^n}$인 폐구간이 2^n개다.

(3) P는 셀 수 없는 무한집합이다.

(4) P는 구간을 포함하지 않는다.

(5) P의 길이는 0이다.

증명 (1) 정의에 의하여 분명하다.

(2) P_1은 길이가 $\frac{1}{3}$인 폐구간이 2개이고 P_2는 길이가 $\frac{1}{3^2}$인 폐구간이 2^2개다. 엄밀한 증명은 수학적 귀납법을 이용해야 하며 직관적으로 분명하다.

(3) 구간의 양 끝점만 생각하여도 P_1은 적어도 2^2개의 점을 가지고 P_2는 적어도 2^3개의 점을 가지며, 엄밀한 증명은 수학적 귀납법을 이용해야 하지만 직관적으로 P_n은 적어도 2^{n+1}개의 점을 가진다. 따라서, P는 셀 수 없는 무한집합이다. [엄밀한 증명은 이 책의 범위를 넘음]

(4) 집합 P가 구간 J를 포함한다면, 위의 과정을 지속적으로 시행하게 될 때 구간 J의 부분집합이 3등분되어 중앙부분을 제거해야 하므로 구간을 포함할 수 없다. [엄밀한 증명은 이 책의 범위를 넘음]

(5) 집합 P_n의 길이를 생각하면, P_n은 길이가 $\frac{1}{3^n}$인 폐구간이 2^n개이므로 길이는 $\left(\frac{2}{3}\right)^n$이다. 따라서 P는 $\lim_{n\to\infty}\left(\frac{2}{3}\right)^n=0$이므로 길이가 0인 집합이다.

[참고] 칸토 집합은 직관적으로는 간단하지만 수학적으로 여러 측면에서 중요한 예제를 제공하고 있다. 성질 (4)에서 집합의 일반적인 개념으로 구간을 포함하지 않는 집합을 **완전분리집합**이라 한다. 성질 (5)에서 알 수 있는 것처럼 셀 수 없는 무한집합인데 길이가 0이다. 이 개념은 해석학에서 측도(measure)가 0인 셀 수 없는 무한집합의 예제로 흔히 사용된다.

예제 10.1.2 [그림 10.3]과 같은 정삼각형의 색종이를 S_0이라 하고 S_0에서 넓이가 같은 4개의 정삼각형이 되도록 접고 중앙 부분의 삼각형을 오려낸 형태를 S_1이라 하고, 같은 방법으로 n회 계속 시행하여 얻은 형태를 S_n이라 하면, 무한히 계속하여 얻을 것으로 예상되는 결과를 **시어핀스키(Sierpinski) 삼각형**이라 하고 기호 S로 나타낸다. 예제 10.1.1의 칸토 집합과 같이 집합 S는 자기유사성을 가지는 프랙탈이며, 이 집합이 그리는 직선의 길이는 무한이며(?) 넓이는 0이 된다. 이를테면, 정삼각형의 색종이의 한 변의 길이가 $\frac{1}{3}$이라면, S_0의 둘레는 1이고, S_1의 세 삼각형의 둘레는 $\frac{3}{2}$이고, 같은 방법으로 S_n의 3^n개의 삼각형의 둘레는 $\left(\frac{3}{2}\right)^n$이다.

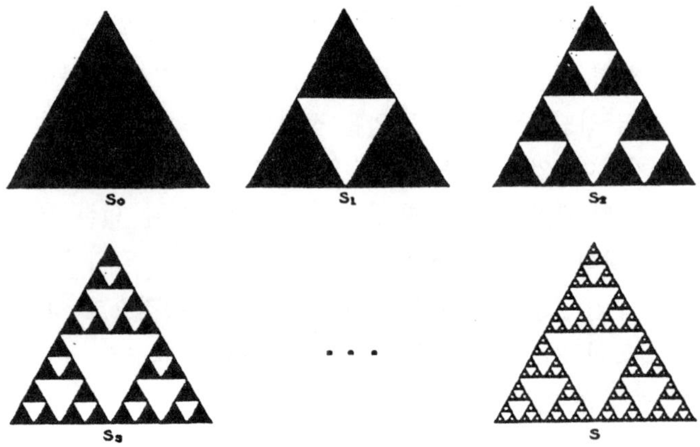

[그림 10.3] 시어핀스키 삼각형

예제 10.1.2의 시어핀스키 삼각형은 칸토 집합을 평면으로 일반화한 것과 유사한 개념이다. 이제 몇 가지 직관적인 예를 더 들어보자.

예제 10.1.3 [그림 10.4]와 같이 단위 길이를 가지는 집합을 K_0이라고 하고 단위길이를 3등분하고 칸토 집합과 달리 중앙 부분을 그림과 같이 정삼각형이 되도록 만든 집합을 K_1이라 하고, 이와 같은 과정을 n회 계속 시행하여 얻은 결과를 K_n이라 하자. 수학적으로 무한히 시행하였을 때 얻는 결과를 **코흐**(Koch) **곡선**이라고

[그림 10.4] 코흐 곡선

하고 기호 K로 나타낸다.

설계과정의 설명 없이 두 가지 프랙탈 스노우플레이크(Snowflake)와 빈트리(Bintree)를 소개하면 [그림 10.5]와 [그림 10.6]과 같다.

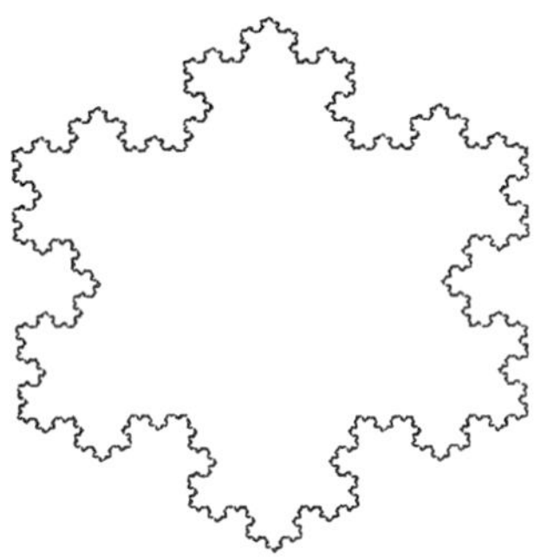

[그림 10.5] 스노우플레이크

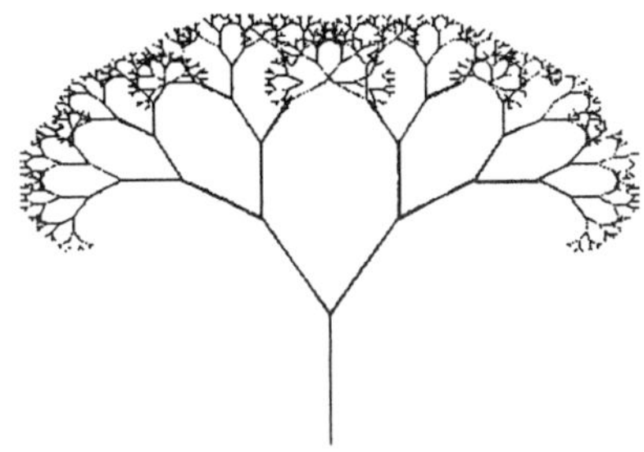

[그림 10.6] 빈트리

지금까지의 그림은 독자들이 직관적으로 이해할 수 있는 프랙탈의 예라고 할 수 있다. 이 책의 수준을 넘으므로 프랙탈의 특징을 수학적으로 깊이 설명할 수 없지만, 프랙탈의 특징 중에 하나는 실수차원을 가진다는 사실이다. 우리가 알고 있는 차원으로 길이는 1차원 면적은 2차원 체적은 3차원이라고 정의하는 개념에는 길이의 비가 $a : b$인 정사각형의 넓이의 비는 $a^2 : b^2$이고 정육면체의 부피의 비는 $a^3 : b^3$인 것과 같이 정수차원을 생각하지만 프랙탈에서는 차원이 소수인 예가 많이 있다. 프랙탈의 예는 직관적으로 이해하기 쉽지만 이들 차원에 관한 설명은 이 책의 범위를 넘으므로 생략한다.

이제 직관적이 아닌 다소 복잡하고 엄밀한 프랙탈의 예를 설명한다. 여기에서 나오는 예는 다소 이론적이지만 함수들을 바꾸어 줌으로써 다양한 유형의 예를 설계할 수 있는 장점을 가진다.

이들 개념을 이해하는데 도움이 되는 합성함수의 개념을 확장하여 소개한다.

두 함수 $f : R \to R$와 $g : R \to R$의 합성함수 $g \cdot f : R \to R$는 $(g \cdot f)(x) = g(f(x))$으로 정의된다. 특히, $f \cdot f$을 f^2으로 나타내고, 일반적으로 f의 n번 합성 $f \cdot f \cdot \cdots \cdot f$을 f^n으로 나타낸다.

예제 10.1.4 함수 f가

(1) $f(x)=x$이면, $f^2(x)=x$, $f^3(x)=x$, $\cdots$, $f^n(x)=x$

(2) $f(x)=x+1$이면, $f^2(x)=x+2$, $f^3(x)=x+3$, $\cdots$, $f^n(x)=x+n$

(3) $f(x)=x^2$이면, $f^2(x)=x^{2^2}$, $f^3(x)=x^{2^3}$, $\cdots$, $f^n(x)=x^{2^n}$

(4) $f(x)=x^2+c$이면,

$$f^2(x)=(x^2+c)^2+c=x^{2^2}+2cx^2+c^2+c$$

$$f^3(x)=(x^{2^2}+2cx^2+c^2+c)^2+c$$

$$=x^{2^3}+4cx^{2^2+2}+(6c^2+c)x^{2^2}+4c(c^2+c)x^2+c^{2^2}+2c^{2+1}+c^2+c$$

$\cdots$

$$f^n(x)=(f^{(n-1)}(x))^2+c$$

예제 10.1.4의 첫 세 예는 비교적 쉽게 규칙을 찾아 $f^n(x)$를 구할 수 있으나 네 번째 예는 상당히 복잡하다. 이와 같이 단순한 함수 $f(x)$에 관하여도 $f^n(x)$는 복잡하며, 복잡하게 정의된 $f(x)$에 관한 $f^n(x)$은 더 복잡하다. 또한 지금까지 들은 예는 실수평면 위에서의 함수의 예들이었지만, 실제로는 복소수평면에서 복소수평면으로 보내지는 함수에서 n회 합성함수에 관한 예를 생각하고 n을 무한히 크게 했을 때의 $f^n(x)$의 극한값을 생각하게 된다. 이 책에서 복소수 변수인 경우에 x대신에 z를 사용한다.

19C 프랑스 수학자 줄리아(G. Julia)는 복소수변수 함수 f에 대한 집합

$$J=\{z\in C : \lim_{k\to\infty} f^k(z)\neq\infty\}$$

을 **줄리아 집합**이라고 정의하였다. 이를 실수 영역에서 생각하면, 다음과 같다.

예제 10.1.5 함수 f가

(1) $f(x)=x$이면, $f^n(x)=x$이므로 $J=R$이다.

(2) $f(x)=x+1$이면, $f^n(x)=x+n$이므로 모든 x에 대하여

$$\lim_{n\to\infty} f^n(x)=\lim_{n\to\infty}(x+n)=\infty$$

이므로 $J=\phi$이다.

(3) $f(x)=x^2$이면, $f^n(x)=x^{2^n}$이므로 $J=[-1, 1]$이다.

함수 $f(x)=x^2+C$에서 집합 J는 C에 의존되며 매우 복잡하고, C의 값이 주어진

경우에는 컴퓨터를 이용하여 구하게 된다. 여기에서 정의한 줄리아 집합 J는 복소수 위에서 정의된 함수에서 구하여야 하므로 매우 복잡하다. 함수 $f(z)$는 다양하게 정의되나 가장 대표적인 다항식으로는

$$p_c(z)=z^2+C,\ z=x+iy,\ C=c_1+ic_2$$

이 이용되며 C의 값에 따른 줄리아 집합 J는 [그림 10.7]과 같다.

함수: $f(z)=z^2+C\ (z=x+iy,\ C=C_1+iC_2)$

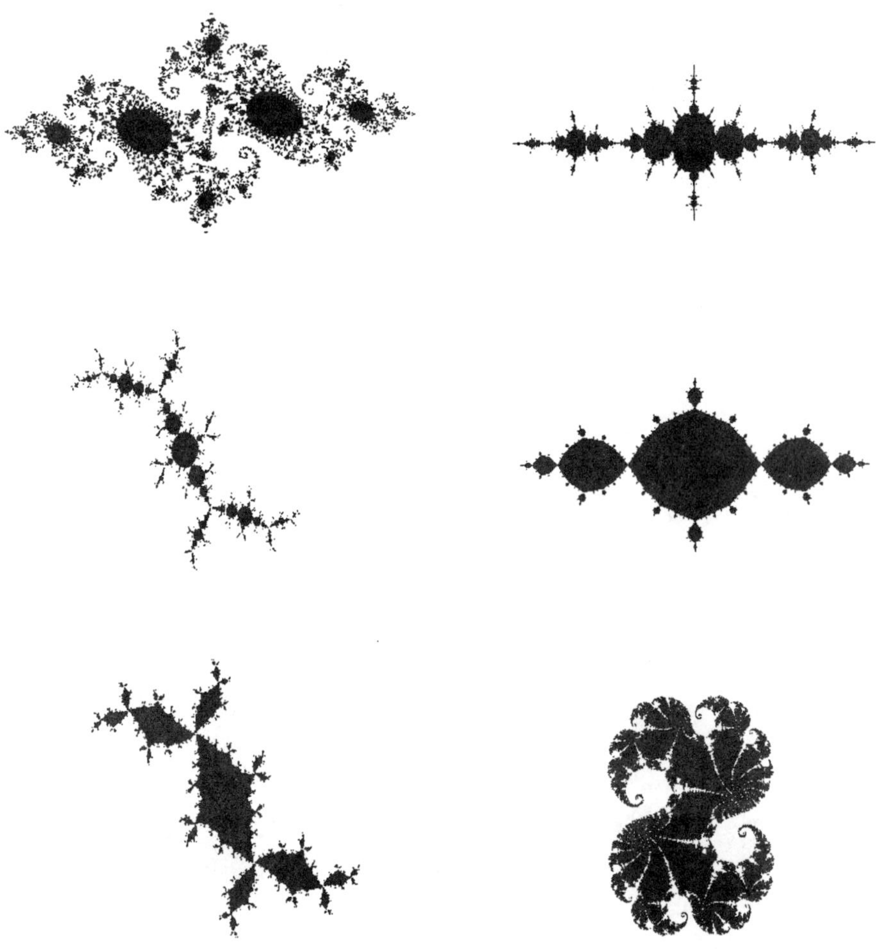

[그림 10.7] $p_c(z)=z^2+C$에 대한 줄리아 집합

한편, 20C 후반 프랑스 수학자 멘델브로트는 복소수 변수 함수 p_c에 대한 집합

$$M=\{c\in C : \lim_{k\to\infty} p_c^k(0)\neq\infty\}$$

을 **멘델브로트 집합**이라고 정의하였다. 자주 이용되는 다항식은

$$p_c(z)=z^2+c,\ z=x+iy,\ x=x_1+ic_2$$

이 있으며 c의 값에 따른 멘델브로트 집합 M은 [그림 10.8]과 같다.

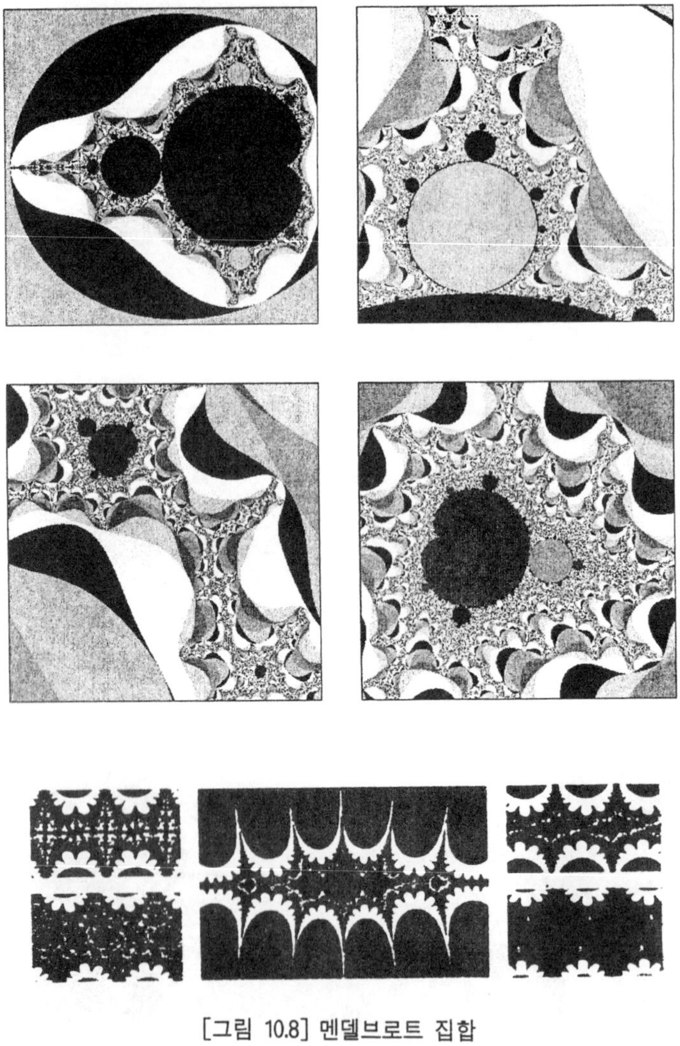

[그림 10.8] 멘델브로트 집합

10.2 수학과 예술

이 절에서는 수학과 예술의 공통점과 차이점에 관하여 살펴보고 음악, 문학, 미술, 영화 등의 예술분야에 수학이론이 응용되는 예들에 관하여 살펴본다.

일반적으로 수학과 예술의 공통점을 나열하면 다음과 같다.

(i) 제약의 틀을 싫어하고 자유로움을 특징으로 한다. 즉, 사물을 보고 느끼는 감정을 표현하는 방법의 다양성은 음악, 미술, 소설 등 예술분야의 특징이라면, 우리가 느끼지 못하며 다루어온 n차원의 세계, 평행선의 존재성에 관한 자유로움, 유한기하에서의 공리를 선택하는 다양성은 수학의 특성이라 할 수 있다. 즉, 같은 현상을 보고 다양한 관점에서 생각하는 점은 수학과 예술의 공통점이라 할 수 있다.

(ii) 추상 세계와 무한의 세계를 추구한다. 즉, 수학이나 예술의 특성 중에 하나가 현실세계에 존재하지 않는 이상 세계를 설명한다는 점이다. 설명하기 어려운 추상파의 그림이나 이해하기 어려운 음악 및 추리소설 등과 추상수학은 이와 같은 점에서 유사하다고 할 수 있다. 또한 무한을 처리하는 기술을 가지는 수학과 무한세계를 묘사하는 예술은 둘 모두 무한을 다룬다는 공통적인 관점이 있다.

(iii) 창조의 기쁨을 즐긴다. 즉, 모든 분야가 그렇지만, 예술 작품을 완성한 기쁨과 수학에서 새로운 이론을 발견한 기쁨은 특히 공통적이다. 역사적으로 천재성을 가진 예술가나 수학자는 자신의 학문적 성취에 기쁨을 느끼는 나머지 타인이 인정해 주는 것과 관계없이 자신의 일에 몰두하는 사람이 역사적으로 많이 있었으며, 이들의 업적이 때에 따라서는 사후에 판명이 나기도 하고 심지어 자신의 성취도가 자신을 죽이는 경우까지도 있었다.

(iv) 정서적이며 감정에 호소한다. 예술에 관하여는 설명할 필요가 없는 특징이며, 수학에서는 특히 공리를 구성할 때 이러한 특징이 많이 나타난다. 즉 다양한 공리계를 만들 수 있고 이 때에 우리의 정서에 맞게 감정에 호소하는 경우가 생긴다. 이를테면, 1+1이 현실에서는 다양한 해답을 만들 수 있지만, 수학에서는 2라는 하나의 답으로 정하는 것이나, 현실에서 사용하는 모든 단위값은 측정값으로 근사값을 의미하지만 수학에서 다루는 단위는 정확한 값으로 가정하는 것은 정서적으로 감정에 호소하는 예라 할 수 있다.

(v) 형식, 구조, 조화 및 균형의 미를 추구한다. 모든 예술 작품은 형식, 구조, 조화 및 균형의 미를 추구하고 있는 것처럼 수학은 이론적으로 다른 학문과 달리 완전성

을 추구하고 있으며 완전성을 추구하는 과정에서 타당한 공리 즉, 형식적이고 모든 분야에 조화되는 균형적인 구조를 가진 공리가 필요하며 이와 같은 공리 아래 만들어진 이론 또한 조화와 균형의 미를 추구하고 있다.

(vi) 영구적이다. 모든 예술 작품이 시대가 흘러도 영구적으로 작품성을 드러내는 것처럼 수학 이론 또한 다른 과학 이론과 달리 역사적으로 변하지 않는 성질을 가진다.

위와 같은 많은 공통점에도 불구하고, 수학은 자유롭게 제약(공리)을 만들기는 하지만, 일단 제약을 만들게 되면 그 제약의 틀을 깨지 못하고 그 제약 속에 학문을 발전시키는 반면에 예술은 매 작품마다 제약의 틀이 달라진다. 또한, 예술은 작품을 평가하는 사람의 관점에 따라 다양한 평가를 하는 주관적인 특징을 가지고 있는 반면에 수학은 이론을 평가하는 모든 사람이 같은 평가를 하는 객관적인 특성을 가지고 있다.

수학과 예술은 차이점과 비교하여 많은 공통점을 가진 만큼 예술분야의 작품들 속에는 다양한 수학이론이 숨어 있다. 이제 예술분야에 나타나 있는 수학이론에 관하여 알아본다.

(1) 수학과 미술

아퀴나스(Thomas Aquinas, 1225~1275)는 '미학의 기본에 관해 균형이 있는 것을 볼 때, 사람은 기쁨을 느낀다'라고 했고, 실제로 아름다움과 균형의 관계에서 미와 수학의 관계를 감지할 수 있다. 균형과 조화에 대한 첫 인식은 음악의 경우처럼 피타고라스 시대까지 거슬러 가는데, 그는 자연현상에는 황금비에 대한 설명으로 합리적인 비율이 있으며 모든 만물에 존재한다고 하였다. 특히 아래의 그림에서 파르테

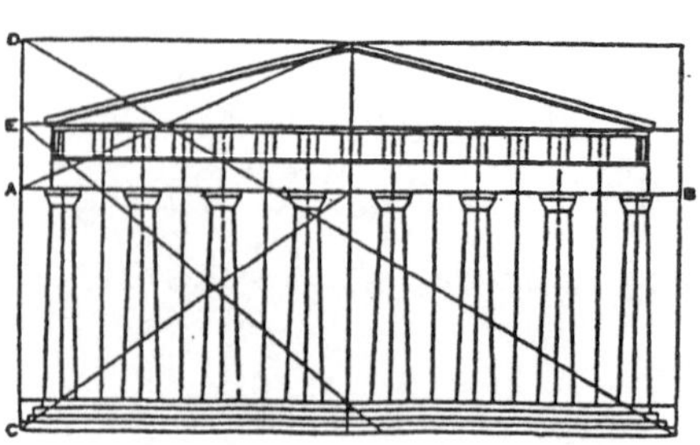

[그림 10.9] 아테네 파르테논 신전

논 신전은 선분 AB에 대한 선분 CD의 비가 정확한 황금비가 들어감을 알 수 있다.

한편, 우리나라 석굴암의 구조에 수학적 내용이 있음을 간단히 살펴보면 다음과 같다.

석굴암은 반지름을 12자로 하는 원으로 되어있고 천정은 영원을 상징하듯 반지름이 12자로 되어 있고 중앙에 원형의 연화석을 새겨 박았다.

이때, 반지름의 길이가 12자(지름의 길이는 24자)인 것은 하루의 시간인 12각과 일치한다.

또한 석굴암은 정삼각형, 사각형, 정육각형, 정팔각형 등의 다각형과 원과 구의 기하학적 도형들이 조화와 통일을 이루어 아주 아름답게 보이는 건축물로 이것은 완전한 기하학적 응용이다.

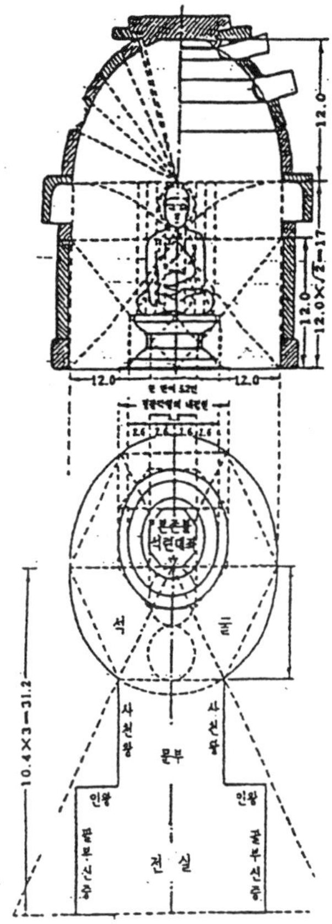

[그림 10.10] 석굴암의 단면도

20세기 초반에 등장했던 많은 새로운 예술들은 수학자의 손으로 만들어진 새로운 기하학적 개념이나 용어를 받아드리고자 하는 사조였다. 20세기 입체파, 미래파, 초현실주의는 4차원을 비롯한 다차원 공간과 같은 새로운 기하학 개념이 도입된 결과였다.

오른쪽 그림은 마르셀 뒤샹의 작품으로 2차원 캔버스 위에 시간적 4차원을 구현하는 유연한 입체파 화풍이다.

[그림 10.11] 계단을 내려오는 누드 NO.2

수학적 규칙성과 엄밀성에 영향을 받은 현대 예술가들은 활발한 예술적 활동을 펼치고 있으며, 또한 수학자들은 컴퓨터의 발달에 힘입어 자연의 대칭과 혼돈 사이의 관계에 대해 연구하던 과정에서 프랙탈을 만들어 냈다.

(2) 수학과 음악

인간의 마음 속 깊은 곳에는 질서에 순응할 때 편안함을 느끼는 본능이 있다. 사람들이 아름다운 음악과 선한 행위에 쉽게 도취되는 것은 이 때문일 것이다. 수학에서 추구하고 있는 질서와 규칙은 사람들이 도취될 수 있는 요소라는 점에서 음악과 다름이 없다. 수학과 음악은 비록 장르는 다르지만 이성과 정서의 세계를 연결시키는 가교 역할을 해왔고 한결같은 인간정신의 표현이며 공통된 문화의식이라는 점에서는 같은 것이라 할 수 있다.

또한 아름다운 음악은 피곤해진 사람들을 위로하며 복잡한 생각으로 가득 찬 머리를 안정시켜 줄뿐만 아니라 동물과 식물의 생육에도 어느 정도의 영향을 준다고 한다.

피타고라스는 하프의 현 길이가 짧을수록 진동수가 커지고 현의 진동수가 클수록 높은 음이 난다는 사실을 발견했다. 이는 음의 높이는 현의 길이에 반비례하고 진동수에 비례한다는 것이다. 하프의 줄을 퉁겼을 때도 소리를 냈다고 한다면 그 현의 길이가 3분의 2로 줄어졌을 때는 '도'보다 4도 높은 '솔'의 소리가 나오고 2분의 1로 줄어졌을 때는 7도나 높은 즉, 한 옥타브가 위인 '도'의 소리가 나온다. 처음 현의 길이가 4분의 3으로 줄어졌을 때는 3도 높은 '파'의 소리가 나오는데 현의 길이의 비가 2대1, 3대2, 4대3과 같이 간단한 정수의 비로 표현될수록 어울리는 소리가 나고 복잡할수록 어울리지 않는 소리가 난다는 사실도 발견했다.

작곡가 바흐는 평균변화율 이론을 응용하였다. 피아노와 같이 고정된 음을 내는 악기는 바이올린처럼 한 음조에서 다른 음조로 옮길 수 없으나, 바흐는 각 음정의 변화를 평균하여 어느 음조에도 마음대로 옮길 수 있도록 하였다. 이 평균율이란 1옥타브, 즉 도와 도 사이를 12개의 반음으로 나누고 처음 도의 진동수를 1이라 한다면 그에 일정한 수를 더하여 12제곱한 후 1옥타브 위의 도의 진동수 2를 얻는다. 즉, 수식으로는 $(1+x)^{12}=2$이므로 x는 0.059이다.

다음은 작곡에 이용되는 수학이론을 상상해 보자. 이를테면, 음의 높이를 10등급으로 나누고 하나의 숫자에 해당하는 음의 길이를 8분 음으로 한다고 할 때, 0을 첫 음으로 하고 9를 9단계 높은 음으로 한다고 하자. 이 때에 어떤 실수의 소수점이하 자리에 따라 음의 높이와 음의 길이를 정의하였다면, $\frac{1}{8}=0.125$와 같은 유한소수를 이용하면 곡이 유한음 다음에는 0에 해당하는 첫 음이 연속되고 $\frac{18}{37}=0.486486\cdots$과 같은 순환소수를 이용하면 적당한 시간을 주기로 같은 음이 계속 나오게 되어 단조로운 음악이 된다. 그러나 $\sqrt{3}$ 또는 $\sqrt[3]{5}$등과 같은 무리수는 혼순환소수이므로 각각의 무리수는 다양한 연속된 소리를 만들게 된다. 여기에서는 단순히 숫자 하나를 8분음으로 하고 10등급의 높이를 정의하였지만, 이를 확장하여 8분음은 더 세분되고 10등급의 높이는 100등급 또는 1000등급의 높이로 세분화한 경우를 생각하면, 현재의 모든 곡을 적당한 무리수의 소수점이하 자리와 대응시킬 수 있다.

실제로 현재 사용되는 디지털 음향기기는 이와 같은 원리에 의하여 재생되고 있으며, 요즈음 인기 있는 MP3 같은 기기에서 보통 노래 한 곡의 용량이 3M-6M 정도인 것을 생각한다면 이해하기 쉬울 것이다.

(3) 수학과 문학

작가의 머리 속에서 그려내는 소설에서는 수학의 논리성과 정확성이 자주 이용된다. 작품의 전개과정과 등장인물의 성격에 따른 행동 등은 상호 모순되지 않게 그려져야 한다. 특히 추리소설이나 역사소설 등의 전개에서는 물론 소설 속의 설정과 현실세계의 조화의 점검은 이 때문에 주의 깊게 계산을 해야 한다.

이와는 달리 수학자체를 다루는 작품 또한 많다. 걸리버 여행기의 작가인 스위프트는 이 점을 매우 세심하게 다루고 있다. 주인공 걸리버가 난쟁이 나라인 릴리파트에 도착했을 때, 그 곳 사람들은 그에게 매일 릴리파트인 1728인분의 음식을 지급하기로 하였다. 그의 식사는 다음과 같이 요란하게 준비하였다.

"300명의 요리사가 내 식사를 준비했고, 식사 때마다 나는 20명의 급사를 식탁 위에 올려놓아 주었다. 그리고, 바닥에 100명쯤의 다른 급사들이 대령하고 있어 어떤 사람들은 포도주나 다른 음료를 담은 통을 두 사람씩 어깨에 걸친 막대로 운반하기도 했다."

또, 걸리버는 다음과 같이 말하고 있다.

"나를 고향에 보내는 데 가장 큰 말 1500필을 준비하였다."

실제로, $12^3=1728$이다. 난쟁이의 키는 걸리버의 $\frac{1}{12}$에 해당하면 식사량은 체적이므로 걸리버는 1728명분의 음식을 섭취해야 한다는 계산이 나온다. 또한, 1728인분의 음식을 장만하기 위해서는 한 사람의 요리사가 6인분의 요리를 마련한다고 하면 300명쯤은 필요하다. 시중꾼이 100명쯤 되었다는 것도 이 사실로 보면 당연한 것이다. 또 그를 말로 운반하는 것은 1728명의 릴리파트인 어른을 한꺼번에 운반하는 것과 마찬가지 엄청난 작업인 것이다. 이와 같이 스위프트는 독자의 호기심을 자극하면서

도 수학의 이치에 맞게 이야기를 꾸몄다. 그 많은 양의 음식과 많은 수의 급사가 필요했는지, 또 말의 크기가 아무리 차이가 난다고 해도 1500필이란 숫자는 어디에서 나온 것인지 알아보면, 스위프트가 그 엄청난 수를 계산한 근거는 걸리버의 키가 릴리파트인 키의 12배라는 데서 나왔다. 즉, 릴리파트인의 키는 12분의 1이기 때문에 몸 전체의 크기는 $12^3=1728$분의 1이다.

또한 스위프트는 라퓨타섬을 다음과 같이 묘사하고 있다.

나의 수학 지식이 그들의 독특한 언어를 습득하는 데 큰 도움이 되었다. 그들의 언어는 대부분 수학과 음악에 근거를 두고 있다. 그들의 관념은 항시 직선과 기하학적인 모양에 관련되어 있다. 이를테면, 여자나 어떤 동물의 아름다움을 말할 때 마름모꼴, 평행사변형, 또는 타원형 등의 기하학적인 용어 아니면 음악적인 술어로써 나타내었으며 왕의 주방에 있는 온갖 수학적 기계와 수많은 악기를 보았다.

이 부분에서 스위프트는 문학 작품 속에서 수학과 예술로써의 음악에 대해서도 관련성을 갖고 인간의 정신을 승화시키고 있는 듯하다.

(4) 수학과 영화

영화 쥬라기공원을 재미있게 본 사람은 많겠지만 그 영화에 수학자가 나왔다는 사실을 기억하고 있는 사람은 많지 않을 것이다. 영화 속 수학자는 인위적으로 조성된 살아있는 고대 공룡공원에 대한 평가를 위촉받은 전문가 중의 한 사람이었다. 다른 전문가들이 고대 동식물 학자였던 점에 비추어 보면 수학자가 왜 공룡공원에 대한 전문가로 등장하는 것인지 영화 속의 캐릭터를 살펴보자.

영화의 첫 부분에서 수학자가 식물학자에게 묻는 질문은 혼돈이론을 아십니까? 였다. 그는 영화 진행과정에서 이 이론을 기반으로 계속 공룡공원의 미래에 대하여 부정적인 의견을 내어놓았고, 결국 그의 이론이 맞아떨어지는 것처럼 공원에서는 엄청난 불상사가 발생하였다. 이 혼돈이론은 대기, 복잡한 해류, 야생 동물들의 수와 변동, 심장과 뇌의 진동 등 불규칙적이고 변덕스러운 현상도 예측할 수 있는 식으로 나타낼 수 있음을 밝혀낸 이론이다.

카오스 이론이 응용된 영화로 슬라이딩 도어스가 있다. 이 영화는 여주인공이 기차를 타느냐 놓치느냐에 따라 두 가지 인생행로는 나누어진다. 이 두 가지 가능성은 수학적으로 매우 정교하게 처리됐는데 관객들은 주인공이 취하는 두 가지 인생궤도를 따라가면서 서로 다른 종착역에 도달할 때까지 수많은 동일 인물들과 사건들이 서로 교차되는 모습을 지켜볼 수 있다. 이와 같은 이야기는 국내 TV의 프로그램 중에도 여러 차례 있었다. 즉, 주인공이 두 가지 항로 중 어떤 선택을 하면서 이어주는 결과를 보여주는 프로그램으로 당시에 상당한 인기가 있었다. 이와 같은 프로그램은 컴퓨터의 발전에 따라 드라마의 계기마다 선택에 따른 이야기 전개를 달리하는 프로그램의 개발로 이어지고 있다.

영화 속에서 수학 퍼즐의 형태를 담고 있는 영화 중 하나로 다이하드 3가 있다. 영화에서 나타난 수학퍼즐 중 하나를 살펴보면, 영화에서는 악당이 주인공에게 여러 가지 문제를 내고 이를 풀어야만 사람들의 목숨을 구할 수 있도록 하였고 관객은 주인공이 이 문제들을 어떻게 해결하는가에 관심을 가지고 집중함으로써 영화에 흥미를 더하고 있다. 여러 가지 문제 중에서 비교적 수학과 관련된 문제는 다음과 같은 것이 있다.

분수대 앞에 폭탄이 있다. 5분내에 이 저울 내에 정확히 4갤론이 들은 물통을 올려놓아야 폭탄은 터지지 않는다. 주인공 앞에는 3갤론 물통과 5갤론 물통이 각각 한 개씩 있다. 이 물통을 이용하여 4갤론을 얻을 수 있어야 4갤론이 들은 물통을 얻게 된다. 이 문제는 이미 9장에서 설명하였다.

한편, 최근에 상영된 영화 중에 뷰우티풀마인드(Beautiful Mind)가 있다. 이 영화는 노벨 경제학상을 수상한 존 내쉬의 일대기를 그린 영화로서 사랑을 주제로 하였다. 영화의 줄거리가 수학과 출신인 주인공이 어려운 미분방정식을 해결하는 일, 착각 속에서의 암호의 작성 및 해독에 관계했던 일 등은 내용 자체가 수학이었다. 물론 이 영화의 주제는 사랑의 힘이었지만, 수학의 내용을 아는 관객과 그렇지 않은 관객 사이에 영화를 이해하는 깊이의 차이가 있었음을 부인할 수 없다. 이러한 차이에도 불구하고 일반인이 영화의 큰 흐름을 이해할 수 있도록 영화속에 수학 내용이 녹아 있었다.

또한 2003년 8월 20일부터 9월 28일까지 제일화재 세실극장에서 공연했던 연극 '천재수학자 딸의 아름다운 사랑의 증명!!'이란 광고 속에 프루프(proof)를 들 수 있다. 수학 공식을 둘러싸고 가족간의 사랑과 미움, 화해하는 과정을 그리며 수학공식보다 사랑이 더 중요하다는 것을 증명하려고 한 연극이다. 주인공 캐서린은 천재 수학자인 아버지의 재능과 광기를 물려 받아 고뇌하는 인물로서 2시간 이상을 쉬지 않고 연기해야하는 어려운 역할이기 때문에, 특이하게도 추상미와 장영남이 번갈아 캐서린 역을 하고 있는 연극이다. 간단한 줄거리 중에 수학과 관련된 내용을 두 가지 소개하면 다음과 같다. 하나는 33년과 $\frac{1}{4}$년이란 말과 이것을 1년을 52주로 환산하면 1729주라는 말이 나오며 $1729=12^3+1^3$ 이라는 말이 나오는 것이고 또 하나는 소피 제르맹(Sophie Germain)이란 말과 제르맹 소수 이야기가 나오며 $92305\times2^{16998}+1$이 세상에 알려진 가장 큰 제르맹 소수라는 대사가 나온다.

[참고] 어떤 소수 p에 대하여 $2p+1$이 또한 소수인 소수 p를 **제르맹 소수**라고 한다. 이를테면, 2는 $2\times2+1=5$이므로 제르맹 소수이고, 같은 방법으로 3, 5, 11, 19, 23 등은 제르맹 소수이고, 7은 $2\times7+1=15=3\times5$이므로 제르맹 소수가 아니다. 이 연극에서 나온 가장 큰 제르맹 소수는 1998년 발견된 5117자리의 수이고 가장 큰 제르맹 소수는 2006년까지 발견된 $100314512544015\cdot2^{171960}-1$로 51780자리이다.

[참고] 제르맹(1776-1831)은 당시의 유명한 여성 수학자로 주로 남장을 하고 다녔고 그 당시에 유명한 수학자 가우스가 인정한 수학자이다. 그녀는 6장에서 설명한 페르마의 마지막 정리를 특수한 경우에 증명하였다. 즉, $n=100$인 경우와 n이 제르맹 소수인 경우에 $x^n+y^n=z^n$이 성립하는 정수 x, t, z가 존재하지 않음을 증명하였다. [그림 10.12]는 제르맹의 사진과 기념 메달이다.

[그림 10.12] 소피 제르맹

참고 문헌

[1] 강정흥 · 황규범 역, "수학의 즐거움", 교우사, 2000.
[2] 권영한, "재미있는 이야기 수학", 전원문화사, 1989.
[3] 김경화 · 이혜숙 역, "지식의 추구와 수학", 이화여자대학, 1994.
[4] 김관영 · 유영호, "수학역사퍼즐", 전파과학사, 1994.
[5] 김동광 역, "자연의 수학적 본성", 두산동아, 1996.
[6] 김상문, "수학 기초론", 민음사, 1989.
[7] 김승욱, "짧게 그러나 완벽하게", 교우사, 2002.
[8] 김영익, "혼돈과 후랙탈 집합", 교우사, 1993.
[9] 김용국, "수학의 토픽스", 전파과학사, 1984.
[10] 김용운, "수학의 약점", 전파과학사, 1979.
[11] 김용운, "수학의 신비", 정우사, 1979.
[12] 김용운, "카타스트로피이론 입문 : 초등집합론에서 수학의 정상까지", 우성, 1993.
[13] 김용운 · 김용국, "수학의 흐름", 전파과학사, 1985.
[14] 김용운 · 김용국, "재미있는 수학여행 1(수의 세계)", 김영사 1990.
[15] 김용운 · 김용국, "재미있는 수학여행 2(논리의 세계)", 김영사 1990.
[16] 김용운 · 김용국, "재미있는 수학여행 3(기하의 세계)", 김영사 1992.
[17] 김용운 · 김용국, "재미있는 수학여행 4(공간의 세계)", 김영사 1992.
[18] 김용운 · 김용국, "아이디어 깨우기-성공하는 사람의 수학적 사고법", 김영사, 1995.
[20] 김응태 · 박승안, "정수론 제 5 판", 경문사, 2003.
[21] 김응태 · 박승안, "현대대수학 제 3 판", 경문사, 1991.
[22] 김응태 · 박승안, "선형대수학", 청문각, 1996.
[23] 김인수 역, "π의 역사", 민음사, 1995.
[24] 김주영, "생활과 수학", 청문각, 2000.
[25] 박세희, "수학의 세계", 서울대학교 출판부, 1989.
[26] 박영훈, "수학은 논리다", 실천문학사, 1993.
[27] 박영훈, "원리를 찾아라", 실천문학사, 1995.
[28] 박형빈, "수학은 생활이다", 경문사, 1998.
[29] 서광석 · 김응태 · 임종인 · 김창한, "수론과 암호학", 경문사, 1998.

[30] 신현용 · 박승안 · 이민섭 · 이재학, "대수적 부호이론", 90년 전기통신학술연구과제, 1991.
[31] 안재구 역, "수학을 만든 사람들(상)", 미래사, 1993.
[32] 안재구 역, "수학을 만든 사람들(하)", 미래사, 1998.
[33] 양영오 역, "수학의 역사(상, 하)", 경문사, 2000.
[34] 엄장일, "교양을 위한 수학", 청문원, 1984.
[35] 육인선 · 심유미 · 남상이, "수학시간에 딴짓하는 우리를 위하여 수학은 아름다워", 동녘, 1990.
[36] 이만근 · 오은영, "흥미있는 수학이야기", 수학사랑, 1997.
[37] 이민섭, "현대암호학", 교우사, 2001.
[38] 이상욱 · 고영미 · 정문자, "현대수학의 이해", 1999.
[39] 이승수 · 김애영 역, "수학기피층의 진찰", 전파과학사, 1993.
[40] 이우영 · 신항균 · 이홍렬 역, "수학의 황제 가우스", 경문사, 1996.
[41] 이철균 · 김관중, "살아있는 숫자이야기", 시간과 공간사, 1990.
[42] 이충호 역, "이야기 파라독스", 사계절, 1990.
[43] 이태규, "이야기 수학사", 백산출판사, 1989.
[44] 이화영, "수학의 신비를 찾아서", 교우사, 1996.
[45] 임승원, "패러독스의 세계", 전파과학사, 1995.
[46] 장이채, "수학의 세계, 교우사", 1996
[47] 조인호 역, "수학의 이해", 고려대학교 출판부, 1990.
[48] 허민 · 오혜영 역, "수학의 기초와 기본개념", 경문사, 1995.
[49] 황우형 · 조향감 역, "생활속의 수학", 교우사, 2000.
[50] 황혜정 역, "수학의 향연", 교육과학사, 1995.
[51] L. M. Batten, "Combinatirics of finite geometry", Cambridge University Press, 1986.
[52] N. Biggs, "Algebraic Graph Theory", Cambridge University Press, 1974.
[53] J. Daemen · V. Rijmen, "The Design of Rijndael", Springer, 2002.
[54] T. Pappas, "Joy of Mathematics", Wide World Publishing, 1986.
[55] T. Pappas, "More Joy of Mathematics", Wide World Publishing, 1991.
[56] A. Saloma, "Public-key Cryptography", Springer, 1996.
[57] R.J. Wilson, "Introduction to Graph Theory", Academy Press, 1976.

부 록

5쪽 문제 1.1.1 본문안에 생각할 점과 답이 있음.

13쪽 문제 1.4.1 접는 사람에 따라 다르나 10회를 넘기기 쉽지 않다.

25쪽 문제 2.1.1 (1) 집합이 아니다. (2) 집합이다.

26쪽 문제 2.1.2 (1) {1,2,3,4,5,6,7,8,9,10} (2) {1,2,3,4,5,7,9} (3) ϕ (4) {1,3,5} (5) {1,3,5,7,9} (6) {7,9}

27쪽 본문 : 진부분집합을 자명하지 않은 부분집합으로 정의하면 ϕ는 진부분집합이 되지 않음에 유의해야 한다.

27쪽 문제 2.1.3 (1) B (2) A (3) ϕ (4) U (5) ϕ (6) U

28쪽 문제 2.1.4 집합 X의 부분집합은 원소를 n개 이하를 가지므로 원소를 0개 가지는 부분집합, 원소를 1개 가지는 부분집합, …, 원소를 n개 가지는 부분집합 등의 부분집합들이 서로 다르므로, 총 개수는

$$\binom{n}{0}+\binom{n}{1}+\cdots+\binom{n}{n}=2^n$$

이다. 등식에 관한 엄밀한 증명은 수학적 귀납법 또는 이항정리를 이용하여야 한다.

[별해] $n=0$일 때, 공집합의 부분집합의 개수는 1개이므로 성립한다. $n=k$일 때, 부분집합의 개수가 2^k이라고 가정하고 $n=k+1$일 때를 생각하여 보자. 집합 $\{1, 2, \cdots, k, k+1\}$의 부분집합은 원소 $k+1$을 포함하지 않는 부분집합과 $k+1$을 포함하는 부분집합으로 분류하면, $\{1, 2, \cdots, k\}$의 부분집합 또는 $\{k+1\}\cup\{1, 2, \cdots, k\}$의 부분집합이다. 각각의 꼴은 귀납법에 의하여 2^k개가 존재하므로 $\{1, 2, \cdots, k, k+1\}$의 부분집합은 2^{k+1}개다.

52쪽 정리 3.1.3의 증명 : (2) 원소 a의 역원을 b, c라고 하고, (1)과 유사한 방법으로 하면,

$$b=b*e=b*(a*c)=(b*a)*c=e*c=c$$

이다.

(3) 식 $a*x=b$의 양변에 a^{-1}을 곱하면 $x=a^{-1}*b$이 된다.

(4) 식 (3)에 $b=e$를 대입하면 $x=a^{-1}$을 얻는다.

(5) 식 $a*a=a$의 양변에 a^{-1}을 곱하면 $a=e$이다.

(6) 두 원소 $(a^{-1})^{-1}$, a은 a^{-1}의 역원이므로 역원의 유일성에 의하여 같다.

(7) (6)과 같은 방법에 의하여 증명된다.

65쪽 [4장 표지] 1부터 31까지의 수를 2진법의 수로 고쳤을 때, (i) 카드 A에는 2^4자리가 1인 수가 모두 나열되었으며, (ii) 카드 B에는 2^3자리가 1인 수가 모두 나열되었으며, (iii) 카드 C에는 2^2자리가 1인 수가 모두 나열되었으며, (iv) 카드 D에는 2^1자리가 1인 수가 모두 나열되었으며, (v) 카드 E에는 2^0자리가 1인 수가 모두 나열되었다. 따라서 카드를 지적할 때마다 각 자리수가 1임을 의미한다.

101쪽 (1) 추가 4가지는

$$A_1 \to A_2 \to A_5 \to A_2 \to A_1,\ A_1 \to A_5 \to A_2 \to A_5 \to A_1$$
$$A_1 \to A_2 \to A_1 \to A_5 \to A_1,\ A_1 \to A_5 \to A_1 \to A_2 \to A_1$$

(2) 모서리를 2개 거치는 경우는 $A_1 \to A_5 \to A_2$뿐이고, 모서리를 3개 거치는 경우는 $A_1 \to A_2 \to A_1 \to A_2$, $A_1 \to A_5 \to A_1 \to A_2$ 및 $A_1 \to A_2 \to A_5 \to A_2$의 세 가지이고, 모서리를 4개 거치는 경우는

$$A_1 \to A_2 \to A_5 \to A_1 \to A_2,\ A_1 \to A_5 \to A_2 \to A_5 \to A_1$$
$$A_1 \to A_2 \to A_1 \to A_5 \to A_2,\ A_1 \to A_5 \to A_2 \to A_1 \to A_2$$
$$A_1 \to A_5 \to A_1 \to A_5 \to A_2$$

등 5가지이다.

9.5 문제의 답

(1) 어느 수위에게 어느 문을 가르치고 묻던 "이 문이 천당에 가는 문이라고 저 수위에게 물으면 무엇이라 대답할까요?"이면 된다. 두 사람을 거치면 반드시 거짓말이 되므로 '예'로 답하면 반대쪽 문으로 가면 되고, '아니오'로 대답하면 그 문을 통과하면 된다.
(2) 노부부는 2002년 2월 19일에 결혼하였다. 20일 새벽부터 29일 새벽까지 10일이다.
(3) 외과과장은 그의 어머니이다.
(4) "말을 바꾸어 타게" 하고 명령한다.
(5) 살아 있는 사람을 매장할 수는 없다.
(6) 그를 부르는 사람은 여자이다. 그는 단 한 사람 남은 최후의 남자이므로 여자는 아직도 몇 사람이 더 있을 수 있다.
(7) 금요일에는 시험을 볼 수 없다. 왜냐하면 월요일부터 목요일까지 시험을 안 보면 당연히 금요일에 시험을 보게 되고, 그렇게 되면 시험 날짜를 미리 알려준 결과가 되므로 금요일에는 시험을 치를 수 없다. 목요일에도 시험을 볼 수 없다. 금요일에는 시험을 볼 수 없고, 월요일에서 수요일까지 시험을 안 보면 목요일에 시험이 치러지는데, 이는 시험 날짜를 미리 알려주는 결과가 되기 때문이다. 같은 이유로 화요일부터 금요일까지는 시험을 볼 수 없고, 결국 시험날짜는 월요일밖에 없는데, 이는 시험 날짜를 미리 알려주는 결과가 되므로 결국 월요일에도 시험을 치를 수 없다. 이런 이유들 때문에

결코 시험은 치러지지 않는다.

(8) 벽에서 가장 멀리 떨어진 사람은 앞의 두 사람의 모자가 검은색이었다면, 자신이 쓴 모자가 흰색인 것을 알 수 있다. 그러나 이 사람이 자신이 쓴 모자의 색을 모른다는 사실은 앞의 두 사람의 모자가 '모두 흰색' 또는 '흰색과 검은색'이라는 사실을 알려준다. 따라서 가운데 선 사람의 입장에서는 앞사람의 모자가 검은 색이라면 자신의 모자가 흰색임을 알 수 있다. 그러나 가운데 선 사람이 모른다는 답으로부터 앞에 있는 사람은 자신의 모자가 흰색임을 알 수 있다.

(9) 손님은 가짜 수표로 3만 원짜리 스웨터와 7만원을 가지고 있으므로 10만원을 벌었으며, 이웃 가게 주인은 가짜 수표를 받고 10만원을 주었다가 다시 찾았으니 이익과 손해가 발생하지 않았다. 실제로 옷가게 주인은 가짜 수표를 가지고 10만원을 받았다가 돌려주었으니 가짜 수표에 대한 이익과 손해는 발생하지 않았고 단지 3만 원짜리 스웨터와 7만원을 잃었으므로 10만원의 손해인데 가짜 수표에 대하여도 손해를 보았다는 착각 때문에 일어난 일이다.

(10) 먼저 동전 하나를 중앙에 놓고 상대방이 놓으면 중앙에 놓은 동전의 중심과 점대칭이 되도록 놓으면 승리한다.

(11) 처음에 1개를 주워 17개가 남도록 하고 다음부터 상대편이 줍는 돌의 개수와 자신이 줍는 개수의 합이 4가 되도록 주우면 각각 13개, 9개, 5개가 차례로 남게 하면 된다. 상대방에게 5개를 남겨 주었다고 하자. 이 5개 중에는 흰 바둑돌 1개가 포함되어 있다.

상대방이 1개를 주우면 나는 3개를 주워서 흰 바둑돌 1개를 남길 수 있어서 이긴다.
또 상대방이 2개를 주우면 나도 2개를 주워서 흰 바둑돌 1개를 남겨 이긴다.
또 상대방이 3개를 주우면 나는 1개를 주워서 흰 바둑돌 1개를 남겨 이길 수 있다.
따라서 상대방에게 5개를 넘겨주면 나는 반드시 이기게 된다.

(12)

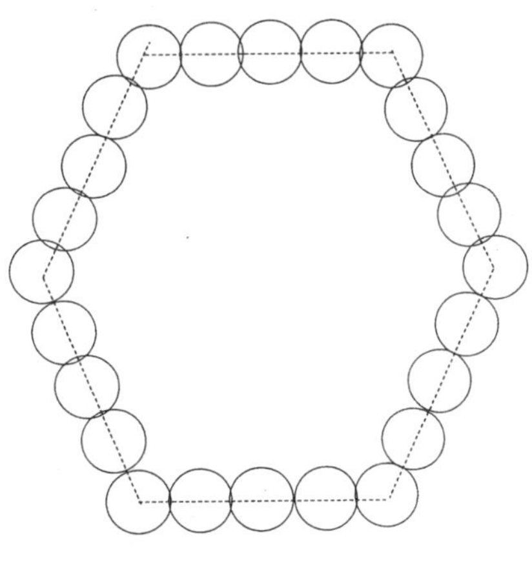

(13) 고리를 두 개만 끊으면 된다. 즉, 첫날은 하나 짜리, 둘째 날에는 2개 짜리를 주고 하나 짜리를 돌려 받으면 된다. 셋째 날에는 하나 짜리를 추가로 주고, 넷째 날에는 4개 짜리를 주고 먼저 주었던 3개를 돌려받는다. 같은 방법으로 7일까지 계산할 수 있다.

(14) 아래의 이유에서 D가 참말을 하는 사람이다.

(i) A가 참말을 한다고 하면, 범인은 B이다. 따라서 A, C 및 D도 참말을 하고 있다. 따라서 참말을 하는 사람이 세 사람이 되어 A의 주장은 모순이 된다.

(ii) B가 참말을 한다고 하면, 범인은 D이다. C도 또한 참말을 하고 있으므로 참말을 하는 사람이 두 사람이 되어 모순이 된다.

(iii) C가 참말을 한다고 하면, A와 B와 D가 거짓말쟁이이어야 한다. B를 거짓말쟁이므로 D가 참말을 하고 있으므로 모순이다.

(iv) D가 참말을 한다고 하면, A와 B와 C는 모두 거짓말쟁이가 되어야 한다. 따라서 자기가 범인이 아니라고 하는 C가 범인이다. 이상에서 모순이 일어나지 않는다.

(15) 아들 한 명의 유산 상속분을 x원, 은인에게 지급할 배당을 y원이라 하면

$$a=4x+y$$

$$y=x+10000000+\frac{1}{4}\left(\frac{a}{3}-x\right)$$

로 되므로, 이것을 풀면

$$x=\frac{11a-120000000}{57},\quad y=\frac{13a+480000000}{57}$$

이 얻어진다. a, x, y를 모두 정수라고 하면, $11a-120000000$과 $13a+480000000$은 57의 배수이므로 임의의 정수 n에 대해

$$a=57n+6,\ x=11n-2105262,\ y=13n+8421054$$

이고 $x=11n-2105262 \geq 50000000$이고 $11n \geq 52105262$이다. 따라서 $n=4736842$이므로 $x=50000000$이고 $y=70000000$이다.

(16) 각각을 통분하면, $\frac{9}{18}$, $\frac{6}{18}$, $\frac{2}{18}$이므로 9개, 6개, 2개로 나눠 가지면 된다. 즉, 나누어 주는 사람이 자신의 다이아몬드 1개를 추가한 다음에 18개를 주어진 조건으로 나누어주면, 9개, 6개, 2개를 주고 1개가 남으면 자신의 것을 다시 가져가면 된다.

(17) 순서를 다음과 같이 하면 된다.

1단계 : 농부는 산양을 태우고 건너가 산양을 놓고 돌아온다.
2단계 : 농부는 배추를 싣고 건너가 배추를 내려놓고 산양을 태워서 돌아온다.
3단계 : 태워온 산양을 내려놓고 여우를 태워서 건너가 여우를 내려놓고 돌아온다.
4단계 : 산양을 태워서 건너오면 된다.

(18) 표의 왼쪽 시행에 따른 결과를 보면 7회에서 똑같이 4리터를 얻는다.

회수	시 행	결 과		
		5리터 되	3리터 되	8리터 항아리
1회	8리터 항아리에 있는 포도주를 5리터 되에 가득 채운다.	5		3
2회	5리터 되에 있는 포도주를 3리터 되에 가득 채운다.	2	3	3
3회	3리터 되에 있는 포도주를 모두 항아리에 채운다.	2		6
4회	5리터 되에 있는 포도주를 모두 3리터 되에 채운다.		2	6
5회	항아리에 있는 포도주를 5리터 되에 가득 채운다.	5	2	1
6회	5리터 되에 있는 포도주로 3리터 되에 가득 채운다.	4	3	1
7회	3리터 되에 있는 포도주를 모두 항아리에 채운다.	4		4

(19) 산술평균과 조화평균의 차이에서 일어난 문제이다. 살 때는 동전 1개에 2.5마리를 샀다. 그러나 팔 때는 살찐 돼지 120마리에 동전 60개를 받고 마른 돼지 120마리에 동전 40개를 받았으므로, 돼지 240마리에 동전 100개를 받았으므로 동전 1개에 2.4마리를 팔았다. 즉, 살 때는 동전 1개에 $\frac{250}{100}$ 마리이고, 팔 때는 동전 1개에 조화평균

$$\frac{2\times 120}{\frac{120}{2}+\frac{120}{3}}=2.4(\text{마리})$$

이다.

(20) 다음과 같은 단계로 생각할 수 있다.

1단계 : 올리는 수는 분명하게 1이므로 $M=1$이다.

2단계 : $M=1$이므로 $S=8$ 또는 $S=9$이다. 먼저, $S=8$이면, 천의 자리에서 $O=0$이고 따라서 백의 자리에서 $E=9$이고 십의 자리에서 올림이 있어야 하나 $E=9$이므로 모순이 된다. 따라서 $M=1$이고 $S=9$이다.

3단계 : $M=1$이고 $S=9$이므로 $O=0$이다. 한편, 백의 자리에서 $N=E+1$이고 십의 자리에서 $E=N+R$ 또는 $E+10=N+R$이다. 따라서 $10=1+R$이므로 $R=8$이다.

4단계 : 따라서 N과 E는 다음 중에 하나이다.

$$N=7,\ E=6;\ N=6,\ E=5;\ N=5,\ E=4;$$
$$N=4,\ E=3;\ N=3,\ E=2$$

5단계 : 4단계로부터 D와 Y를 구하면, $N=6$, $E=5$, $D=7$, $Y=2$이다. 이를테면, $N=7$, $E=6$이면, $D=4$, 또는 $D=5$이다. 그러나 이 경우에는 $Y=0$ 또는 $Y=1$이므로 모순이다. 같은 방법으로 다른 모든 경우에 모순이 일어난다.

(21) 나열된 수들을 유의하여 관찰하면, 16을 첫 수는 16진법, 둘째 수는 15진법, 셋째 수는 14진법, 넷째 수는 13진법, …, 마지막 수는 2진법으로 표현된 것임을 알 수 있다. 따라서, 16을 4진법으로 나타내면, 100이다.

(22) 금화를 첫 주머니에서 꺼내지 않고, 둘째 주머니에서 1개, 셋째 주머니에서 2개를 꺼낸다. 넷째 주머니에서 3개를 꺼내는 경우에 불량 금화가 3개 나왔다면, 첫 주머니와 넷째 주머니가 불량 금화인지 둘째 주머니와 셋째 주머니의 금화가 불량인지 구별할 수 없기 때문에 모순이다. 따라서 네 번째 주머니에서는 4개를 꺼내야 한다. 같은 논리로 다섯째 주머니에서 7개를 꺼내면 된다. 따라서 전체는 $1+2+4+7=14$이다.

(23) 30명을 원형으로 위치한 각각에 번호

1 2 3 4 5 6 7 8 9 10 11 12 13 14 15 16 17 18 19 20 21 22 23 24 25 26 27 28 29 30

를 붙이면 처음에 빠지는 사람은 9의 배수 9, 18, 27, 6이다. 즉,

1 2 3 4 5 7 8 10 11 12 13 14 15 16 17 19 20 21 22 23 24 25 26 28 29 30

이 남고 7번부터 시작한다. 따라서 16, 26, 7이 다음에 빠진다. 즉,

1 2 3 4 5 8 10 11 12 13 14 15 17 19 20 21 22 23 24 25 28 29 30

이 남고 8부터 시작한다. 따라서 19, 30이 빠진다. 즉,

1 2 3 4 5 8 10 11 12 13 14 15 17 20 21 22 23 24 25 28 29

이 남고 1부터 시작한다. 따라서 12, 24, 8이 빠진다. 즉,

1 2 3 4 5 10 11 13 14 15 17 20 21 22 23 25 28 29

이 남고 10부터 시작한다. 따라서 22, 5가 빠진다. 즉,

1 2 3 4 10 11 13 14 15 17 20 21 23 25 28 29

이 남고 10부터 시작한다. 따라서 23을 빼면 15개가 남는다. 즉,

1 2 3 4 10 11 13 14 15 17 20 21 25 28 29

위치에 *A*교 신도를 위치시키면 된다. 따라서, 음영이 있는 위치에 *A*교 신도를 세우면 된다.

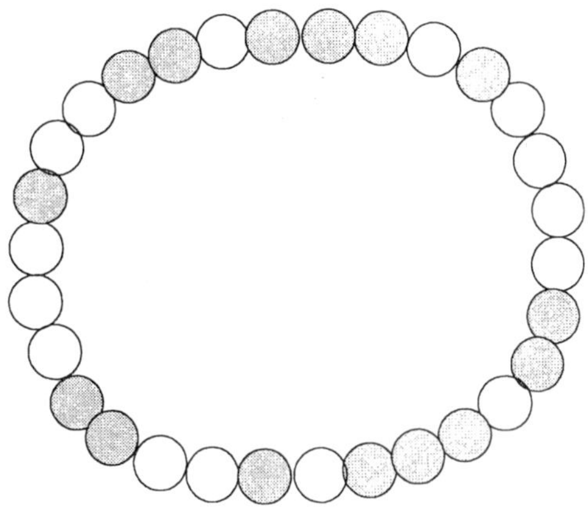

(24) 원래의 기둥을 *A*, 옮기려는 기둥을 *B*, 다른 기둥을 *C*라 하자. 원반이 1개일 때는 *A*의 원반을 *B*로 옮기면 된다. 따라서 1회 이동하면 된다. 원반이 2개일 때는, 위의 작은 원반을 *C*에 먼저 옮기고 큰 원반을 *B*로 옮긴 다음에 *C*에 있는 것을 *B*로 옮기므로 3번 이동하면 된다. 원반이 n개일 때 2^n-1회 옮기어야 한다고 가정할 때, 원반이 $n+1$개일 때에 경우의 수를 생각하자. 위에 있는 n개의 원반을 *C*에 옮기는 경우의 수가 2^n-1회이고 가장 큰 원반을 *B*에 옮긴 후에 *C*에 있는 원반 n개를 *B*에 옮기는 경우의 수가 2^n-1회이므로 총 경우의 수는 $2(2^n-1)+1=2^{n+1}-1$이다. 따라서 이 문제의 답은 $2^{64}-1$회 이동하여야 한다. 따라서 1회 옮길 때 1분이 걸린다고 하여도 $(2^{64}-1)$분이 걸리며, 이를 환산하면, 약 6×10^{14}년이 걸린다.

(25) 사다리 타기에서 가로선이 그려진 뒤에 점선을 그으면 모두 가로선의 개수만큼 점선이

나온다. 하나의 가로선에 의하여 따른 위치의 변화는 4위치를 4위치로 보내는 전단사 함수가 된다. 따라서 사다리 타기는 이와 같은 전단사 함수들의 합성함수이므로 전단사 함수가 되어 어느 위치도 겹치지 않는다.

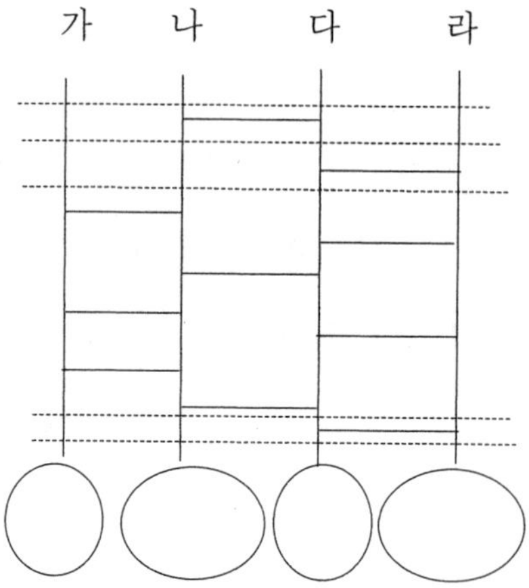

(26) 첫 물음은 이미 지정된 호실에서 5번씩 뒤로 미룬 객실로 재배치하고 5명의 고객을 배치하면 된다. 이를테면 기존에 '1호실 손님을 6호실로', '2호실 손님을 7호실로', '3호실 손님을 8호실로' 등과 같이 하면 된다. 둘째 물음은 이미 지정된 호실 번호에서 2·(호실 번호)로 객실로 재배치하고 무한대 손님을 1호실, 3호실, 5호실 등으로 배치시키면 된다. 이를테면 기존의 손님은 '1호실 손님을 2호실로', '2호실 손님을 4호실로', '3호실 손님을 6호실로' 등과 같이 하면 된다.

찾아보기

[ㅌ]

[ㅍ]

[ㅎ]

[기타]

이 민 섭

서울대학교 사범대학 수학과

서강대학교 대학원 수학과 (이학석사)

University of Alabama 대학원 (Ph.D)

Queensland University of Technology (Australia)
ISRC 방문연구원 (1992 – 1994)

Purdue University, Dept. of Computer Science
방문연구원(2008 – 현재)

단국대학교 수학과 교수 (1980 – 현재)

단국대학교 첨단과학대학 학장 (2003 – 2005)

한국정보보호학회 이사, 부회장 및 회장 (1990 – 2007)

충청수학회 이사 및 부회장 (1995 – 2004)

저서 : 현대암호학(교우사), 정수론과 암호학(교우사) 외 다수

[개정판]

정보화 사회와 수학

2004년 2월 25일 초 판 발행
2023년 5월 30일 개정판 4쇄 발행

저 자 / 이민섭
발행자 / 오판근
발행처 / 교우사

주 소 / 서울특별시 동대문구 약령시로 8 교우빌딩 2층
전 화 / 925-2861(대), 편집부 / 925-2825, 홈쇼핑 / 969-5762
팩 스 / 925-2860

E–mail / kyowoo@kyowoo.co.kr
http://www.kyowoo.co.kr

등록 / 1994. 3. 24 제6-0256호

ISBN 978-89-8172-435-1 (93410)

값 **21,000**원